"十三五"普通高等教育本科规划教材

高等院校电气信息类专业"互联网+"创新规划

U0204411

现代电子系统设计教程
（第 2 版）

主　编　宋晓梅　卫建华
参　编　朱　磊　李晓东

北京大学出版社

PEKING UNIVERSITY PRESS

内 容 简 介

本书结合教学实际,以典型案例导入教学,循序渐进地阐述了电子系统的常用电子元器件、电子系统设计的常用软件工具、可编程逻辑器件应用系统设计、DSP 应用系统设计、基于 STM32F1 的 ARM 应用系统设计、电子系统的设计与实现。本书通过大量的设计实例来阐述基本概念和设计方法,并精心设计了综合实例和创新型研究习题,提升学生解决实际应用问题的能力。

本书既可以作为本科电气信息相关专业电子系统设计或综合实验课程的教材,又可以作为毕业设计的教学参考资料。此外,本书还适合本科高年级学生在步入工作岗位前的技能实战训练,也可作为大学生电子设计竞赛等实践环节的参考用书。

图书在版编目(CIP)数据

现代电子系统设计教程/宋晓梅,卫建华主编. —2 版 . —北京:北京大学出版社,2018.5
(高等院校电气信息类专业"互联网+"创新规划教材)
ISBN 978-7-301-29405-5

Ⅰ.①现… Ⅱ.①宋…②卫… Ⅲ.①电子系统—系统设计—高等学校—教材 Ⅳ.①TN02

中国版本图书馆 CIP 数据核字(2018)第 045449 号

书　　　　名	现代电子系统设计教程 (第 2 版)	
	XIANDAI DIANZI XITONG SHEJI JIAOCHENG	
著作责任者	宋晓梅　卫建华　主编	
策 划 编 辑	程志强	
责 任 编 辑	李娉婷	
数 字 编 辑	刘　蓉	
标 准 书 号	ISBN 978 - 7 - 301 - 29405 - 5	
出 版 发 行	北京大学出版社	
地　　　　址	北京市海淀区成府路 205 号　100871	
网　　　　址	http://www.pup.cn　新浪微博:@北京大学出版社	
电 子 信 箱	pup_6@163.com	
电　　　　话	邮购部 010− 62752015　发行部 010−62750672　编辑部 010−62750667	
印 刷 者	北京虎彩文化传播有限公司	
经 销 者	新华书店	
	787 毫米×1092 毫米　16 开本　18 印张　416 千字	
	2010 年 3 月第 1 版	
	2018 年 5 月第 2 版　2022 年 2 月第 2 次印刷	
定　　　　价	45.00 元	

未经许可,不得以任何方式复制或抄袭本书之部分或全部内容。
版权所有,侵权必究
举报电话:010−62752024　电子信箱:fd@pup.pku.edu.cn
图书如有印装质量问题,请与出版部联系,电话:010−62756370

第 2 版前言

本书第 1 版自出版以来，得到了广大读者特别是高校相关专业师生的认可。本书是编者从科研及教学经验中凝练出的成果，为此编者们付出了很多的心血。但是，随着电子技术的飞速发展，本书第 1 版的内容逐渐显现出滞后于当代电子技术的方面，同时读者在使用过程中发现了书中的一些错误，编者们经过几年的积累，对原书中的内容有了进一步的认识，因此编者决定对原书进行较大的修改。本次修订除了修正 1 版中的一些错误之外，对 1 版的内容进行了删减并重新进行了组织编写，其目的是使内容更加适合本科教学，也更适合自学。为配合新的出版要求，第 2 版增加了多媒体元素，一些实例和练习采用多媒体，使得本书信息量倍增。一些背景知识、参考资料文档、调试过程、结果展示都可以通过智能手机扫描书中二维码阅读。

本书对现代电子系统设计的概念和方法进行了较为完整的描述，通过大量的设计实例对每种常用的设计方法进行了详细的论述，具有一定的理论深度，内容力求新颖、翔实，便于阅读，具有指导性。

全书共分 6 章，第 1 章介绍现代电子系统的概念，并将 1 版中第 1 章里的元器件作为背景知识，读者可通过扫描二维码进行阅读；第 2 章介绍电子系统设计中的常用软件设计工具；第 3 章通过实例深入介绍了可编程逻辑器件（FPGA）的设计方法；第 4 章介绍数字信号处理器（DSP）的设计方法并进行了实例演示；第 5 章详细介绍了嵌入式系统（ARM）的设计思想和方法；第 6 章介绍了电子系统在制作与调试过程中的要求和注意事项。各章附有一定的习题供读者选用。

全书在章节设置上力求模块化，章节内容之间相对独立。读者可根据自身情况选择学习部分章节，而跳过的章节不会影响对书中其他章节内容的学习。需要指出的是，本书所涉及的各种器件的应用描述重点在系统设计上，而对元器件本身及资料在后台文件中可以查阅。

本书由宋晓梅、卫建华担任主编，具体编写分工为：宋晓梅编写了第 1 章，卫建华编写了第 2、3 章，朱磊编写了第 4 章，李晓东编写了第 5、6 章。书中的实例都是可以按相关描述实现的，读者可参考其思路采用不同的方法进行实践。

由于编者水平有限，书中难免有疏漏和不当之处，敬请广大读者批评指正。

如需本书电子课件和习题答案等教学参考资料，请登录 http：//pup6.com 下载。

编　者
2017 年 12 月

目　　录

第**1**章

绪　　论

伴随着电子技术的发展，电子系统的设计方法和手段也在不断地更新和进步。电子系统设计方法在快速进步的电子技术应用中不断受到挑战。从传统手工设计方法到电子设计自动化（EDA）方法，从分立元件系统到集成电路设计，从印制电路板（PCB）集成系统到芯片集成系统（SOC），从纯硬件系统设计到硬件与软件结合的系统开发，新型电子系统层出不穷，其设计理念也发生着革命性的变化。人们所面临的待开发的电子系统越来越庞大、越来越复杂。设计这样的电子系统，手工作坊式的设计方式逐渐被团队合作的计算机辅助方式所替代。为了适应电子系统设计技术的发展需要，电子工程师应该努力学习，掌握好电子系统设计的基础知识并努力提高电子系统设计的技能和创新能力。

1.1　电子系统概述

什么是电子系统？凡是可以完成一个特定功能的完整的电子装置都可称为电子系统。具体地说，通常将由电子元器件或部件组成的能够产生、传输、采集或处理电信号及信息的客观实体称为电子系统。电子系统分为模拟型、数字型和两者兼而有之的混合型 3 种，无论哪一种电子系统，它们都是能够完成某种任务的电子设备。电子系统有大有小，大到航天飞机的测控系统，小到出租车计价器，都是电子系统在实际生活和生产中的应用范例。

通常把规模较小、功能单一的电子系统称为单元电路，实际应用中的电子系统由若干单元电路构成。一般的电子系统由输入、输出、信息处理 3 大部分组成，用来实现对信息的采集处理、变换与传输功能。图 1.1 为电子系统基本组成框图。

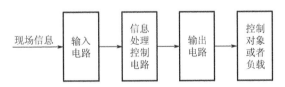

图 1.1　电子系统基本组成框图

现代电子系统设计的最大特点是变化大、发展快，新型元器件层出不穷，相应的电子系统设计工具和手段不断更新。所以电子系统设计者只有掌握电子技术的发展动态，与时俱进，不断学习，更新知识，才能适应电子技术发展的要求。

1.2　电子系统的分类与组成

电子系统可分为非智能型系统和智能型系统。前者功能简单且单一；后者具有接收、记忆信息，并根据信息进行分析、判断、决策和控制操作的能力。一般人们将以中央处理器（CPU）为核心、软硬件结合的电子系统称为智能型系统。

根据电子系统实现的功能，可以将电子系统分为以下几类。

（1）测控系统：相机快门系统、锅炉控制系统、飞行轨道控制系统、汽车控制系统等。

（2）测量系统：电量测量系统、非电量测量系统等。

（3）数据处理系统：语音处理系统、图像处理系统、雷达信息处理系统等。

（4）通信系统：数字通信系统、微波通信系统、卫星通信系统、短波通信系统等。

（5）计算机系统：单机系统、计算机网络系统等。

（6）家电系统：多媒体系统、音频系统、报警系统。

一般电子系统可分为模拟系统、数字系统和模数混合系统。若按软硬件划分，电子系统可分为纯硬件系统和软硬件结合系统等。

实现电子系统的器件可分为：①中大规模或超大规模集成电路；②专用集成电路；③可编程器件；④少量分立元件和机电元件。

总的来说，一个完整的电子系统由若干个子系统构成，每个子系统由各功能模块组成，最终由元器件实现，如图 1.2 所示。

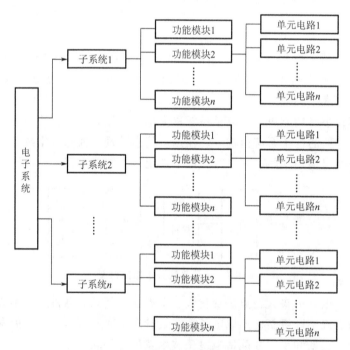

图 1.2　电子系统组成示意图

1.3 现代电子系统的设计步骤

在实现电子系统之前必须按照需求对电子系统进行设计。严谨规范的设计可以使得系统在制作、调试时省时省力、节省成本，达到事半功倍的效果。

一个完整的电子系统的设计流程如图1.3所示。

一般较为复杂的电子系统设计的某些具体步骤可能因实际电子系统要求的不同而有所省略。按照图1.3说明如下。

1. 应用需求分析

首先对系统功能进行分析，确定完成功能的控制方式，明确待测信号、被控对象的性质、数量，明确系统的技术指标等。

系统技术指标包含技术参数、性能要求、测量控制精度及范围、工作环境及无故障工作时间等。可参考电子竞赛题目中的指标要求。

另外，要了解进度计划要求，包括技术方案制订和样机开发、测试、鉴定、批量生产的周期需求等。

2. 系统总体技术方案的提出

根据技术的可能性提出各种可能实现的技术方案、系统结构、控制测量方法，部件、元件选择、关键电路及可能实现的功能和技术指标、时间和经济性等。

3. 方案的可行性论证

方案的可行性论证包括以下内容：系统设计的原则，择优选择方案，保证技术先进性、可发展性；说明技术掌握程度、时间进度的安排、经费的来源及市场竞争能力等。

4. 确定系统总体技术方案

确定系统总体技术方案为电子系统设计中必不可少的一个关键步骤。确定系统总体技术方案时必须认真制定翔实可行的技术路线、硬件方案和软件方案及相关技术文档等。

5. 功能模块划分

设计阶段一般分3个方面：硬件设计方面，含数字部分、模拟部分、PLD设计等内容；软件设计方面，含汇编程序、系统管理软件、数据库管理、操作界面与打印设计等内容；通信问题，包含通信方式、网络选择、通信软件等。

设计阶段完成后便为安装制作、调试、测试等方面任务的安排。

6. 系统的方案设计

在确定了系统方案之后，进入设计阶段，系统设计包括以下内容。

【电子竞赛题目】

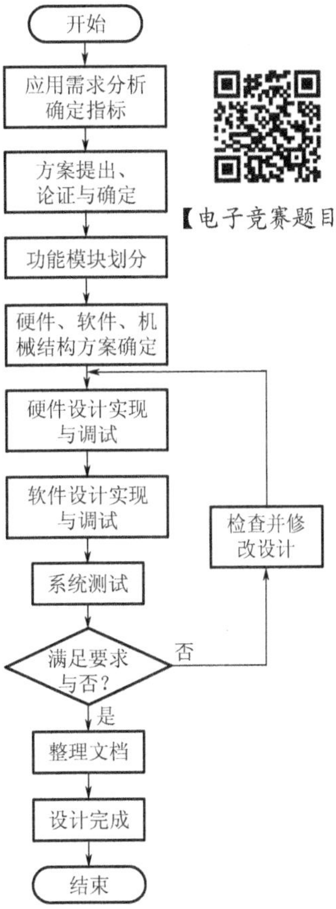

图1.3 电子系统的设计流程

1）系统总体方案

系统总体方案应包含系统功能与技术指标、系统原理框架结构与功能实现的方法（硬件实现方法和软件实现方法），系统的测量方法、系统技术指标的保证措施、系统的可靠性与抗干扰能力的整体策略，以及项目进度规划安排等内容。

2）系统硬件方案

在系统硬件方案设计中，需要确定硬件系统的构成方式。对于功能较为简单的电子系统，可以采用单机系统实现；而功能复杂的电子系统则可以考虑采用多级系统协作方式完成系统任务。

对于硬件系统结构的选择，可以根据系统结构、复杂性、外设数量、驱动能力、兼容能力及可扩展能力要求来确定硬件系统结构为单板结构还是总线模板结构（后者的兼容能力及可扩展能力都要强于前者）。

另外，需要对相关的现场设备进行选择，如传感器、执行结构、显示设备等。

3）系统机械结构

一个成功的电子系统，除了有一个较好的软硬件方案之外，还应注重系统机械结构的设计，即需要考虑机箱的美观、实用性，机架的牢固、易安装性；同时要考虑系统的接地方式、接线方式要方便可靠，人机操作要简单、方便、快捷，操作界面清晰醒目，容易接受。

4）系统软件方案

电子系统的功能性、可靠性、可升级性等指标很大程度上都依赖于系统软件的性能。因此在系统软件方案中，首先要设计软件架构框图，需要对数据库结构、操作方式、系统通信方式、控制算法、数据处理算法、优化算法、错误处理等一系列因素进行认真设计，这样才能确保电子系统的设计目标的实现。

7. 系统硬件的设计与实现

现代电子系统的设计离不开嵌入式微处理器的应用。在设计初期就需要对处理器的类型、总线的方式等做出选择。另外还有存储器的设计、接口器件的选择与I/O通道的设计，输入/输出方式（包括模拟输入、模拟输出、开关量输入、开关量输出等）设计，还有传感器、变送器、执行结构的接口设计，还有中断系统的设计等诸多硬件设计因素需要考虑。这些因素对电子系统的性能质量有着举足轻重的影响，所以在设计过程中应充分全面地考虑，以免产生不良的设计。

8. 系统软件的设计与实现

一个包含微处理器的电子系统的正常运行离不开一套能正常运行的软件系统的支持。系统软件的设计应包含硬件驱动程序设计、功能模块设计和软件抗干扰设计等。其中硬件驱动程序设计、功能模块设计是实现系统功能必不可少的部分，而软件抗干扰设计则是系统的稳定性、可靠性设计的需求。

9. 系统的调试与运行

当系统的硬件设计完成并实现之后，下一步就进入系统的调试阶段。本阶段包括硬件系统的功能仿真、软件系统的仿真、软硬件在线联合调试及系统运行调试等部分。

在系统的不同开发阶段将会进行不同环境的调试。例如，在硬件系统没有实现之前，对于软件功能的仿真完全可以在相应的软件仿真环境上进行模拟仿真，也可以在开发试验台上先进行仿真。最后待硬件系统完备后方可进行在线联合调试及系统运行调试工作。

系统的调试工作是整个电子系统设计过程中相当重要的步骤。一般来说，调试工作和设计过程密不可分，往往需要交叉反复进行，反复修改验证，才可以达到设计的最佳要求。

10．系统测试

系统测试作为电子系统开发的最后一个步骤，主要包含以下测试项目。

（1）系统功能测试，分为硬件测试和软件测试。

① 硬件测试：功能实现，技术指标测试。

② 软件测试：测试操作的方便性、容错性，模块功能及运行速度。

（2）系统参数及技术指标测试。

（3）系统的容错性测试。

（4）系统的可靠性测试。

（5）系统的电气安全性测试。

（6）系统的电磁兼容性（EMC）测试。

（7）系统的机械特性测试。

在完成以上的电子系统测试项目并达到各项性能指标之后，方可将电子系统交付用户，完成整个设计过程。

11．整理文档

完整的电子系统设计必须包括规范的设计文件。正规文件必须按照相应的行业或国家标准执行并归档。完整的文档为设备升级、维护、技术参考、查询提供依据。

设计文件包括下列文档。

（1）建立文档编号，便于查询。

（2）设计任务书，提出设计要求和技术指标。

（3）方案论证报告，方案选择及可行性论证。

（4）技术图纸，包括电路图、连接图、装配图、元件清单、软件程序清单等。

（5）调试记录、更改说明。

（6）测试记录及结果。

（7）使用说明书。

（8）技术总结报告。

1.4 电子系统设计的方法和原则

对于一个复杂的电子系统，根据其功能和层次，一般采用自顶向下、自底向上或者二者相结合的方法进行设计。

自顶向下方法适用于大型、复杂系统的设计。要点是从系统级开始设计，根据系统所要求的功能，将系统划分为功能单一的子系统，再将子系统划分为功能模块，模块设计完成后，最后进行元件级设计。此方法能抓住主要矛盾，避开具体细节。前面所介绍的方法正是自顶向下法。

而自底向上方法正好与自顶而下方法相反，是根据系统要求实现的功能，从已有的元器件或已验证成功的电路部件中选择合适的部件组成子系统，再从子系统向上设计总系统。此方法可充分利用成熟技术，提高设计效率。该方法适用于系统组装和测试。

对于现代电子系统设计，通常采用两种方法相结合的方法设计，这样既可进行复杂系统设计，又能充分利用成熟技术，提高设计效率。

以一个典型的电子测量系统为例，完整的功能模块的结构组成如图1.4所示。

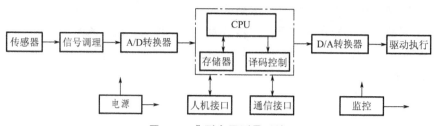

图1.4 典型电子测量系统

在图1.4所示系统中，该系统要完成的功能是对物理量进行测量和处理。根据系统功能可将系统分为3个子系统：信号采集子系统、信号处理子系统、系统输出子系统。信号采集子系统分为传感器、信号调理、A/D转换功能模块；信号处理子系统由CPU（单片机/DSP/FPGA等）及外围电路构成；信号输出子系统包括D/A转换模块、驱动执行（显示、下一级控制驱动等）模块。系统还应包含电源模块，它为各子系统提供所需电源。监控系统主要对系统各部分工作状态进行检查和控制，确保系统工作正常。

各个功能模块都是由电子元器件具体实现的，可细分为不同的单元电路。

该系统的设计可以在提出技术指标后，进行子系统及各功能模块划分，然后设计单元电路，即自顶向下设计；设计中可以尽量采用已有的成熟单元电路，即自底向上设计。

在现代电子系统的设计中，应该遵循如下原则。

（1）先进性和成熟性：电子系统设计应适应电子技术发展的潮流，这样所设计的产品才能在较长时间内具备一定的先进性。在设计中应尽量采用已有的成熟技术，从而缩短开发产品的周期。

（2）安全性和可靠性：电子产品的设计应将安全性放在首位，尽量采用成熟技术，严格遵守国家及行业相关技术标准。电子元器件的选择应具有一定的冗余，设计中要充分考虑使用中可能发生的误操作，要采用相应的保护措施。

（3）实用性和经济性：系统设计要考虑使用操作的便利性，符合人性化的需要。在保证技术性能的前提下，要考虑成本核算。选择功能合适且价格合理的元器件和部件，采用成熟技术，保证系统具有较高的性价比。

（4）通用性和易维护性：设计中考虑到使用操作方便，元器件的选择应尽量采用通用和成熟的产品，便于维修时更换。另外系统装配结构设计应合理，便于维护操作。

（5）开放性和可扩展性：系统设计中应尽量采用标准化技术，符合国际标准、国家标准或行业标准的规定，支持相关协议，如通信标准和协议等。设计上也要考虑系统的开放性，系统之间，系统对外部之间具有进行访问或二次开发的功能。这样系统升级改造时可保护原有资源，降低成本，提高效率。

以上的电子系统设计过程为传统的手工设计过程，随着电子系统智能化、集成化程度的提高，设计方法不断更新。现代电子系统通常为智能型系统，包括软、硬件两部分，设计开始时就应该有一个软、硬件分工的安排，然后分别进行硬件设计和软件设计；现代设计方法应尽可能多地使用 EDA 软件工具进行电子系统设计。

电子系统的设计方法，没有一成不变的规定步骤，它往往与设计者的经验、兴趣、爱好密切相关。设计者应注重总结，灵活应用。

1.5　电子系统设计的必备知识

要进行电子系统设计，必须具备一定的基础知识，除了模拟电路、数字电路、电路基础等基础理论知识外，还需要对实际的电子元器件知识有深入的了解，这些知识可以参考教科书，更为重要的是要关注电子元器件生产厂家官方手册资料。设计满足技术要求的电子系统，除了电路原理正确外，还要对元件的封装、标称参数、特性曲线、功能指标、适应环境等进行选择。为方便阅读查阅，通过扫描本书二维码可以快速查阅电子元器件的相关资料。

【电子元器件】　　　　　【电阻和电位器】　　　　【电容器和电感器】

【半导体分立器件】　　　【集成电路元件】

电子系统设计的过程也是经验不断积累的过程。你设计得越多，对于元器件的了解也就越深入。这里汇总了一些电子工程师的设计经验和体会的分享，希望对读者有所帮助。

1.6　关注前沿技术，注重知识积累

电子技术的发展速度是惊人的。电子设计工程师应该时刻关注电子技术发展的前沿动态，经常阅读相关技术资料，不断更新和充实自身的知识结构，这样才能在设计中得心应手，逐渐成为设计高手。

借助于网络经常访问国际知名的电子企业网站：TI、Microchip、NI 等。

这些公司拥有最新的元器件信息，有些器件还可以免费申请样片。同时网站还提供了一些常用程序的开源代码。

国内也有许多著名的电子网站，如电子设计应用、电子工程专辑等。

这些网站有大量的实用技术信息，还有一些基础应用知识、经验分享等，可为设计者的知识积累提供重要的帮助。

网站的信息特点是更新快、技术广，常看可以拓展视野，更新设计理念。

【电子类期刊】

除了网站外，设计者还需要阅读大量的参考文献，看看同样的要求，别人是怎么做的，是否可以借鉴。这些参考文献大量来自于杂志期刊，阅读文献对了解研究现状、设计思路、实现原理可以起参考作用。这里要特别注意，阅读报刊杂志需要对大量的文章进行甄别，去伪存真。对文章中的方案不要一味照搬，而是在理解的基础上进行改进，这样才能设计出具有自身特点的电子系统。对文章中的结果不能盲目相信，需要进行验证，只有硬件和软件调试成功，电子设计才算完成。

习　　题

1. 什么是电子系统？它由哪几部分组成？
2. 电子系统设计的步骤是什么？
3. 电子系统设计的方法和原则是什么？
4. 常用电子元器件有哪些？
5. 电阻器是如何分类的？其主要技术指标有哪些？
6. 色环电阻器的阻值如何识别？有一个四环碳膜电阻器，色环顺序是红、紫、黄、银。这个电阻器的阻值和误差是多少？
7. 电容器的主要技术参数有哪些？常用电容器有哪些？
8. 电容器的使用方法及注意事项有哪些？
9. 电感器是如何分类的？
10. 国产半导体分立器件的命名法是什么？
11. 如何选用二极管？若二极管型号为 2AP9、2CP10 和 1N4001，请问各是哪种二极管？
12. 如何选用晶体管？若晶体管型号为 3DG6、3AX31 和 9013，请问各是哪种三极管？
13. 晶体管如何检测？
14. 集成电路是如何分类的？常用集成电路的封装形式有哪些？
15. 数字集成电路使用有哪些注意事项？

第**2**章
电子系统设计的常用软件工具

【内容要点】

- 电子系统设计的常用软件工具。
- 电子线路设计软件 Altium Designer。
- 电路仿真软件 Multisim。
- 可进行单片机仿真的软件 Proteus。
- 上位机编程的图形化开发环境 LabVIEW。

【教学目标与要求】

通过本章的学习,要求了解电子系统设计的常用软件工具,掌握 Altium Designer 软件的使用方法,学会绘制电路原理图及印制电路板图;掌握 Multisim 软件的使用方法,学会采用电路仿真软件来分析电路;学习 Proteus 软件的使用方法,主要通过仿真熟练掌握不同型号单片机的应用,同时加强单片机程序的编写能力;学习图形化编程语言的开发环境 LabVIEW 的使用方法,从而方便地建立自己的虚拟仪器,快速实现上位机软件的编写。

【引言】

电子系统设计要求设计者除了具备电子元器件知识、模拟电路、数字电路及集成电路设计方法等一定的硬件基础外,还需要设计者掌握常用的电子电路或电路系统设计相关软件,包括电路仿真、绘制电路图及印制电路板(PCB)设计、上位机编程等软件,本章将重点讲述常用的电子系统设计软件。首先介绍业界第一款完整的板级设计解

【PCB相关知识】

决方案,也是应用广泛的电路图绘制及 PCB 设计软件 Altium Designer,其次介绍功能强大的电路仿真软件 Multisim,然后介绍单片机虚拟仿真软件 Proteus,最后介绍图形化的编程开发环境 LabVIEW,并通过一些实例来说明软件的应用。

首先通过图 2.1 来了解一下电路板的设计制作过程。图 2.1 (a) 为制作完成的电路实体的一部分,这部分电路是在图 2.1 (b) 所示的类似电路板上经过电子元器件焊接安

装后完成的，图 2.1（b）是由专业电路板生产企业根据图 2.1（c）所示的类似 PCB 图加工而成的，而 PCB 图又是根据图 2.1（d）所示的类似电路图生成的，Altium Designer 就可以完成图 2.1（c）、图 2.1（d）所示的绘图工作。

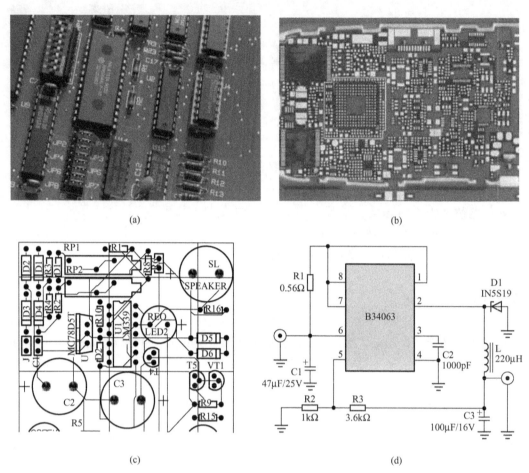

图 2.1　电路板的设计制作相关图例

电子工程师仅掌握电路图及 PCB 绘制技能是远远不够的，还需要掌握电路设计、电路原理分析等基本技能，因此还需要学习美国国家仪器（National Instruments，NI）公司推出的电路仿真软件 Multisim。Multisim 是 NI Circuit Design Suite（NI 电路设计套件）的一个重要组成部分，是一个以 Windows 为基础的仿真工具，该软件具有直观的图形界面、丰富的元器件、强大的仿真能力、丰富的测试仪器、完备的分析能力、独特的射频（RF）模块，且集成了强大的 MCU 模块等。图 2.2 给出了 Multisim 仿真软件的特色展示，Multisim 仿真软件不但能够进行电路图形式的仿真，而且可以进行如图 2.2（a）所示的元器件实物形式的电路仿真。同时 Multisim 仿真软件还集成了多种电子测量仪器，包括数字万用表、函数信号发生器、双通道示波器、扫频仪、数字信号发生器、逻辑分析仪、瓦特表、失真分析仪、频谱分析仪和网络分析仪等。图 2.2（b）为该软件内集成的数字示波器，这台示波器的面板、旋钮操作同实际操作 TEK 的数字示波器一样。

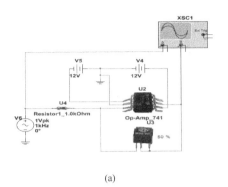

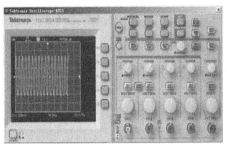

【Multisim 3D效果
元件电路仿真】

【Multisim中TEK
示波器使用】

(a)　　　　　　　　　　　　　　　　(b)

图2.2　Multisim仿真软件的特色展示

在学习单片机课程时,可以利用虚拟仿真软件Proteus进行编程练习。Proteus是英国Labcenter公司开发的电路分析与仿真及PCB设计软件,具有多种EDA工具软件的仿真功能。Proteus软件还能够仿真单片机及外围器件,包括仿真、分析多种模拟电路与集成电路。Proteus软件提供了大量模拟、数字元器件与外部设备,以及多种虚拟仪器,特别是具有对单片机及其外围电路组成的综合系统的交互仿真功能。Proteus软件是目前比较常用的单片机及外围器件仿真软件工具,也是一款电路仿真、PCB设计和虚拟模型仿真软件三合一的设计平台。Proteus具有模拟电路仿真、数字电路仿真、单片机及其外围电路组成的系统的仿真、RS-232动态仿真、C调试器、SPI调试器、键盘及LCD等仿真的功能;配有多种虚拟仪器,如示波器、逻辑分析仪、信号发生器等。目前Proteus V8.6版本支持的单片机类型非常丰富,包括目前较为常用的8051系列、STM32F103系列、MSP430系列、ARM7系列、AVR系列、Cortex系列、PIC系列、68HC11系列等及多种外围芯片,同时还支持大量的存储器;在编译方面,支持IAR、Keil和MPLAB等多种编译器,并且完美兼容64位操作系统。图2.3所示为Proteus的应用示例,图2.3(a)为采用Proteus实现计算器功能,图2.3(b)为采用Proteus实现的俄罗斯方块游戏。

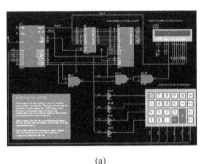

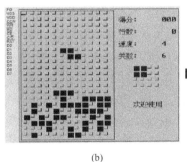

【Proteus基于单片机
的计算器仿真】

【Proteus俄罗斯
方块仿真】

(a)　　　　　　　　　　　　　　(b)

图2.3　Proteus应用示例

在进行上位机软件编写时,可以选用最易上手的图形化编程语言开发环境Lab-VIEW。LabVIEW同样是由NI公司研制的专为工程师和科研人员设计的集成式开发环境,类似于C和BASIC开发环境,其本质是一种图形化编程语言(G语言),采用的是数据流模型,而不是顺序文本代码行,其他计算机语言大多采用基于文本的语言产生代码。

LabVIEW 产生的程序是框图的形式，使工程师能够根据思路以可视化的布局编写功能代码。图形化编程语法使得工程系统的可视化、创建和编程变得更为简单，这意味着使用者可以减少花在语句和语法的时间，而将更多的时间花在解决重要的问题上。LabVIEW 软件是 NI 设计平台的核心，也是开发测量或控制系统的理想选择。

LabVIEW 同样提供很多外观与传统仪器（如示波器、万用表）类似的控件，可用来方便地创建用户界面。用户界面在 LabVIEW 中被称为前面板。使用图标和连线，可以通过编程对前面板上的对象进行控制，这就是图形化源代码，又称 G 代码。LabVIEW 的图形化源代码在某种程度上类似于流程图，因此又被称为程序框图代码。通过 LabVIEW 可以进行基于计算机的上位机软件的编制，可广泛应用于数据采集与信号处理、仪器控制、嵌入式监测和控制系统、自动化测试与验证系统等技术领域。

2.1　电子线路设计软件 Altium Designer

【Altium Designer
官网链接】

自 20 世纪 80 年代中期以来，计算机应用已进入各个领域并发挥着越来越大的作用。在这种背景下，美国 ACCEL 科技公司推出了第一个应用于电子线路设计的软件包 TANGO，这个软件包开创了电子设计自动化（EDA）的先河。该软件包现在看来虽然比较简陋，但在当时给电子线路设计带来了设计方法和方式的革命，人们开始用计算机来设计电子线路，多年后国内许多科研单位还在使用这个软件包。

在电子业飞速发展的时代，TANGO 日益显示出其不适应时代发展需要的弱点。为了适应科学技术的发展，Protel Technology 公司以其强大的研发能力推出了 Protel For DOS，从此 Protel 这个软件在业内得到日益广泛应用。

Protel 系列是进入我国较早的 EDA 软件，一直以易学易用而深受广大电子设计者的喜爱。自从 1985 年诞生 DOS 版 Protel 以来，Protel 软件进行了多次升级，1991 年升级为 Protel for Windows。1998 年升级为 Protel 98，这是个 32 位产品，同时也是第一个包含五个核心模块的 EDA 工具。1999 年升级为 Protel 99，它既有原理图的逻辑功能验证的混合信号仿真，又有了 PCB 信号完整性分析的板级仿真，成为当时国内最流行的 PCB 设计软件。2000 年升级为 Protel 99SE，使得 Protel 性能进一步提高，可以对设计过程有更大控制力。2002 年升级为 Protel DXP，该版本集成了更多工具，使用方便，功能更强大。2003 年升级为 Protel 2004，对 DXP 进行完善。2006 年升级为 Altium Designer 6.0，它在 PCB 设计方面的性能大大提高。2008 年新版的 Altium Designer Summer 8.0 将 EC-AD 和 MCAD 两种文件格式结合在一起，使得 Altium 在其最新版的一体化设计解决方案中为电子工程师带来了全面验证机械设计（如外壳与电子组件）与电气特性关系的功能，还加入了对 OrCAD 和 PowerPCB 的支持功能。2008 年 Altium Designer Winter 09 推出，同年 9 月发布的 Altium Designer 引入新的设计技术和理念，以帮助电子产品设计进行创新，利用技术进步，可使一个产品从任务设计更快地走向市场。Altium Designer Winter 09 版本具备功能更强的电路板设计空间，让使用者可以更快地进行设计，利用全三维 PCB 设计环境，避免出现错误和不准确的模型设计。2012 年，Altium Designer 13 发布，随后几乎每年都有新版本诞生，目前最新版本为 Altium Designer 17，新版本的诞生延续了新特性和新技术的应用过程。

2.1.1 Altium Designer 的主要性能

Altium Designer 软件通过把原理图设计、电路仿真、PCB 绘制编辑、拓扑逻辑自动布线、信号完整性分析和设计输出等技术完美融合，为设计者提供了全新的设计解决方案，使电子工程师可以轻松地进行电路设计，熟练使用这一软件必将使电路设计的质量和效率大大提高。

新版 Altium Designer 除了全面继承包括 Protel 99SE、Protel DXP 在内的先前一系列版本的功能和优点外，还增加了许多改进和高端功能，拓宽了板级设计的传统界面，全面集成了现场可编程门阵列（FPGA）设计功能和可编程片上系统（SOPC）设计实现功能，从而允许电子工程师将系统设计中的 FPGA 与 PCB 设计及嵌入式设计集成在一起。

Altium Designer 包含了电子产品设计中所有的设计技术，并且结合了原生 3D PCB 显示技术和一体化的设计思想，帮助电子工程师设计出更具创意的电子产品。

Altium Designer 17 的性能改进，相比于早期版本，主要体现 PCB 设计的几个方面。

1. 运用 ActiveRoute，在短时间内进行最高质量的 PCB 布线

通常在手工布线时，常常需要花费若干小时的时间，但若借助于 ActiveRoute 及动态选择，通过高性能的指导性布线技术，工程师可以在很短的时间里完成高质量的 PCB 设计。在进行网络布线时可使用新的选择工具，尤其是在大型器件上充分控制布线路径，如 BGA 封装的器件，可同时在多个层上进行布线，并可将每一条布线自动优化。

2. 使用背钻孔，减少高速设计时对信号完整性的干扰

通过对钻孔的完全控制，可以有效避免由信号完整性导致的事故，在设计 PCB 时为每一个钻孔轻松添加钻孔尺寸、最大子长度及起止层的规则，随后按照通常的方式进行布线并自动确认。

3. 通过动态铺铜，节省创建及编辑多边形铺铜的时间

通过便捷的编辑模式及自定义边界，可节约修改多边形铺铜的时间。

2.1.2 Altium Designer 预备知识

1. Altium Designer 使用前的准备工作

在使用 Altium Designer 之前，先来了解一下有关的工作流程、安装操作及文件类型。

1）PCB 设计的工作流程

（1）方案分析。方案分析决定电路原理图如何设计，同时也影响 PCB 如何规划。根据设计要求进行方案比较、选择，以及元器件的选择等，这是开发项目中最重要的环节。

（2）电路仿真。在设计电路原理图之前，有时候会对某一部分电路设计并不十分确定，因此需要通过电路仿真来验证。电路仿真还可以用于确定电路中某些重要器件参数。

（3）设计原理图组件。Altium Designer 提供了丰富的原理图组件库，但不可能包括所有组件，必要时需动手设计原理图组件，建立自己的组件库。

（4）绘制原理图。找到所有需要的原理图组件后，开始原理图绘制。根据电路复杂程度决定是否需要使用层次原理图。完成原理图后，用电学规则检查（ERC）工具查错。找到出错原因并修改原理图电路后，重新查错到没有原则性错误为止。

（5）设计组件封装。和原理图组件库一样，Altium Designer 也不可能提供所有组件的封装。需要时可自行设计并建立新的组件封装库。

（6）设计 PCB。确认原理图没有错误之后，开始 PCB 的绘制。首先绘出 PCB 的轮廓，确定工艺要求（使用几层板等）。然后将原理图传输到 PCB 中来，在网络表、设计规则和原理图的引导下布局和布线。设计规则检查（DRC）工具查错是电路设计中另一个关键环节，将决定该产品的实用性能，其中需要考虑的因素很多，不同的电路有不同要求。

（7）文档整理。对原理图、PCB 图及器件清单等文件予以保存，以便以后维护、修改。

2）Altium Designer 安装操作

（1）如果是镜像文件（文件扩展名为.iso），需要用虚拟光驱打开；如果是压缩包，那么直接解压缩即可。

（2）找到 SETUP.exe，双击开始安装，这时出现安装界面，如图 2.4 所示。

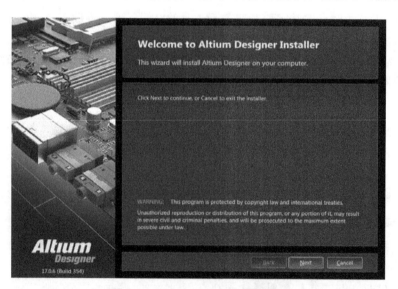

图 2.4　Altium Designer 安装界面

（3）出现安装功能模块选择对话框时，根据需要进行选择，如图 2.5 所示。若进行 FPGA 开发，可选择 FPGA Design 模块。由于系统需要复制大量文件，所以需要花费一定的时间。在安装完毕后，将会出现 Finish 对话框，提示安装完成。

需要注意的是，新版的 Altium Designer 安装文件一般较大，建议在安装时选择安装在操作系统以外的分区，如 D 盘。

3）Altium Designer 的常用文件类型

在使用应用软件之前应该对软件所支持的文件类型做一定的了解。Altium Designer

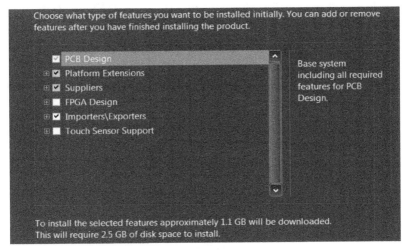

图 2.5　功能模块选择

是一个应用于电路设计的软件，其文件与实际设计中的一个工程项目相似，所以其文件类型也引入工程文件类型。一般建立一个电路设计，首先要建立一个工程文件，然后在这个工程文件下进行相应的设计。工程文件的扩展名为"．prj＋所创建工程的类型"。该工程文件用于定义工程中各文件之间的关系。利用工程文件可以使原理图文件、PCB 文件等同一工程中的不同类型文件保存在不同的文件夹中，而查看文件时可以看到与该工程相关的所有文件。

在设计中也可以直接建立一个原理图文件、PCB 文件或者其他类型的文件，此时系统默认文件属于 Free Documents 的工程下，而保存时为独立文件。这种不属于任何一个工程的文件，称为自由文件，这些自由文件也可以添加到某个已存在的工程中。在 Projects 控制面板中，将光标移动到所要添加的目标工程名上，然后右击，在弹出的快捷菜单中选择"Add Existing to Project…"命令，系统将自动弹出对话框，即可选择所要添加的文件名。也可以向工程文件中添加其他工程中的文件，操作方法与添加自由文件相同。

Altium Designer 支持多种工程类型，其常用工程类型和文件扩展名如表 2－1 所示。

表 2－1　Altium Designer 的工程类型及文件扩展名

工 程 类 型	文件扩展名
PCB project（PCB 项目）	＊．prjpcb
FPGA project（FPGA 项目）	＊．prjfpg
Core project（内核项目）	＊．prjcor
Integrated Library project（库封装项目）	＊．prjpkg
Script project（脚本项目）	＊．prjscr

注：不同版本支持的工程类型有所区别。

在各种工程里都可以添加文件，除了集成元件库有一些特殊外，其他的几个工程文件都是存储工程中的相对路径，文件比较小。在工程中可以添加的一些自由文件的扩展名和文件类型如表 2-2 所示（同样的，不同版本支持的文件类型有所区别）。

表 2-2　工程中可以添加的一些自由文件扩展名和文件类型对照表

文件扩展名	文 件 类 型
*.pcbdoc	PCB 文件
*.schdoc	原理图文件
*.pcblib	PCB 元件库文件
*.schlib	原理图元件库文件
*.vhdl	VHDL 文件
*.vhdlib	VHDL 库文件
*.pld	PLD 文件
*.c	C 语言文件
*.cpp	C++语言文件
*.pas/ *.bas	Delphi 语言文件
*.mdl	电路仿真模型文件
*.nsx	电路仿真模型文件
*.ckt	电路仿真子电路模型文件
*.edif	EDIF 文件
*.ediflib	EDIF 库文件
*.net	Protel 网络表文件
*.txt	文本文件
*.cam	CAM 文件
*.sdf	仿真波形输出文件
*.lib	信号完整性模型库文件

此外，还有一些文件格式是通过运行 Altium Designer 的一些程序而产生的，如生成的 *.xls 文件，该文件是 Microsoft Excel 软件的格式。Altium Designer 还可以支持许多第三方软件的文件格式。

2. Altium Designer 的 DXP 系统平台

当从开始菜单运行软件时可以看到 Altium Designer 的启动界面，如图 2.6 所示。运行 Altium Designer 软件实际是运行 DXP. exe。Altium Designer 下的 DXP 平台可以使设计者完成各自的设计，应用接口自动地配置合适的参数。例如，当打开一张原理图文件时，工具栏、菜单和快捷键都被激活。这个功能意味着进行设计 PCB、生成 BOM 表、电路仿真等工作的时候，与之相关的工具栏菜单和快捷键都将被激活。

图 2.6　**Altium Designer** 的启动界面

Altium Designer 的一个项目中可以包含多个设计文件，包括原理图设计文件、PCB 设计文件等，同时还包含项目输出文件，以及设计中所用到的库文件。

1）项目及工作区

项目是每项电子产品设计的基础，并将设计元素链接起来，包括原理图、PCB、网表和欲保留在项目中的所有库或模型。

项目还能存储项目级选项设置，如错误检查设置、多层连接模式和多通道标注方案。

项目共有多种类型，包括 PCB 项目、FPGA 项目、内核项目、集成库封装项目和脚本项目等。

Altium Designer 以设计项目为中心，一个设计项目可以包含各种设计文件，如原理图 SCH 文件、电路图 PCB 文件及各种报表，多个设计项目可以构成一个 Project Group（设计项目组）。因此，项目是 Altium Designer 工作的核心，所有设计工作均是以项目来展开的。

Altium Designer 允许通过 Projects 面板访问与项目相关的所有文档，还可在通用的 Workspace（工作空间）中链接相关项目，轻松访问目前正在开发的某种产品相关的所有文档。

在将原理图图纸之类的文档添加到项目时，项目文件中将会加入每个文档的链接。这些文档可以存储在网络的任何位置，无须与项目文件放置于同一文件夹。

2）DXP 系统菜单

DXP 的系统菜单提供了配置软件环境的命令，可以通过左上角主菜单旁边的 DXP 图标使用这些命令，DXP 按钮在工作界面都可以找到，如图 2.7 所示。

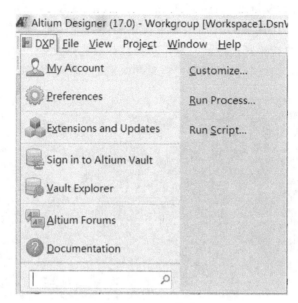

图 2.7　DXP 菜单

2.1.3　Altium Designer 设计管理器

1. Altium Designer 的主工作面板

启动 Altium Designer 后进入 Altium Designer 的设计管理器窗口。Altium Designer 的设计管理器窗口类似于 Windows 的资源管理器窗口，设有主菜单、主工具栏，左边为 Files Panels（文件工作面板），右边对应的是主工作面板，最下面的是状态栏。

2. 主菜单和主工具栏

主菜单和主工具栏如图 2.8 所示。Altium Designer 的主菜单栏包括 File（文件）、View（视图）、Project（项目）、Window（窗口）和 Help（帮助）等。

图 2.8　主菜单和主工具栏

文件菜单包括常用的文件功能，如打开文件、新建文件等，也可以用来打开项目文件或保存项目文件，显示最近使用过的文件和项目、项目组以及退出 Altium Designer 系统等。

视图菜单包括选择是否显示各种工具栏、各种工作面板（Workspace panels）以及状态条和器件查看、命令状态等。

项目菜单包括项目的编译（Compile）等，以及将文件加入项目和将文件从项目中删除等。

窗口菜单可以水平或者垂直显示当前打开的多个文件窗口。

帮助菜单用来显示版本信息和 Altium Designer 的学习教程。

主工具栏的按钮图标用于打开文件，打开已存在的项目文件等。

2.1.4 Altium Designer 原理图设计系统

1. 设计项目的建立

在设计管理器新建一个 PCB 项目，新建的设计项目默认处于 Workspace1. DsnWrk 工作组下，默认的项目文件名为 PCB _ Project 1. prjpcb。

2. 设计文件的建立和保存

可以用鼠标选中 PCB Project1. prjpcb 选项，右击，利用弹出的快捷菜单中的命令，可进行文件的建立和保存。

3. 设计项目的打开和保存

选中文件工作面板中的 PCB Project1. prjpcb 选项，右击，在弹出的快捷菜单中选择 Close Project 选项，将弹出询问是否保存当前项文件的对话框，单击 Yes 按钮，将弹出"保存项目文件"对话框。

在"保存项目文件"对话框中，用户可以更改设计项目的名称、所保存的文件路径等，文件默认类型为 PCB Projects，扩展名为 . prjpcb。

4. 原理图环境设置

原理图环境设置主要指图纸和游标设置。绘制原理图，首先要设置图纸，如设置纸张大小、标题框、设计文件信息等，确定图纸文档的有关参数。图纸上的游标为放置组件、连接线路带来很多方便。

1）图纸大小的设置

（1）打开图纸设置对话框。在 SCH 电路原理图编辑接口下，选择菜单 Design＞＞ Document Options 命令，将弹出 Document Options（图纸属性设置）对话框。

在当前原理图上右击，从弹出的快捷菜单中选择 Document Options 选项，同样可以弹出 Document Options 对话框。

（2）图纸大小的设置。如用户要将图纸大小更改为标准 A4 图纸。将游标移动到图纸属性设置对话框中的 Standard Style（标准图纸样式），用鼠标单击下拉按钮启动该项，再用游标选中 A4 选项，单击 OK 按钮确认。

Altium Designer 所提供的图纸样式有以下几种。

① 美制：A0、A1、A2、A3、A4，其中 A4 最小。

② 英制：A、B、C、D、E，其中 A 型最小。

③ 其他：如 Orcad、Letter、Legal 等。

（3）自定义图纸设置。如果默认的图纸设置不能满足用户要求，可以自定义图纸大小。自定义图纸大小可以在 Custom Style 选项区域中设置，即在 Document Options 对话框的 Custom Style 选项区域选中 Use Custom Style 复选框。如果没有选中 Use Custom Style 复选框，则相应的 Custom Width 等设置选项灰化，不能进行设置。

2）格点和游标的设置

（1）格点形状和颜色的设置。Altium Designer 提供了两种格点，即 Lines（线状格点）和 Dots（点状格点），设置线状格点和点状格点的具体步骤如下。

① 在 SCH 原理图图纸上右击，在弹出的快捷菜单中选择 Option 选项，将弹出对话框。单击 Grids 卷标，打开 Grids 选项卡。

② 在 Visible Grid 选项的下拉列表中有两个选项，分别为 Line Grid 和 Dot Grid。如选择 Line Grid 选项，则在原理图图纸上显示线状格点；如选择 Dot Grid 选项，则在原理图图纸上显示点状格点。

③ 在 Color Options 选项中，Grid Color 项可以用来进行格点颜色设置。

（2）使用图纸属性设置对话框进行格点设置。在 Document Options（图纸属性设置）对话框的 Sheet Options 选项卡中，设有 Grid 选项区域和 Electrical Grid 选项区域。

① Grid 选项区域。Grid 选项区域中包括 Visible 和 Snap 两个属性设置。

a. Visible：用于设置格点是否可见。在右边的设置框中输入数值可改变图纸格点间的距离，默认的设置为 10，表示格点间的距离为 10 个像素点。

b. Snap：用于设置游标移动时的间距。选中此项表示游标移动时以 Snap 右边设置值为基本单位移动，系统的默认设置是 10。例如移动原理图上的组件时，则组件的移动以 10 个像素点为单位移动。未选中此项，则组件的移动以一个像素点为单位移动。一般采用默认设置，便于在原理图中对齐组件。

② Electrical Grid 选项区域。Electrical Grid 选项区域中设有 Enable 复选框和 Grid Range 文本框用于设置电气节点。Enable 复选框如果被选中，在绘制导线时，系统会以 Grid Range 文本框中设置的数值为半径，以游标所在位置为中心，向周围搜索电气节点，如果在搜索半径内有电气节点，游标会自动移到该节点上。如果未选中 Enable 复选框，则不能自动搜索电气节点。

3）图纸属性设置对话框的其他设置

在 Document Options 对话框中单击 Parameters 卷标，即可打开 Parameters 选项卡，这里提供的信息主要有以下几种。

（1）Address1：第 1 栏图纸设计者或公司地址。

（2）Address2：第 2 栏图纸设计者或公司地址。

（3）Address3：第 3 栏图纸设计者或公司地址。

（4）Address4：第 4 栏图纸设计者或公司地址。

（5）Approved by：审核单位名称。

（6）Author：绘图者姓名。

（7）Document Number：文件号。

2.1.5　Altium Designer 电路原理图设计及 PCB 设计

1. 电路原理图设计流程

电路原理图的设计流程如图 2.9 所示。

电路原理图具体设计步骤如下。

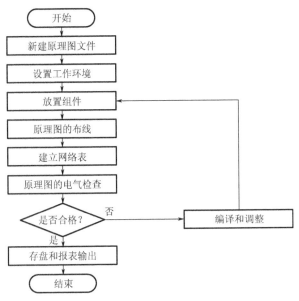

图 2.9 电路原理图的设计流程

（1）新建原理图文件。在进入 SCH 设计系统之前，首先要构思好原理图，即必须知道所设计的项目需要由哪些电路来完成，并构思电路图布局，然后用 Altium Designer 来画出电路原理图。

（2）设置工作环境。根据实际电路的复杂程度来设置图纸的大小。在电路设计的整个过程中，图纸的大小都可以不断地调整，设置合适的图纸大小是完成原理图设计的第一步。

（3）放置组件。从组件库中选取组件，布置到图纸的合适位置，并对组件的名称、封装进行定义和设定，根据组件之间的走线等联系对组件在工作平面上的位置进行调整和修改，使得原理图美观而且易懂。

（4）原理图的布线。根据实际电路的需要，利用 SCH 提供的各种工具、指令进行布线，将工作平面上的器件用具有电气意义的导线、符号连接起来，构成一幅完整的电路原理图。

（5）建立网络表。完成上面的步骤以后，就可以看到一张完整的电路原理图了，但是要完成电路板的设计，还需要生成一个网络表文件。网络表是电路板和电路原理图之间的重要纽带。

（6）原理图的电气检查。当完成原理图布线后，需要设置项目选项来编译当前项目，利用 Altium Designer 提供的错误检查报告修改原理图。

（7）编译和调整。如果原理图已通过电气检查，那么原理图的设计就完成了。对于较大的项目，通常需要对电路进行多次修改才能够通过电气检查。

（8）存盘和报表输出。Altium Designer 提供了利用各种报表工具生成的报表（如网络表、组件清单等），同时可以对设计好的原理图和各种报表进行存盘和输出打印，为印制电路板电路的设计做好准备。

图 2.10 为采用 Altium Designer 设计的单片机最小系统电路图，单片机采用 Atmel 的 AT89S52。图 2.10 中包含了单片机工作所需的复位电路与外置晶体，同时提供了电源开关与电源指示装置。该单片机最小系统在使用时需要注意的是，如果 CPU 仅访问外部程序存储器（地址为 0000H - FFFFH），$\overline{EA}$/VPP 端必须保持低电平（接地）；如 $\overline{EA}$/VPP 端为高电平（接 VCC 端），CPU 则执行内部程序存储器的指令。

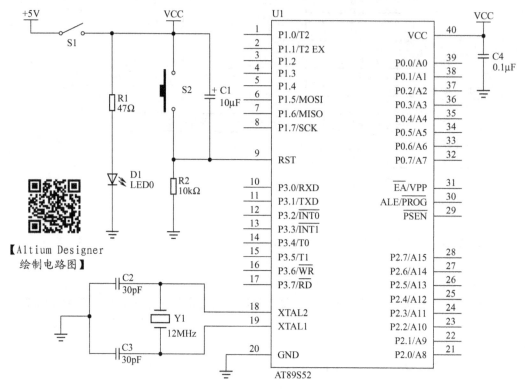

图 2.10　AT89S52 单片机最小系统电路图

2. PCB 的设计流程

PCB 的设计流程如图 2.11 所示。

PCB 具体设计步骤如下。

1）设计原理图

这是设计 PCB 电路的第一步，就是利用原理图设计工具先绘制好原理图文件。如果在电路图很简单的情况下，也可以跳过这一步直接进入 PCB 电路设计步骤，进行手工布线或自动布线。

2）定义组件封装

原理图设计完成后，组件的封装有可能被遗漏或有错误。正确加入网表后，系统会自动地为大多数组件提供封装。但是对于用户自己设计的组件或者某些特殊组件必须由用户自己定义或修改组件的封装。

3）PCB 图纸的基本设置

这一步用于对 PCB 图纸进行各种设计，主要内容包括设定 PCB 的结构及尺寸、板层

数目、通孔的类型、网格的大小等，既可以用系统提供的 PCB
设计模板进行设计，也可以手动设计 PCB。

4）生成网表和加载网表

网表是电路原理图和印制电路板设计的接口，只有将网表
引入 PCB 系统后，才能进行电路板的自动布线。在设计好的
PCB 上生成网表和加载网表，必须保证产生的网表已没有任何
错误，其所有组件能够很好地加载到 PCB 中。加载网表后系统
将产生一个内部的网表，形成飞线。

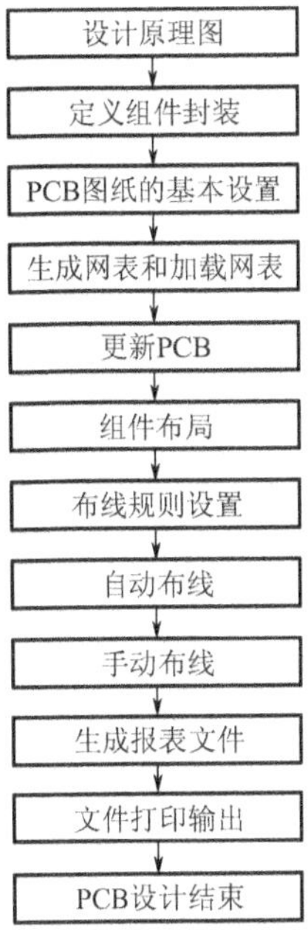

5）组件布局

组件布局是由电路原理图根据网表转换成的 PCB 图，一般
组件布局都不很规则，甚至有的相互重叠，因此必须将组件进
行重新布局。

组件布局的合理性将影响到布线的质量。在进行单面板设
计时，如果组件布局不合理将无法完成布线操作。在进行双面
板等设计时，如果组件布局不合理，布线时将会放置很多过孔，
使电路板布线变得复杂。

设计原理图
定义组件封装
PCB图纸的基本设置
生成网表和加载网表
更新PCB
组件布局
布线规则设置
自动布线
手动布线
生成报表文件
文件打印输出
PCB设计结束

图 2.11　PCB 设计的流程

6）布线规则设置

飞线设置好后，在实际布线之前，要进行布线规则的设置，这是 PCB 设计所必需的
一步。在这里用户要定义布线的各种规则，如安全距离、导线宽度等。

7）自动布线

Altium Designer 提供了强大的自动布线功能，在设置好布线规
则之后，可以用系统提供的自动布线功能进行自动布线。只要设置的
布线规则正确、组件布局合理，一般都可以成功完成自动布线。

【Altium Designer
PCB自动布线】

8）手动布线

在自动布线结束后，有可能因为组件布局或别的原因，自动布线
无法完全解决问题或产生布线冲突，这时需要进行手动布线加以设置或调整。如果自动布
线完全成功，则可以不必手动布线。

在组件很少且布线简单的情况下，也可以直接进行手动布线，当然这需要一定的熟练
程度和实践经验。

9）生成报表文件

PCB 布线完成之后，可以生成相应的各类报表文件，如组件清单、电路板信息报表
等。这些报表可以帮助用户更好地了解所设计的印制电路板和管理所使用的组件。

10）文件打印输出

生成了各类文件后，可以将各类文件打印输出保存，PCB 文件和其
他报表文件均可打印，以便永久存档。

图 2.12 为采用 Altium Designer 设计的 USB Blaster 下载器的 PCB
图，当然还可以采用其他 PCB 设计软件进行设计。

【其他常用PCB
设计软件】

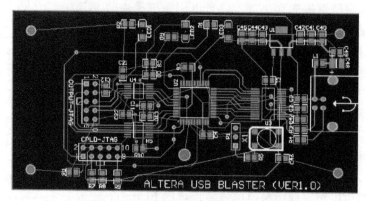

图 2.12　USB Blaster 下载器的 PCB 图

2.2　电路仿真软件 Multisim

【Multisim 官网链接】

Multisim 最初是加拿大图像交互技术（Interactive Image Technoligics，IIT）公司在 20 世纪末推出的以 Windows 为基础的仿真工具，其前身为 EWB（Electrical Workbench），后期被美国国家仪器（NI）公司收购，更名为 NI Multisim，随后其性能得到了极大的提升，尤其是可与 NI 公司的 LabVIEW 完美结合，使 Multisim 成为专门用于电子电路仿真与设计的 EDA 工具软件。在应用方面，Multisim 适用于板级的模拟/数字电路板的设计工作，包含了电路原理图的图形输入、电路硬件描述语言输入方式，具有丰富的仿真分析能力。Multisim 提炼了通用模拟电路仿真器（SPICE）仿真的复杂内容，这样使用者即可快速地进行捕获、仿真和分析电路设计。通过 Multisim 和虚拟仪器技术的结合，电子设计工程师和电子学教育工作者可以完成从理论到原理图捕获与仿真再到原型设计和测试这样一个完整的综合设计流程。

为适应不同的应用场合，Multisim 推出了许多版本，包括学生版、教师版以及电路设计和科研人员版，不同用户可以根据自己的需要加以选择。

Multisim 具有非常形象直观的人机交互界面，特别是其仪器仪表库中的各仪器仪表与操作真实实验中的实际仪器仪表完全相同，而且对模数电路的混合仿真功能也毫不逊色，几乎能够完全地仿真出真实电路的结果，并且在仪器仪表库中还提供了万用表、信号发生器、瓦特表、双踪示波器（或者四踪示波器）、波特仪（相当于实际中的扫频仪）、字信号发生器、逻辑分析仪、逻辑转换仪、失真度分析仪、频谱分析仪、网络分析仪和电压表及电流表等仪器仪表，还提供了人们常见的各种建模精确的元器件，如电阻器、电容器、电感器、三极管、二极管、继电器、闸流晶体管、数码管等。模拟集成电路方面有各种运算放大器、其他常用集成电路。数字电路方面有 74 系列集成电路、4000 系列集成电路等，并且还支持自制元器件。Multisim 还具有 I-V 分析仪（相当于真实环境中的晶体管特性图示仪）和 Agilent 信号发生器、Agilent 万用表、Agilent 示波器和动态逻辑电平笔以及多种 LabVIEW 仪器等，同时还能进行 VHDL 和 Verilog HDL 仿真，以及 Lab-

VIEW/Multisim 协同仿真等。

　　Multisim 最早版本为 EWB 4.0，其后进行过多次升级，分别为 EWB 5.0、EWB 6.0、Multisim 2001、Multisim 7、Multisim 8、Multisim 9、Multisim 10、Multisim 11、Multisim 12、Multisim 13、Multisim 14。目前最新版本为 Multisim 14.1，可结合 NI 公司推出的最新版针对教学应用直观的 PCB 布局和布线软件 Ultiboard，实现电路的完整设计。

2.2.1 Multisim 14 的新增功能特性

　　Multisim 14 进一步增强了仿真技术，可帮助教学、科研和设计人员分析模拟电路、数字电路以及电力电子电路等多种电路。新增的功能包括全新的参数分析、与新嵌入式硬件的集成以及通过用户可定义的模板简化设计。

　　在教学特性方面，Multisim 14 采用了全新的主动分析模式，可让设计者更快速地获得仿真结果和运行分析。

　　Multisim 14 升级了电压、电流和功率探针，通过全新的电压、电路、功率和数字探针可视化交互仿真结果。

　　在 FPGA 方面，可使工程师了解基于 Digilent FPGA 板卡支持的数字逻辑，使用 Multisim 探索原始 VHDL 格式的逻辑数字原理图，以便能够在各种 FPGA 数字教学平台上很好地运行。

　　在 MPLAB 的微控制器教学方面，全新的 MPLAB 教学应用程序集成了 Multisim 14，可用于实现微控制器和外设仿真。Ultiboard 学生版新增了 Gerber 和 PCB 制造文件导出函数，借助 Ultiboard 可完成更高级别设计项目。

　　在元器件方面，引入领先制造商的 6000 多种新组件，借助领先半导体制造商的新版和升级版仿真模型，扩展模拟和混合模式应用。

　　在电源设计方面，借助来自恩智浦半导体（NXP）公司和美国国际整流器公司开发的全新金属—氧化物半导体场效应晶体管（MOSFET）和绝缘栅双极型晶体管（IGBT），搭建先进的电源电路。

2.2.2 Multisim 14 主要操作方法

　　1. 安装 Multisim 14

　　安装 Multisim 14 的具体步骤如下。

　　（1）开始安装前应退出所有的 Windows 应用程序。

　　（2）双击安装文件中的 autorun.exe 文件，出现 Multisim 14 的安装界面，该界面如图 2.13 所示。

　　（3）在图 2.13 所示安装界面中选择 Install NI Circuit Design Suite 14.1 选项，开始安装 Multisim 14。

　　（4）阅读授权协议，根据协议内容确定是否继续，若同意则接受协议。如果不接受协议，安装程序将终止。

　　（5）输入软件使用者的姓名、单位名称，这里选择试用版进行安装。

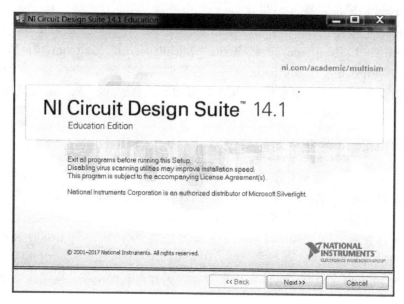

图 2.13　Multisim 14 安装界面

（6）选择 Multisim 的安装位置。选择默认位置或单击 Browse 按钮选择另一位置，建议将软件安装在系统盘以外的分区中，如分区的 D 盘、E 盘等，如图 2.14 所示。单击 Next 按钮继续。

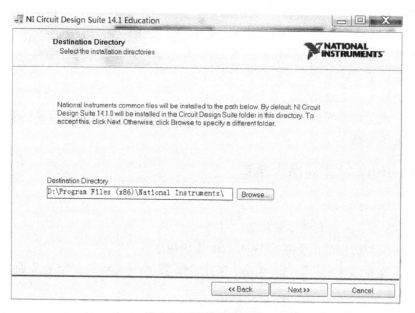

图 2.14　系统安装路径

（7）这里需要对安装模块进行选择，根据个人需求选择即可。

（8）阅读出现的系统升级对话框，单击 Next 按钮。

（9）系统进行模块安装，会持续一段时间，安装完毕后选择重新启动计算机。

第2章 电子系统设计的常用软件工具

计算机重新启动后启动 Multisim 14，选择 Help＞＞About Multisim 命令，可以看到
Multisim 软件版本信息，如图 2.15 所示。

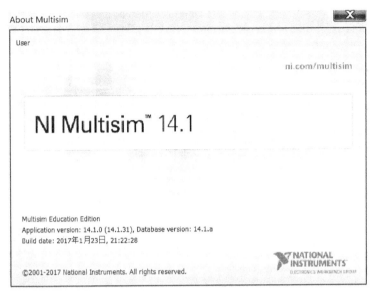

图 2.15 Multisim 软件版本信息

2. 利用 Multisim 进行电路仿真

这里以 NI 官方网站提供的非反向运算放大器实例来说明 Multisim 电路图绘制、仿
真方法，该电路配置包括一个有源元件（运算放大器）和两个无源电阻元件，完整电
路如图 2.16 所示。

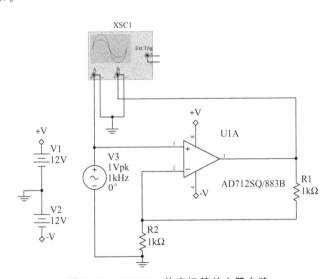

图 2.16 Multisim 仿真运算放大器电路

1）打开并保存文件

启动 Multisim，选择"开始＞＞程序＞＞National Instruments＞＞Circuit Design

Suite 14.1＞＞Multisim14.1"命令，在工作空间打开名为 Design1 的空白文件。

（1）用新文件名保存文件。

① 选择 File＞＞Save As 命令，弹出标准 Windows 保存对话框。

② 进入希望保存文件的路径，输入 Non-invertingAmp 作为文件名，单击 Save 按钮。

（2）若文件已经关闭，则需要打开已经存在的文件。选择 File＞＞Open 命令，进入该文件存储的路径，选中文件，单击 Open 按钮。

2）放置元器件

（1）如上所述，打开文件 Non-invertingAmp. ms14。

（2）选择 Place＞＞Component 命令，打开 Select a Component 浏览器，如图 2.17 所示，选定 AD712SQ/883B 并单击 OK 按钮，移动鼠标至工作区的合适位置并单击可放置元件。注意该元件是一个多节元件，有 A 和 B 选项卡，将 AD712SQ/883B 元件的 A 节段放置在工作区域。

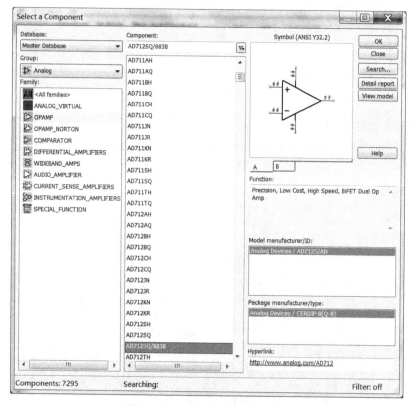

图 2.17　运算放大器元件选择

（3）返回 Select a Component 窗口，选择 Basic 组的 Resistor 系列，选择一个 1 kΩ 电阻。在 Package manufacturer/type 栏中选择 IPC-2221A/2222/RES1300-700X250，放置第一个电阻，重复该步骤放置第二个电阻。元件粘附于鼠标指针上时，通过 Ctrl＋R 快捷方式可在放置前旋转元件。若在元件放置后需要对元器件进行旋转操作，可在右键菜单中选择操作。

（4）电路中继续添加电源和地。选择 Source 组的 POWER _ SOURCES 系列，选择 GROUND 元件，移动鼠标至工作区的合适位置放置 GROUND 元件，随后再添加两个 DC _ POWER 元件。

（5）选择 Sources 组、SIGNAL _ VOLTAGE _ SOURCES 系列，并放置 AC _ VOLTAGE 元件，元件放置完成，如图 2.18 所示。

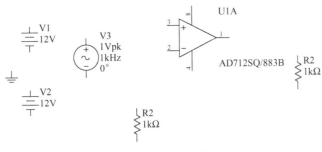

图 2.18 元件放置

（6）由于电路中还需要一个接地符号，可使用复制 Ctrl＋C 和粘贴 Ctrl＋V 命令创建第二个接地符号并放置在电阻 R2 下方。

3）电路布线

（1）将鼠标指针移动到元件引脚附件开始连线。此时鼠标显示为十字光标，而非默认的鼠标指针。单击部件引脚/接线端（如运算放大器输出引脚），放置初始连线交叉点。将鼠标移动到另一个接线端（电阻 R1 下端），或双击鼠标将连线端点指向电路图窗口某个浮动位置完成连线，逐步完成线路连接，如图 2.19 所示。

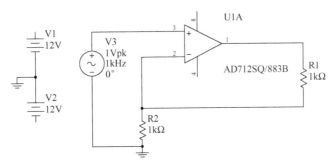

图 2.19 元件连线

（2）考虑到电路图的美观，为避免电路中连线的不必要交叉，运放的两个供电端采用页面连接器（On-page Connector）通过虚拟连接方式将电源接线端连接到运算放大器的正负电源线。选择 Place＞＞Connectors＞＞On-page Connector 命令并将其连接至 V1 电源的正极端子。随后可以看到 On-page Connector 窗口打开，此时在 Connector Name 栏输入＋V 并单击 OK 按钮。然后选择另一个页面连接器并将其连接至运算放大器的接线端8。On-page Connector 窗口将再次打开。在 Available Connectors 列表中选择＋V 连接器并单击 OK 按钮。V1 DC 电源的正极接线端通过虚拟连接现已连接到运算放大器的引脚 8。同理将 V2 的负极接线端连接到运算放大器的引脚 4，将页面连接器命名为－V，然后保存。设置好虚拟连接方式的线路图如图 2.20 所示。

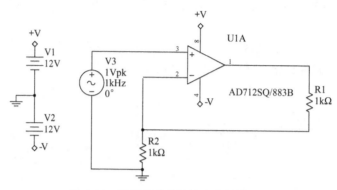

图 2.20　设置好虚拟连接方式的线路图

4）仿真电路

采用 Multisim 对电路进行仿真，可以验证电路功能，也可在设计流程的早期发现错误，节省时间和成本。

（1）使用虚拟仪器。Multisim 提供视觉化仿真测量的仪器，这里采用虚拟示波器对电路进行仿真，仪器可在软件界面右边菜单栏找到。从菜单中选择 Oscilloscope 并将其放置在电路图上，将 Oscilloscope 的通道 A 和通道 B 接线端连接到放大器电路的输入端和输出端，放置一个接地元件并将其连接至 Oscilloscope 的负极接线端。右击连接至通道 B 的连线并选择 Segment color，然后选择蓝色阴影并单击 OK 按钮。使用虚拟示波器的仿真电路如图 2.16 所示。

（2）选择 Simulate＞＞Run 命令可开始仿真。双击 Oscilloscope 可打开其前面板，观察仿真结果，可看到输入信号按预期被放大两倍，然后单击仿真工具栏上的红色停止按钮可停止仿真。放大信号的仿真结果如图 2.21 所示。

【Multisim非反向运算放大器仿真】

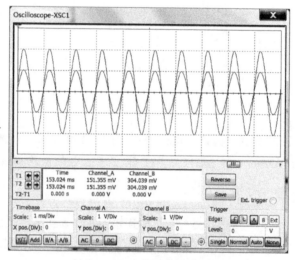

图 2.21　放大信号的仿真结果

2.3　单片机虚拟仿真软件 Proteus

【Proteus官网链接】

Proteus 软件是一款英国 Lab Center Electronics 公司出品的电路分析实物仿真系统，运行于 Windows 操作系统上，从原理图布图、代码调试到单片机与外围电路协同仿真，以及一键切换到 PCB 设计，实现从概念到产品的完整设计。除了像其他 EDA 软件一样仿真各种模拟器件和集成电路，其突出特点是支持仿真单片机及外围器件，是目前比较好的仿真单片机及外围器件的工具，也是不可多得的专业的单片机软件仿真系统。Proteus 也有多个版本，新版本中不断增加对处理器的支持功能，在 V7.1 中已经增加 DSP 系列（TMS320）的支持，V8.0 中引入 ARM cortex 处理器，目前该软件最高版本为 V8.6，该版本针对 PCB 自动化设计工作流程进行改进，增加可视化设计 Arduino 海龟（智能小车）仿真模型，最大的亮点是新增加了 Cortex-M3 处理器的 VSM 仿真支持功能。

2.3.1　Proteus 功能特性

Proteus 仿真软件具有非常丰富的功能，主要表现在以下几个方面。

（1）实现了单片机仿真和 SPICE 电路仿真相结合。Proteus 具有模拟电路仿真、数字电路仿真、单片机及其外围电路组成的系统的仿真、RS232 动态仿真、I^2C 调试器、SPI 调试器、键盘和 LCD 系统仿真的功能；配有各种虚拟仪器，如示波器、逻辑分析仪、信号发生器等。

（2）支持主流单片机系统的仿真。Proteus 在单片机仿真方面支持多种处理器，包括 8051、HC11、PIC10/12/16/18/24/30/DsPIC33、AVR、ARM、8086、MSP430、Cortex 和 DSP 系列等处理器，尤其支持目前应用广泛的 STM32F103 系列处理器。

（3）提供软件调试功能。Proteus 在硬件仿真系统中具有全速、单步、设置断点等调试功能，同时可以观察各个变量、寄存器等的当前状态，因此在该软件仿真系统中，也必须具有这些功能；同时支持第三方的软件编译和调试环境，如 IAR、Keil 和 MPLAB 等多种编译器。Keil 编译器结合 Proteus 可以进行单片机系统的软件设计和硬件的仿真调试，可大大缩短单片机系统的开发周期。

（4）具有电路原理图绘制及 PCB 设计功能。

Proteus 仿真软件是一款集单片机和 SPICE 分析于一身的仿真软件，尤其是单片机仿真功能极其强大。

2.3.2　Proteus 主要操作方法

1. 软件安装

Proteus 软件安装较为简单，注意安装路径即可，这里建议将软件安装在系统盘以外的分区中，如 D 盘。

2. 进入 Proteus

双击桌面上的 Proteus 8 Demonstration 图标或者选择屏幕左下方的"开始＞＞程序＞＞

Proteus 8 Demonstration >> IProteus 8 Demonstration" 命令，出现图 2.22 所示界面，表明进入 Proteus 集成环境。

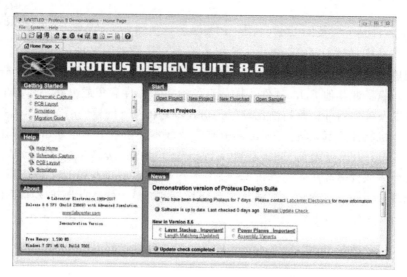

图 2.22 Proteus 启动后的显示界面

启动后的 Proteus 菜单中主要包括 File、System 和 Help 三个选项，其中 File 菜单如图 2.23 所示，主要功能包括新建工程、打开工程、打开样例工程、保存工程等，Proteus 提供了很多样例程序，均可在样例工程菜单中找到。

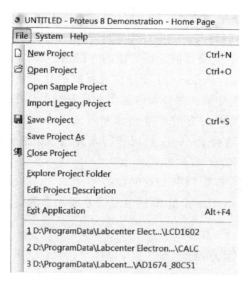

图 2.23 File 菜单下各种命令

3. Proteus 仿真

Proteus 除具备与其他 EDA 软件类似的电路仿真功能外，最具特色的是对单片机及其外围电路的仿真，这里重点讲述其单片机仿真功能。采用 Proteus 进行单片机仿真的一般步骤包括新建文件并保存、选择电路所需元件、绘制电路、放置电源和接地符号以及信号源、检查并修改元件参数、单片机加载程序代码、运行仿真检查结果，这里以单片机控制 LED 流水灯为例进行说明，电路如图 2.24 所示。

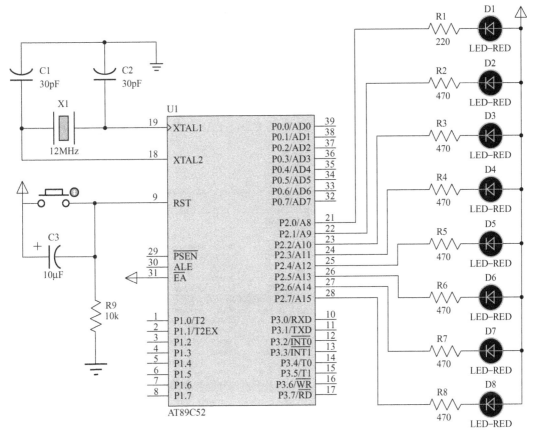

图 2.24 单片机控制 LED 流水灯电路

1）新建工程文件

（1）新建文件。选择 File＞＞New Project 命令，在弹出的工程向导界面中将工程文件名称改为 LED1.pdsprj，随后确定文件存储路径，并确定为新建工程。

（2）单击 Next 按钮，在下一页的顶部选项卡中，选择 Create a Schematic from the selected template（从选中的模板中创建原理图），在此可选择默认（DFAULT）。如果不需要绘制原理图，可直接选择 Do not create a schematic。

（3）继续单击 Next 按钮，选择 Do not create a PCB layout，暂时不进行 PCB 设计。

（4）这里的重点是单片机仿真功能，因此继续单击 Next 按钮，在仿真页面选择 Create Firmware Project，并设置 Family（系列）为 8051，Controller（c）为 AT89C52，Compiler（编译器）根据需要可选择 ASEM-51（Proteus），或者选择目前较为常用的 Keil for 8051。

（5）单击 Next 按钮，新工程创建完毕。此时的新工程包含原理图设计部分和源代码部分两个选项卡。

2）绘制电路图

（1）设置图纸尺寸。在选项卡中选择 Schematic Capture，然后单击 System-Set Sheet Sizes 按钮，在弹出的 Sheet Size Configuration 对话框中选择图纸尺寸或自定义尺寸后单击 OK 按钮。

（2）保存文件。为了防止文件丢失，应及时进行存储操作，注意保存文件的格式及保存路径。

（3）选取元器件。由于前期已经确定主控制器为 AT89C52，因此该处理器已经出现在图中，在此基础上补充其他元器件。在界面左侧的对象选择器中单击 P 按钮，弹出 Pick Devices 对话框，选择 Miscellaneous 中的 CRYSTAL，单击 OK 按钮后在绘图界面合适位置放置晶体，如图 2.25 所示。

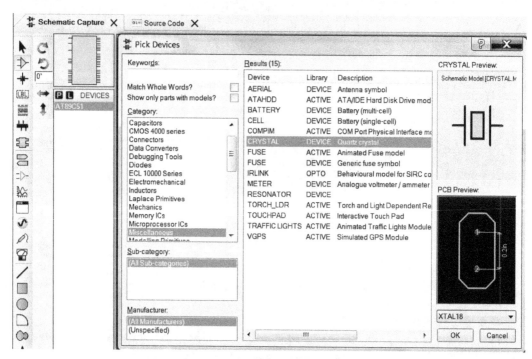

图 2.25　通过对象选择器选取晶体

（4）设置元件参数。在图中单击晶体图标，在弹出的对话框中进行晶体频率、显示方式等相关设置，如图 2.26 所示。

（5）按照以上步骤将电阻、电容、LED 等元器件放置在图中，并进行相关参数设置。

（6）放置终端。在图中右击，在快捷菜单中选择 Place＞＞Terminal＞＞POWER 命令放置电源，同样可放置 GROUND。

（7）连线操作。按照电路图将元器件进行连线操作，随后保存文件。

3）单片机仿真

（1）加载程序代码。在 Source Code 选型卡中进行程序代码编写，随后保存。

（2）在 Source Code 选项卡下，选择 Build＞＞Build Project 命令，完成工程构建，此

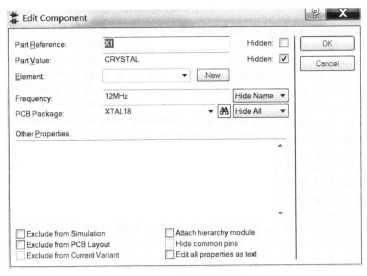

图 2.26 晶体相关设置

时会在信息框中看到 Compiled successfully 提示。

（3）运行仿真程序。切换到 Schematic Capture 选项卡，单击左下角的 Run 按钮，仿真程序开始工作，此时会看到 LED 呈现流水灯状态，如图 2.27 所示。图中的 8 个发光二极管会间隔一段时间依次点亮（图中 D3 点亮），同时可通过各端口旁的红色或绿色小方块观察端口处的电平值，红色表示该处为高电平，绿色则表示低电平。

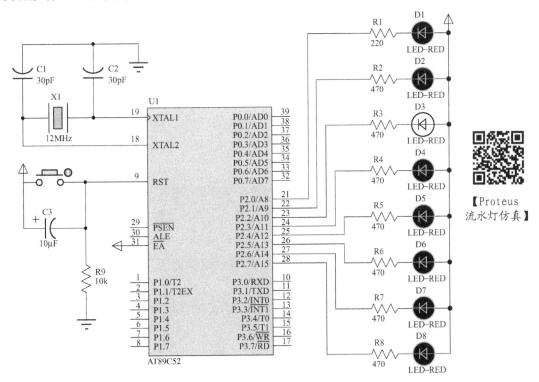

【Proteus 流水灯仿真】

图 2.27 单片机流水灯仿真结果

2.4　图形化编程软件 LabVIEW

【LabVIEW官网链接】

LabVIEW 是专为测试、测量和控制应用而设计的系统工程软件，可快速访问硬件和数据信息。LabVIEW 编程环境简化了工程应用的硬件集成，使工程师能够以一致的方式采集 NI 和第三方硬件的数据。同时，LabVIEW 还降低了编程的复杂性，因此使用者可以专注于独特的工程问题。为了将采集的数据转化为有用的商业结果，使用者可以使用内含的数学和信号处理 IP 来开发数据分析和高级控制算法，或者复用使用各种工具编写的程序库。为确保与其他工程工具的兼容性，LabVIEW 可以与其他软件和开源语言进行互操作，并复用使用其他软件和语言编写的代码。目前其最新版本为 Lab-VIEW 2017。

2.4.1　LabVIEW 功能特性

LabVIEW 2017 采用图形化编程语法，可缩短编程时间，并提供了最前沿的工具和 IP，可简化复杂的系统设计。

LabVIEW 程序称为虚拟仪器（VI），其外观和操作类似于真实的物理仪器（如示波器和万用表）。LabVIEW 拥有的整套工具可用于采集、分析、显示和存储数据，以及解决用户在编写代码过程中可能出现的问题。

LabVIEW 通过输入控件和显示控件创建用户界面（前面板）。输入控件是指旋钮、按钮、转盘等输入装置。显示控件指图形、指示灯等输出显示装置。前面板创建完毕后，可添加代码，使用 VI 和结构控制前面板上的对象。

LabVIEW 不仅可与数据采集、视觉、运动控制设备等硬件进行通信，还可与 GPIB、PXI、VXI、RS232 以及 RS485 等仪器进行通信。

2.4.2　LabVIEW 2017 基本操作方法

1. 软件安装

LabVIEW 2017 软件安装时，首先需要注意安装路径，这里建议将软件安装在系统盘以外的分区中，如 D 盘；其次在安装过程中要根据个人需求进行安装模块的选择。

2. 进入 LabVIEW

单击程序栏中的 LabVIEW 2017，出现图 2.28 所示界面，表明进入 LabVIEW 2017 软件环境。

这里以创建 VI 为例来介绍 LabVIEW 的基本操作，该 VI 可产生信号并在图形中显示信号。

1）打开基于模板的新 VI

LabVIEW 提供的内置 VI 模板，包含用于创建常规测量应用程序所需的子 VI、函数、结构和前面板对象。

图 2.28　LabVIEW 2017 软件启动后的显示界面

（1）选择"文件>>新建"命令，打开"新建"对话框。

（2）在新建列表中，选择"VI>>基于模板>>使用指南（入门）>>生成和显示"命令。该 VI 模板可生成并显示信号。

VI 模板的预览和简要说明位于窗口右侧的说明部分。图 2.29 显示了"新建"对话框和生成及显示模板 VI 的预览。

图 2.29　新建 VI 对话框

（3）单击"确定"按钮即可创建基于该模板的 VI，也可通过在新建列表中双击 VI 模板的名称创建基于该模板的 VI。随后 LabVIEW 显示两个窗口，包括前面板窗口和程序框图窗口。

（4）查看前面板窗口。用户界面（前面板，包含输入控件和显示控件）的背景色为灰色。前面板的标题栏表明该窗口为"生成和显示"VI 的前面板。

（5）在前面板中选择"窗口＞＞显示程序框图"命令，检查 VI 的程序框图。

程序框图包含用于控制前面板对象的各种 VI 和结构，背景为白色。程序框图的标题栏表明该窗口为"生成和显示"VI 的程序框图。

（6）单击前面板工具栏上的运行按钮，也可以按＜Ctrl＋R＞键运行 VI，前面板窗口上的图形可显示正弦波。

（7）如需停止 VI，可单击前面板上的停止按钮。

2）为前面板添加输入控件

前面板上的输入控件相当于物理仪器的输入装置，为 VI 的程序框图提供数据。许多物理仪器都有旋钮，转动旋钮可改变输入值。

（1）在前面板中选择"查看＞＞控件选板"命令，显示控件面板，如图 2.30 所示。若右击前面板或程序框图的任意空白，也可显示临时的控件或函数选板。默认状态下，初次使用 LabVIEW 时打开控件选板显示如图 2.30 所示的新式选板。若未显示新式选板，单击控件选板上的"新式"可显示新式选板。

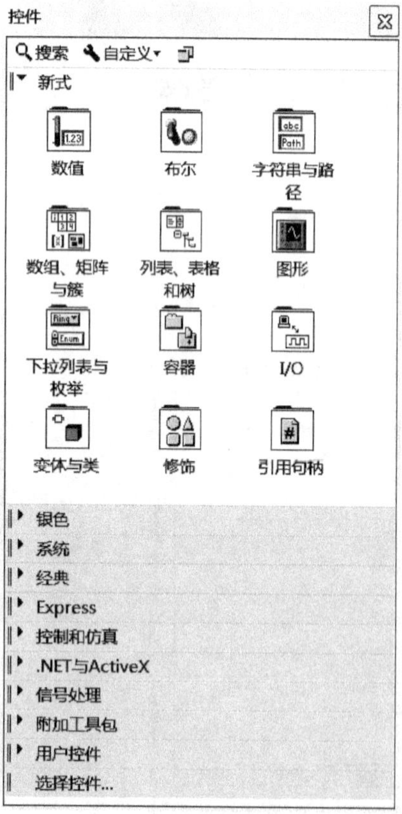

（2）在新式选板图标上移动光标，定位在数值输入控件选板。

（3）右击数值输入控件，可显示数值输入控件选板。

（4）单击数值输入控件选板上的旋钮输入控件，旋钮控件附着在光标上时，添加旋钮至前面板上波形图的左侧，随后将使用该旋钮控制信号的幅值。

（5）选择"文件＞＞另存为"命令，将 VI 命名为"采集信号.vi"并保存在易于访问的位置。

3）改变信号的类型

按＜Ctrl＋E＞键或单击程序框图，即可显示程序框图。程序框图上有标签为仿真信号的蓝色图标。该图标表示"仿真信号"Express VI。Express VI 是程序框图的一部分，可对其进行配置以执行常规测量任务。在默认状态下，"仿真信号"Express VI 仿真的是正弦波。

（1）在程序框图中找到蓝色图标的仿真信号 Express VI，"仿真信号"Express VI 可依据用户指定的配置仿真信号。

图 2.30　控件选板

（2）右击"仿真信号"Express VI，在快捷菜单中选择"属性"命令，显示配置仿真信号对话框。双击该 Express VI 也可显示配置仿真信号对话框。

（3）在信号类型下拉菜单中选择锯齿波，结果预览区域中显示的波形为锯齿波。"配置仿真信号"对话框如图 2.31 所示。

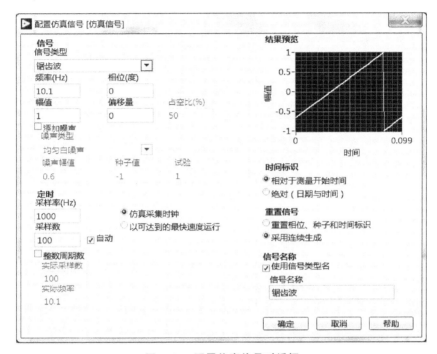

图 2.31　配置仿真信号对话框

（4）单击"确定"按钮，保存当前配置并关闭配置仿真信号对话框。

（5）移动光标至"仿真信号"Express VI 下方的下拉箭头，拖动 Express VI 的下拉箭头，可显示隐藏的输入和输出端。

（6）显示双箭头时，单击双箭头并向下拖曳 Express VI 的边框两行，释放光标，可显示幅值输入端，该幅值是配置仿真信号对话框的一个选项。程序框图上显示输入端（如幅值），且在配置对话框中有对应选项时，可选择任意位置配置该输入。

4）连线程序框图上的对象

如需通过旋钮更改信号的幅值，必须连线程序框图上的两个对象。按照下列步骤，连线旋钮和"仿真信号"Express VI 的幅值输入端。

（1）在程序框图上，移动光标至旋钮的接线端上方，此时光标显示为箭头（定位工具），定位工具用于对象的选择、定位或调整大小。

（2）通过定位工具选定旋钮接线端，置于"仿真信号"Express VI 的左侧且位于灰色循环结构的内部。循环内的接线端分别表示前面板上的输入控件和显示控件。接线端是前面板和程序框图之间交换信息的输入/输出端口。

（3）单击程序框图中的空白处，可取消选定旋钮接线端。如需在对象上使用其他工具，必须先取消选定对象，才可切换工具。

（4）移动光标至旋钮接线端的箭头上方，光标显示为线圈（连线工具），连线工具用于连接程序框图上的对象。

（5）显示连线工具时，单击旋钮接线端的箭头，再单击"仿真信号"Express VI 幅值输入端的箭头，可连线两个对象，如图 2.32 所示。数据通过该连线从旋钮接线端传递至 Express VI。

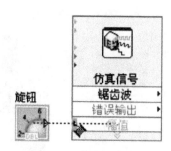

图 2.32　连线两个对象

5）运行 VI

按照下列步骤，运行采集信号 VI。

（1）按<Ctrl+E>键或单击前面板可显示前面板。

（2）单击运行按钮或按<Ctrl+R>键可运行 VI。运行按钮显示为黑色箭头时，表示 VI 正在运行。VI 运行时可更改绝大多数输入控件的值，但是无法编辑 VI。

（3）将游标移近旋钮，按下鼠标旋转旋钮，调整锯齿波的幅值。转动旋钮时，锯齿波的幅值随之改变。更改幅值时，游标在提示框中显示旋钮的数值。图形的 Y 轴可依据幅值的改变自动调整标尺。

（4）单击停止按钮可停止 VI 运行。

6）修改信号

按照下列步骤，使信号缩放 10 倍并在前面板上的图形中显示结果。

（1）在程序框图上，通过定位工具单击连接"仿真信号"Express VI 和波形图接线端的连线。

（2）按<Delete>键可删除该连线。

（3）选择"查看>>函数选板"命令，打开函数选板时默认显示编程选板。在函数选板上单击 Express，选择 Express 选板。

（4）在算术与比较选板上选择"公式"Express VI，如图 2.33 所示，并放置在循环内，位于"仿真信号"Express VI 和波形图接线端之间。适当右移波形图接线端，使 Express VI 与接线端之间有更多空间。

"公式"Express VI 放置于程序框图上时，可自动显示"配置公式"对话框。通常在程序框图上放置 Express VI 时，可自动显示该 VI 的配置对话框。

（5）单击"配置公式"对话框右下角的"帮助"按钮，可显示 LabVIEW 帮助中该 Express VI 的帮助主题。

公式的帮助主题主要介绍该 Express VI、配置对话框选项，以及 Express VI 的输入和输出。每个 Express VI 都有相应的帮助主题。单击 Express VI 配置对话框中的"帮助"按钮,或右击 Express VI,在快捷菜单中选择"帮助"命令,可查看相关帮助主题。

图 2.33 选择"公式"

(6)通过公式的帮助主题中对话框选项的说明,应为公式输入变量。

(7)最小化 LabVIEW 帮助窗口,返回配置公式对话框。

(8)将"配置公式"对话框选项的标签列中的文本"X1"修改为锯齿波,用以指示公式 Express VI 的输入值。单击"配置公式"对话框的公式文本框,将文本更改为输入的标签。

(9)在公式文本框的锯齿波后输入 * 10,指定缩放因子的值。配置缩放因子时,可使用配置对话框中的输入按钮,也可使用键盘上的 *、1 和 0 直接输入。如使用配置对话框中的输入按钮,LabVIEW 可在公式文本框中的锯齿波后放置输入的公式。如使用键盘直接输入,单击锯齿波后的公式文本框,可输入公式。"配置公式"对话框如图 2.34 所示。

(10)单击"确定"按钮,保存当前配置并关闭"配置公式"对话框。

(11)移动光标移至"仿真信号"Express VI 的锯齿波输出端的箭头上方。

(12)显示连线工具时,单击锯齿波输出端的箭头,再单击"公式"Express VI 的锯齿波输入端的箭头,连线两个对象,如图 2.35 所示。

(13)通过连线工具连接"公式"Express VI 的结果输出端和波形图接线端,如图 2.36 所示。查看 Express VI 与接线端之间的连线,Express VI 和接线端上的箭头表示连线上数据流的方向。

(14)按<Ctrl+S>键或选择"文件>>保存"命令,及时保存 VI。

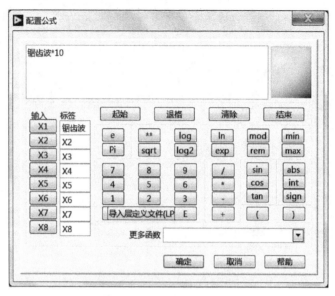

图 2.34　配置公式对话框

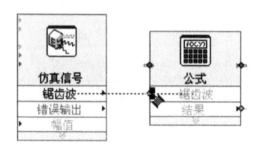

图 2.35　连线两个锯齿波对象

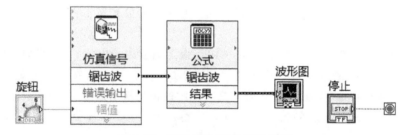

图 2.36　采集信号 VI 的程序框图

7）在图形上显示两个信号

如需在同一个图形中比较"仿真信号"Express VI 产生的信号与"公式"Express VI 调整的信号，可使用"合并信号"函数，该函数可通过右击任意连线后，在快捷菜单中选择"插入＞＞信号操作选板＞＞合并信号"命令。

按照下列步骤，在同一个图形中显示两个信号。

（1）在程序框图上，移动光标至"仿真信号"Express VI 的锯齿波输出端的箭头上方。

（2）通过连线工具连线锯齿波输出端和波形图接线端，如图 2.37 所示。"合并信号"
函数位于两条连线的连接处。

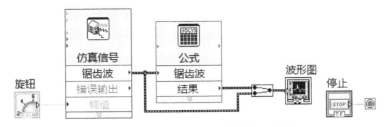

图 2.37　显示合并信号函数的程序框图

（3）按<Ctrl＋S>键或选择"文件＞＞保存"命令，保存 VI。

（4）返回至前面板，运行 VI，转动旋钮控件。依据"公式"Express VI 指定的配置，
图形可显示原有的锯齿波和幅值增大 10 倍后的锯齿波。转动旋钮控件时，y 轴的最大值
可自动缩放。

（5）单击"停止"按钮，中止 VI 运行。

8）自定义旋钮输入控件

旋钮输入控件用于更改锯齿波的幅值，使用幅值标签可更准确地描述旋钮的作用。

按照下列步骤，自定义旋钮的外观。

（1）在前面板上，右击旋钮，在快捷菜单中选择"属性"命令，显示旋钮类的属性对
话框。单击外观按钮，显示外观页。

（2）在"外观"选项卡的标签区域，删除旋钮标签，输入需要自定义的标签"幅值"，
如图 2.38 所示。

图 2.38　旋钮属性对话框

（3）选择"标尺"选项卡。在标尺样式栏，选中显示颜色梯度复选框，此时可看到前面板窗口上的旋钮已经显示相应的更新。

（4）单击"确定"按钮，保存当前配置并关闭旋钮类的属性对话框。

（5）按<Ctrl＋S>键或选择"文件＞＞保存"命令，保存 VI。

9）自定义波形图

波形图显示控件显示了两个信号，可以对信号曲线进行自定义，用以区分缩放信号和仿真信号的曲线。

按照下列步骤，自定义波形图显示控件的外观。

（1）在前面板窗口上，移动光标至波形图图例的顶端。虽然图形中有两条曲线，但图例中仅显示一条曲线。

（2）出现双箭头时，单击并拖动图例边框，使图例显示第二条曲线，如图 2.39 所示。释放鼠标后，可显示第二条曲线的名称。

【LabVIEW采集信号】

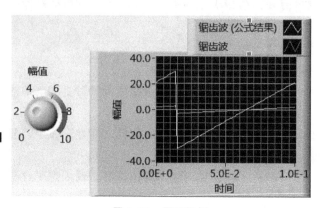

图 2.39　展开图例

（3）右击波形图，在快捷菜单中选择"属性"命令，显示图形属性对话框。

（4）在曲线选项卡上，在下拉菜单中选择锯齿波。在颜色区域，单击线条颜色盒，显示颜色选择器，选择新的线条颜色。

（5）在下拉菜单中选择锯齿波（公式结果）。

（6）选中"不要将波形图名作为曲线名"复选框，编辑图形标签。

（7）在名称文本框中，删除当前标签，更改曲线名称为"缩放后的锯齿波"。

（8）单击"确定"按钮，保存当前配置并关闭图形属性对话框，此时可在图中看到相应的变化。

（9）保存并关闭 VI。

10）例程中涉及的主要概念

（1）前面板是 VI 的用户界面。输入控件和显示控件是 VI 的交互式输入和输出端口，用于创建前面板。输入控件和显示控件位于控件选板。

输入控件是指旋钮、按钮、转盘等输入装置。输入控件模拟仪器的输入装置，为 VI 的程序框图提供数据。

（2）显示控件是指图表、指示灯等显示装置。显示控件模拟仪器的输出装置，用于显示程序框图获取或生成的数据。

（3）程序框图包含图形化源代码（G 代码或程序框图代码），可确定 VI 的运行方式。程序框图代码使用图形化表示的函数控制前面板对象。前面板对象在程序框图上显示为图标接线端。通过连线使控件的接线端与 Express VI、VI 和函数连接。数据可通过多种方式传递，包括输入控件至 VI 和函数、VI 和函数至显示控件以及 VI 和函数至其他 VI 和函数。数据在程序框图节点间的传输可确定 VI 和函数的执行顺序。该方式称为数据流编程。

（4）前面板和程序框图工具。光标移至前面板或程序框图中的对象时，可显示定位工具。光标显示为箭头，用于对象的选择、定位和调整大小。移动光标至程序框图对象的接线端时，可显示连线工具。此时，光标显示为线圈，用于连接程序框图上的对象，使数据在对象间流动。

（5）运行和停止 VI。运行 VI 可执行该 VI 程序。单击"运行"按钮或按<Ctrl＋R>键可运行 VI。运行按钮显示为黑色箭头时，表明 VI 正在运行。单击中止执行按钮，可立即停止 VI 运行。如 VI 使用外部资源，中止 VI 可能导致外部资源处于未知状态。设计 VI 时添加停止按钮可避免此类问题。停止按钮可在 VI 完成当前循环后停止 VI 的运行。

（6）Express VI。函数选板上的 Express VI 用于常规测量任务。在程序框图上放置 Express VI 时，可自动显示 Express VI 的配置对话框。对话框中的各个选项用于指定 Express VI 的行为。也可双击 Express VI 或右击 Express VI，在快捷菜单中选择"属性"命令，显示配置对话框。如连线数据至 Express VI 并运行 VI，该 Express VI 可在配置对话框中显示实际数据。如关闭后重新打开 Express VI，配置对话框中将显示实例数据，直至再次运行时才显示实际数据。Express VI 在程序框图上可显示为扩展节点，是背景为蓝色的图标。通过调整 Express VI 的大小可显示或隐藏输入或输出。Express VI 显示的输入和输出由具体配置确定。

（7）LabVIEW 文档资源。LabVIEW 的帮助功能提供了 LabVIEW 编程理论、使用 LabVIEW 的分步指导，以及 LabVIEW 各种 VI、函数、选板、菜单、工具、属性、方法、事件、对话框等对象的参考信息。LabVIEW 帮助还包括 NI 提供的各种 LabVIEW 文档资源。配置 Express VI 时，单击配置对话框的帮助按钮可查看该 Express VI 的帮助信息。也可右击程序框图或已锁定函数选板上的 VI 或函数，在快捷菜单中选择"帮助"命令，或选择"帮助＞＞LabVIEW 帮助"命令，打开 LabVIEW 帮助。

安装 LabVIEW 附加软件（如工具包、模块、驱动程序）后，附加软件的相关文档将出现在 LabVIEW 帮助中，或位于独立的帮助系统中（可通过"帮助＞＞附加软件帮助"命令打开，其中附加软件帮助是独立帮助系统的名称）。

（8）属性对话框。属性对话框或快捷菜单可用于配置前面板窗口上输入控件和显示控件的外观或行为。右击前面板上的控件，在快捷菜单中选择"属性"命令，可打开对象的属性对话框。VI 运行时，无法打开控件的属性对话框。

小　结

【第2章 习题解答】

> 本章详细讲解了电子线路设计中的常用软件的安装方法、软件特性及使用方法，包括电路设计及 PCB 制作软件 Altium Designer、电路仿真软件 Multisim、单片机仿真软件 Proteus、上位机图形化编程软件 LabVIEW，并给出了实例，通过本章的学习，为电路设计打下基础。

 小知识：

虚拟仪器与 LabVIEW

　　虚拟仪器（VI）技术是由美国国家仪器（NI）公司提出的，旨在利用高性能的模块化硬件，结合高效灵活的软件来完成各种测试、测量和自动化的应用。VI 的产生，引发了传统仪器领域的一场重大变革，使得计算机技术和网络技术在仪器领域广泛应用，与仪器技术相结合，开创了"软件即是仪器"的先河。"软件即是仪器"是 NI 公司提出的虚拟仪器理念的核心思想。从这一思想出发，基于计算机或工作站、软件和 I/O 部件来构建虚拟仪器。I/O 部件可以是独立仪器、模块化仪器、数据采集板（DAQ）或传感器。

　　自 LabVIEW 问世以来，世界各国的工程师都已将 NI LabVIEW 图形化开发工具用于产品设计周期的各个环节，从而改善了产品质量、缩短了产品投放市场的时间，并提高了产品开发和生产效率。使用集成化的虚拟仪器环境与现实世界的信号相连，分析数据以获取实用信息，共享信息成果，有助于在较大范围内提高生产效率。

习　题

1. 常用电子线路设计软件有哪些？各自有什么特点？

2. 采用 Altium Designer 软件画出图 2.1（d）所示电路图。

3. 在 Altium Designer 中如何切换 mil 和 mm 单位？

4. 如何把 Altium Designer 的 SCH、PCB 文件输出为 PDF 格式？

5. 简述 Altium Designer 软件的发展史。

6. Altium Designer 有哪些工程类型？

7. Altium Designer 支持哪些第三方软件的文件格式？导入第三方软件文件的方法是什么？

8. Altium Designer 支持哪两种文件自动备份模式？

9. Altium Designer 的电路原理图设计流程是什么？

10. Altium Designer 的 PCB 设计流程是什么？

11. Altium Designer 进行手工布线时应注意哪些问题？

12. 如何将 Altium Designer 原理图中的电路粘贴到 Word 中？

13. 在 Multisim 软件中进行电路设计时如何放置元器件？

14. Multisim 中元件的参考标号改变顺序后是否会影响电路的操作？

15. Multisim 设计中的多引脚器件连接是用什么方法连接的？

16. 在 Multisim 中如何生成报表？

17. 在 Multisim 中画出图 2.40 所示电路图，分析电路功能，给出仿真结果。

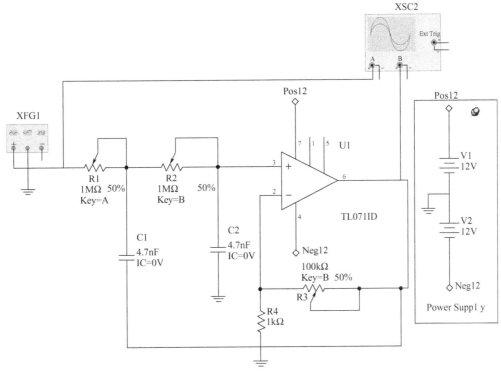

图 2.40　习题 17 图

18. Proteus 的视图如何实现缩放与移动？

19. Proteus 的子电路、图表、线、框和圆如何调整大小？

20. Proteus 在设计电路时如何重复布线？

21. 在 Proteus 中设计电路时如何放置线路节点？

22. 在 Proteus 中如何打开和关闭点状栅格？

23. 在 Proteus 中进行基于 C51 单片机的电路仿真，仿真内容自定。

24. PSPICE 是由美国加州大学推出的电路分析仿真软件，是 20 世纪 80 年代世界上应用最广的电路设计软件。PSPICE 是功能强大的模拟和数字电路混合仿真 EDA 软件，在国内普遍使用，可以进行各种各样的电路仿真、激励建立、温度与噪声分析、模拟控制、波形输出、数据输出，并在同一窗口内同时显示模拟与数字的仿真结果。无论使用它对哪种器件、哪些电路进行仿真，都可以得到精确的仿真结果，并可以自行建立元器件及元器件库。请查找有关资料熟悉该软件。

25．什么是 LabVIEW？LabVIEW 有什么特点？

26．LabVIEW 常用的快捷键有哪些？

27．什么是数据采集？

28．除了本章介绍的几种软件外，目前还有哪些电子电路设计软件？请查找有关资料熟悉这些软件。

第**3**章
可编程逻辑器件应用系统设计

【内容要点】

- 可编程逻辑器件的概念。
- 可编程逻辑器件的分类。
- 与可编程逻辑器件相关的应用软件工具。
- NOIS Ⅱ 的基本知识。
- USB Blaster 的工作原理。
- 采用可编程逻辑器件实现函数信号的方法。

【教学目标与要求】

通过本章的学习，可了解可编程逻辑器件的基础知识，了解常用的可编程逻辑器件设计软件，了解 NIOS Ⅱ 的基本知识；掌握 USB Blaster 下载器的硬件组成，并学会采用 FPGA 实现函数信号的方法。

【引言】

在数字电子技术领域中，有三种基本器件：存储器、微处理器、逻辑器件。存储器可用来存储程序和数据，微处理器可执行程序指令，其典型代表如单片机等；而逻辑器件可提供多种特定的功能，例如器件之间的接口、数据传输、信号处理、时序控制等功能。逻辑器件可分为两种，一种是固定逻辑器件，另一种是可编程逻辑器件（Programmable Logic Device，PLD）。固定逻辑器件中的电路是永久性的，且不能改变；而可编程逻辑器件最大的优势就是其电路可通过编程进行改变，进而可以实现不同的电路功能。

PLD 起源于 20 世纪 70 年代，是在专用集成电路（ASIC）的基础上发展起来的一种新型逻辑器件，是目前数字系统硬件设计的主要器件。

PLD 有两大主要特点，其一是由用户通过软件进行配置和编程，从而完成某种特定时序、逻辑等的功能，且可以反复擦写；其二是在修改和升级 PLD 程序时，不需额外地改变 PCB，只是在计算机上修改和更新程序，使硬件设计工作成为软件开发工作，缩短了系统设计的周期，提高了实现的灵活性并降低了成本。也就是说，由设计人员自行编程进而把一个自己需要的数字系统"集成"在一片 PLD 上，而不必去请芯片制造厂商设计和制作专用的集成电路芯片。

PLD 以编程方便、集成度高、速度快等特点受到广大电子设计人员的青睐。可编程逻辑器件的两种主要类型是现场可编程门阵列（Field Programmable Gate Array，FPGA）和复杂可编程逻辑器件（Complex Programmable Logic Device，CPLD）。在这两类可编程逻辑器件中，FPGA 提供了最高的逻辑密度、最丰富的特性和最高的性能，是目前应用最为广泛的可编程逻辑器件，市场份额已经远远超越 CPLD。FPGA 是在可编程阵列逻辑（PAL）、通用阵列逻辑（GAL）、可擦除可编程逻辑器件（EPLD）等可编程器件的基础上进一步发展的产物，是作为 ASIC 领域中的一种半定制电路而出现的，既解决了定制电路的不足，又克服了原有可编程器件门电路数量有限的缺点。FPGA 采用了逻辑单元阵列（Logic Cell Array，LCA）这个新概念，内部包括可配置逻辑模块（Configurable Logic Block，CLB）、输入/输出模块（Input Output Block，IOB）和内部连线（Interconnect）3 个部分。

FPGA 的基本特点主要有如下 5 个方面。

（1）采用 FPGA 设计 ASIC 电路，用户不需要投片生产，就能得到适合使用的芯片。

（2）FPGA 可做其他全定制或半定制 ASIC 电路的中试样片。

（3）FPGA 内部有丰富的触发器和 I/O 引脚。

（4）FPGA 是 ASIC 电路中设计周期短、开发费用低、风险小的器件之一。

（5）FPGA 采用高速 CHMOS 工艺，功耗低，可以与 CMOS、TTL 等电平兼容。

可以说，凡是涉及数字电路的设计，PLD 都可以实现和完成，而很多的 ASIC 其实也是在 CPLD 或者 FPGA 上实现功能参数验证后再去批量生产，因此 FPGA 芯片是小批量系统提高系统集成度、可靠性的极佳选择。

3.1　可编程逻辑器件应用系统设计概述

3.1.1　可编程逻辑器件的发展现状及趋势

数字集成电路由早期的电子管、晶体管、中小规模集成电路，发展到超大规模集成电路以及许多具有特定功能的专用集成电路。但是，随着微电子技术的发展，设计与制造集成电路的任务已不完全由半导体厂商来独立承担。系统设计师们更愿意自己设计 ASIC 芯片，而且希望 ASIC 的设计周期尽可能短，最好是在实验室里就能设计出合适的 ASIC 芯片，并且立即投入实际应用，因而出现了现场可编程逻辑器件（FPLD），其中应用最广泛的当属 FPGA 和 CPLD，使得可编程逻辑器件逐渐成为微电子技术发展的主要方向。

1. 可编程逻辑器件技术的发展

可编程逻辑器件出现于 20 世纪 70 年代，是一种半定制逻辑器件，这种器件给数字系统的设计带来了革命性的变化。早期的可编程逻辑器件只有可编程只读存储器（PROM）、紫外线可擦除可编程只读存储器（EPROM）和电可擦除可编程只读存储器（EEPROM）3 种。由于结构的限制，这些早期的可编程逻辑器件只能完成简单的数字逻辑功能。

其后，出现了一类结构上稍复杂的可编程芯片，即可编程逻辑器件（PLD），能够完成多种数字逻辑功能。典型的 PLD 由一个"与"门和一个"或"门阵列组成，而任意一个组合逻辑都可以用"与-或"表达式来描述，所以 PLD 能以乘积和的形式完成大量的组合逻辑功能。

这一阶段的产品主要有 PAL 和 GAL。PAL 由一个可编程的"与"平面和一个固定的"或"平面构成，或门的输出可以通过触发器有选择地被置为寄存状态。PAL 器件是现场可编程的，其实现工艺有反熔丝技术、EPROM 技术和 EEPROM 技术。还有一类结构更为灵活的逻辑器件是可编程逻辑阵列（PLA），也是由一个"与"平面和一个"或"平面构成，但是这两个平面的连接关系是可编程的。PLA 器件既有现场可编程的，也有掩膜可编程的。随后在 PAL 的基础上，又发展了 GAL，如 GAL16V8，GAL22V10 等，采用 EEPROM 工艺，实现了电可擦除、电可改写，其输出结构是可编程的逻辑宏单元，因而其设计具有很强的灵活性，至今仍有许多人使用。这些早期的 PLD 器件的一个共同特点是可以实现速度特性较好的逻辑功能，但是过于简单的结构也使其只能实现规模较小的电路。为了弥补这一缺陷，20 世纪 80 年代中期，Altera（现为 Intel 的一个部门）和 Xilinx 分别推出了类似于 PAL 结构的扩展型 CPLD 和与标准门阵列类似的 FPGA，二者都具有体系结构和逻辑单元灵活、集成度高及适用范围宽等特点。这两种器件兼容了 PLD 和通用门阵列的优点，可实现较大规模的电路，编程也很灵活；同时与门阵列等其他 ASIC 相比，FPGA 与 CPLD 又具有设计开发周期短、设计制造成本低、开发工具先进、标准产品无须测试、质量稳定，以及可实时在线检验等优点，因此被广泛应用于产品的原型设计和产品生产之中。几乎所有应用门阵列、PLD 和中小规模通用数字集成电路的场合均可应用 FPGA 和 CPLD 器件。

同以往的 PAL、GAL 等相比较，FPGA/CPLD 的规模比较大，可以替代几十甚至几千块通用集成电路（IC）芯片，这样的 FPGA/CPLD 实际上就是一个子系统部件。经过多年的努力，许多公司都开发出多种 PLD，比较典型的就是 Altera、Xilinx 及 Cypress 公司的可编程器件系列，Altera 和 Xilinx 两个公司的可编程器件开发较早，占用了较大的 PLD 市场。

2. 可编程逻辑器件的分类

PLD 的种类繁多，各生产厂家命名各不相同，一般可按以下几种方法进行分类。

1）从集成度来区分

（1）简单 PLD，逻辑门数在 500 门以下，包括 PROM、PLA、PAL 和 GAL 等器件。

（2）复杂 PLD，芯片集成度高，逻辑门数在 500 门以上，或以 GAL22V10 作参照，集成度大于 GAL22V10，包括 EPLD、CPLD、FPGA 等器件。

2）从编程结构来区分

（1）乘积项结构 PLD，包括 PROM、PLA、PAL、GAL、EPLD 和 CPLD 等器件。

（2）查找表结构 PLD，FPGA 属此类器件。

3）从互连结构来分

（1）确定型 PLD。确定型 PLD 提供的互连结构，每次用相同的互连线布线，其时间特性可以预知的（如由数据手册查出），是固定的，如 CPLD。

（2）统计型 PLD。统计型结构是指设计系统时，其时间特性是不可以预知的，每次执行相同的功能时，有不同的布线模式。

4）从编程工艺来区分

（1）熔丝型 PLD。如早期的 PROM 器件，其编程过程就是根据设计的熔丝图文件来烧断对应的熔丝，获得所需的电路。

（2）反熔丝型 PLD。如一次可编程 OTP 型 FPGA 器件，其编程过程与熔丝型 PLD 相类似，但结果相反，在编程处击穿漏层使两点之间导通，而不是断开。

（3）EPROM 型 PLD。EPROM 是可擦可编程只读存储器（Erasable PROM）的英文缩写，EPROM 型 PLD 采用紫外线擦除，电可编程，但编程电压一般较高，编程后，下次编程前要用紫外线擦除上次编程内容。

在制造 EPROM 型 PLD 时，如果不留用于紫外线擦除的石英窗口，也就成了 OTP 器件。

（4）EEPROM 型 PLD。EEPROM 是电可擦可编程只读存储器（Electrically Erasable PROM）的英文缩写，与 EPROM 型 PLD 相比，不用紫外线擦除，可直接用电擦除，使用更方便，GAL 器件和大部分 EPLD、CPLD 器件都是 EEPROM 型 PLD。

（5）SRAM 型 PLD。SRAM 是静态随机存储器（Static Radom Access Memory）的英文缩写，可方便快速地编程（也称配置），但掉电后，其内容即丢失，再次上电需要重新配置，或加掉电保护装置以防掉电，大部分 FPGA 器件都是 SRAM 型 PLD。

3. 可编程逻辑器件的发展趋势

先进的 ASIC 生产工艺已经被用于 FPGA 的生产，越来越丰富的处理器内核被嵌入高端的 FPGA 芯片中，基于 FPGA 的开发成为一项系统级设计工程。随着半导体制造工艺的发展，FPGA 的集成度将不断提高，制造成本将不断降低，其作为替代 ASIC 来实现电子系统的趋势将日益明显。功能上从最初的单纯 FPGA 发展到内嵌 CPU、动态链接库（DLL）等的 SOPC，工艺上从最初的 0.5μm 向 14nm 发展。

PLD 的发展趋势如下。

（1）向大容量、低电压、低功耗方向发展。

（2）向系统级高密度方向发展。

（3）向高速可预测延时方向发展。

（4）向数模混合可编程方向发展。

（5）向多功能、嵌入式模块方向发展。

（6）向 SOPC 方向发展。

3.1.2 常用可编程逻辑器件

【Intel FPGA 官网链接】

经过多年的发展，PLD 的设计技术和加工工艺日益成熟，产品门类齐全，可以提供上百个系列品种。目前 PLD 生产商主要为 Intel 和 Xilinx 两家公司，引领着 FPGA 的发展潮流，主导着 FPGA 的发展方向。另外几家 PLD 供应商分别是 Cypress、Lattice、Microsemi、Atmel、Avago 等。

Intel 是目前较大的可编程逻辑器件供应商之一，其主要产品有 Stratix 10、Stratix V、Arria 10、Arria V、Cyclone 10、Cyclone V、Max 10 等，其中两种较新型的可编程逻辑芯片如图 3.1 所示。Stratix 10 属于业界第一款 14nm FPGA，采用 Intel 的 14nm 三栅极工艺开发，在性能、功效、密度和系统集成方面具有突破性优势，其内核性能是前一代高性能 FPGA 的 2 倍，并且功耗降低了 70%。

【Xilinx
官网链接】

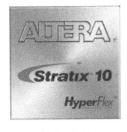 

【Intel FPGA器件
的官网链接】

(a) Stratix 10　　　　　　　(b) Max 10

图 3.1　Intel 的两种较新型的可编程逻辑芯片

Xilinx 是 FPGA 的发明者，也是目前较大的 PLD 供应商之一。Xilinx 的 FPGA 产品主要有 Spartan、Artix、Kintex、Virtex 等系列，其中 Kintex 和 Virtex 系列中的部分产品现已开始采用 16nm 工艺进行生产，包括 Kintex UltraScale＋和 Virtex UltraScale＋。Xilinx 典型器件如图 3.2 所示。

Lattice 是在系统可编程（In-System Programming，ISP）技术的发明者，主要产品有 ECP、iCE、Mach、ispMACH 等系列 PLD。

【Lattice
官网链接】

(a) UltraScale+系列　　　　　　　(b) Artix–7

图 3.2　Xilinx 的两种较新型的可编程逻辑芯片

Cypress 的可编程逻辑器件主要包括 PSoC4100BL、4100M、4100S 及 4100，这里的 PSoC 是指片上可编程系统（Programmable System-On-Chip），也就是在一个专有的 MCU 内核周围集成了可配置的模拟和数字外围器件阵列块，利用芯片内部的可编程互联阵列有效地配置芯片上的模拟和数字块资源，达到可编程片上系统的目的。PSoC 的最大特点就是集成度高，设计灵活，可以看成 MCU 与 FPGA/CPLD 及 ispPAC 的集合。

Microsemi（原为 ACTEL）是反熔丝 PLD 的领导者，由于反熔丝 PLD 抗辐射，耐高

【Cypress
官网链接】

低温，功耗低，速度快，保密性好，所以在军品和宇航级产品上有较大优势。其主要产品有 PolarFire、IGLOO2、RTG4 Radiation-Tolerant、SmartFusion2 SoC 系列等。

【Microsemi
官网链接】

3.1.3 可编程逻辑器件的设计流程

可编程逻辑器件的设计过程一般可分为设计准备、设计输入、设计实现和编程下载四个步骤。

1）设计准备

在设计准备阶段，首先要确定设计方案，其次是选择 PLD。器件的选择要从器件资源、引脚数量、速度、功耗、结构等几个方面入手。

【基于FPGA的流水灯
的quartus设计+开发板
验证完整过程】

2）设计输入

设计输入就是将设计者所设计的电路以开发软件所要求的某种形式表示出来，并输入相应的软件中。设计输入有多种表达方式，主要包括原理图输入、硬件描述语言输入、网表输入和波形输入等，最常用的是原理图输入和硬件描述语言输入，其中硬件描述语言大多采用 Verilog HDL 和 VHDL。

3）设计实现

设计实现主要完成编程文件产生的整个编译、适配过程，也就是由开发工具依据设计输入文件自动生成用于器件编程、波形仿真及延时分析等所需的数据文件。此部分对开发系统来讲是核心部分，是由软件自动完成的，但对于设计者来说可不用关心其实现过程，而通过设计参数来控制其处理过程。在编译过程中，编译软件对设计输入的软件进行逻辑化简、综合及优化，并适当选择器件自动进行适配和布局及布线，随后生成用于编程的文件。

【USB Blaster
简介】

4）编程下载

编程下载是将设计实现阶段所产生的编程文件（如数据流文件）装入 PLD 中，以便进行硬件调试和功能验证。编程下载需要满足一定的条件，如编程电压、编程时序和编程算法等，在编程下载时一般需要专用的下载器，如 USB Blaster。

3.2 可编程逻辑器件的相关软件

3.2.1 Quartus Prime

【Quartus Prime
软件官网链接】

在开发 PLD 时，需要用到 PLD 开发软件，不同 PLD 生产商会提供支持自有 PLD 的开发软件。目前 Intel 的 PLD 开发软件是 Quartus Prime，其前身是 Quartus Ⅱ，原为 Altera 公司的综合性 PLD 开发软件，支持原理图、VHDL、VerilogHDL 及 AHDL（Altera Hardware Description Language）等多种设计输入形式，内嵌综合器，可以完成从设计输入到硬件配置的完整 PLD 设计流程。

目前 Quartus Prime 的最新版为 V17，支持 Windows 及 Linux 64 位操作系统。新版 Quartus Prime 软件在 Quartus Ⅱ 软件基础上增加了 Spectra-Q 引擎，针对 Arria 10 等器件进行了优化，提供了更高的 FPGA 设计效能。Spectra-Q 引擎包括一组更快、扩展性更好的算法，以及新的分层基础数据库和统一编译器技术。新版 Quartus Prime 软件还支持许多用于逻辑综合、静态时序分析、板级仿真、信号完整性分析和正规验证的第三方工具，如 Altium Designer 等。

根据不同的设计需求，Quartus Prime 软件提供三种版本，分别是专业版、标准版和精简版。

Quartus Prime 专业版适合支持实现从 Arria 10 器件系列开始的 Altera 下一代 FPGA 和 SoC 片上系统先进的特性。

Quartus Prime 标准版为最新的器件系列提供最全面的支持，需要订购许可。

Quartus Prime 精简版是大批量器件系列理想的设计起点，可以免费下载，不需要许可。

不同版本的 Quartus 软件支持的器件不同，在确定使用的 PLD 具体型号后，再根据该器件系列型号选择合适的软件版本。Quartus Prime 17.0 标准版支持的器件系列包括 Arria Ⅱ、Arria 10、Arria V、Arria V GZ、Cyclone IV、Cyclone V、MAX Ⅱ、MAX V、MAX 10 FPGA、Stratix IV 和 Stratix V；Quartus Prime 17.0 精简版支持的器件系列包括 Arria Ⅱ、Cyclone IV、Cyclone V、MAX Ⅱ、MAX V 和 MAX 10 FPGA；Quartus Prim 16.1 专业版支持 Arria 10 系列器件，并且这三款软件均包含 Intel 的 FPGA IP 库。如果选用的器件型号较早，需要配套较早版本的 Quartus Ⅱ 软件，具体软件版本与支持器件的相关信息可通过官方网站的"软件选择助手"进行查询。

3.2.2　Nios Ⅱ 嵌入式设计套件

首先要明确的是，Nios Ⅱ 是一个用户可配置的通用精简指令集（RISC）嵌入式处理器，也就是软核处理器。Altera 公司于 2000 年推出第 1 代 16 位 Nios 处理器，随后推出了 Nios Ⅱ 系列嵌入式处理器。Nios Ⅱ 嵌入式处理器采用哈佛结构，具有 32 位指令集，性能超过 200DMIPS

【Nios Ⅱ 嵌入式设计套件软件官网链接】

（表示 200×100 万条指令/秒），其最大优势和特点是模块化的硬件结构，以及由此带来的灵活性和可裁减性。相对于传统的处理器，Nios Ⅱ 系统可以在设计阶段根据实际的需求来增减外部设备（简称外设）的数量和种类。在应用方面，Altera 的 Stratix、Cyclone 等系列的多种 FPGA 支持 Nios Ⅱ 处理器。

Nios Ⅱ 嵌入式设计套件（EDS）是为 Nios Ⅱ 软件设计提供的全面的开发包。Nios Ⅱ EDS 不仅含有开发工具，而且有软件、器件驱动、裸金属硬件抽象层（HAL）库，以及商用级网络堆栈软件和评估版的实时操作系统。

Nios Ⅱ 嵌入式设计套件包括以下四部分。

1）Nios Ⅱ 软件构建工具

作为 Nios Ⅱ EDS 的核心，Nios Ⅱ 软件构建工具可为应用程序、板级支持包（BSP）

和软件库提供的一组功能强大的命令、工具和脚本，管理构建选项。

2）为 Eclipse 提供的 Nios Ⅱ 软件构建工具

为 Eclipse 提供的 Nios Ⅱ 软件构建工具（SBT）是 Nios Ⅱ 软件开发任务的一个集成开发环境，包括程序编辑、构建和调试。

3）嵌入式软件

在使用 Nios Ⅱ 嵌入式处理器时，设计者可以使用多种第三方嵌入式软件组件。Nios Ⅱ EDS 可以提供 MicroC/OS-Ⅱ 实时操作系统、Nios 版 NicheStack TCP/IP 网络堆栈、Newlib ANSI-C 标准库、简单文件系统、硬件设计实例以及软件应用。

4）Intel FPGA IP 和 HAL API 器件驱动

Nios Ⅱ EDS 提供全面的外设器件驱动，自动生成定制 BSP，可提高软件开发工作效率。

3.2.3 ModelSim

【ModelSim软件
官网链接】

【ModelSim-intel
版本软件
官网链接】

在进行可编程逻辑器件设计过程中，经常需要进行仿真，Model-Sim 是目前常用的仿真软件。ModelSim 是由 Mentor 公司推出的一款硬件描述语言（HDL）仿真软件，具有友好的仿真环境，支持 VHDL 和 Verilog 混合仿真。ModelSim 采用直接优化的编译技术、Tcl/Tk 技术和单一内核仿真技术，编译仿真速度快，编译的代码与平台无关，便于保护 IP 核。ModelSim 个性化的图形界面和用户接口，为设计者加快调错速度提供强有力的手段，是 FPGA/ASIC 设计的首选仿真软件。

ModelSim 的主要特点：①具有 RTL 和门级优化，编译仿真速度快，可跨平台跨版本仿真；②可 VHDL 和 Verilog 混合仿真；③提供源代码模板和助手及项目管理；④集成了性能分析、波形比较、代码覆盖、数据流 ChaseX、Signal Spy、虚拟对象 Virtual Object、Memory 窗口、Assertion 窗口、源码窗口显示信号值、信号条件断点等众多调试功能；⑤提供 C 和 Tcl/Tk 接口；⑥对 System C 的直接支持，以及可与 HDL 任意混合；⑦支持 SystemVerilog 的设计功能；⑧对系统级描述语言的最全面支持；⑨具备 ASIC Sign off 功能；⑩可以单独或同时运行行为级、RTL 级和门级的代码。

ModelSim 分几种不同的版本：SE、PE、LE 和 OEM，其中 SE 是最高级的版本，而集成在 Actel、Atmel、Altera、Xilinx 以及 Lattice 等 FPGA 厂商设计工具中的是 ModelSim 的 OEM 版本。作为一名初学者，可下载 ModelSim PE Evaluation 进行学习；若进行 Altera 的 PLD 开发，可在 Intel 官网下载 ModelSim-Intel FPGA Edition。

3.2.4 Xilinx 的 Vivado 与 ISE

【Xilinx官网的
Vivado软件链接】

在进行不同厂商的 PLD 开发时，需要用不同的开发软件工具。ISE 是 Xilinx 公司早期的集成开发的工具，可以完成 Xilinx PLD 开发的全部流程，包括设计输入、仿真、综合、布局布线、生成 BIT 文件、配置以及在线调试等。Vivado 是 Xilinx 继 ISE 后的新一代开发工具，包括高度集成的设计环境和新一代从系统到 IC 级的工具,这些均建立在共享的可扩展数据模型和通用调试环境基础上。目前 Vivado Design Suite 的最新版为 V2017.1,该版本增加了对 UltraScale＋系列 XCVU3P 器件的支持。

3.3 可编程逻辑器件的应用设计实例

3.3.1 基于 CPLD 的 USB Blaster 实例

1. 功能描述

Altera 公司用于 PLD 编程的下载电缆主要有 3 种,分别是 ByteBlaster MV、ByteBlaster II 和 USB Blaster,其中 ByteBlaster MV 和 ByteBlaster II 都需要连接计算机的并口。虽然现在的台式计算机大多数具备并口,但笔记本式计算机很少配备并口,这时就需要 USB Blaster 下载器。USB Blaster 是 Altera 的 FPGA/CPLD 程序下载电缆,通过计算机的 USB 接口可对 Altera 的 FPGA/CPLD 以及配置芯片进行编程、调试等操作,并支持 Quartus II。基于 USB 的下载器支持热插拔,使用方便,体积小,便于携带,而且下载速度快。在使用 USB Blaster 之前,需要根据相应的操作系统安装驱动程序,一般该驱动程序可在 Quartus 安装后的 drivers 文件夹下找到。

【USB Blaster 驱动的安装方法】

2. 设计思路

图 3.3 为 USB Blaster 电路结构图,电路主要包含两大部分,一部分是 USB 接口,通过该接口连接 PC 和 PLD,主要功能是进行 USB 和并行 I/O 口之间的数据格式转换,用 USB 控制芯片实现;另一部分是 JTAG 接口,用来连接 USB 控制芯片和需要编程的逻辑器件,主要功能是进行并行 I/O 口和 JTAG 接口之间数据的转换,转换逻辑通过对 PLD 进行设计来实现。其他还包括一些必要的时钟电路和电压转换电路。

【常用 USB 控制芯片及应用】

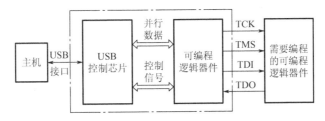

图 3.3 USB Blaster 电路结构

3. 系统硬件设计

图 3.4 所示为 USB Blaster 电路组成,USB 控制芯片选用 FT245,CPLD 选用 EPM7064。D [0…7] 是 8 位并行数据总线,从主机接收到的 USB 数据,经过 USB 控制芯片转换为 8 位并行数据,经数据总线送到 CPLD 的可编程 I/O 引脚;另外,CPLD 的数

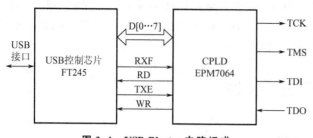

图 3.4　USB Blaster 电路组成

据也可以通过数据总线送回 USB 控制芯片，然后转换为 USB 的数据格式传回主机。RXF、TXE、RD 和 WR 这 4 个信号是 USB 控制芯片的控制信号，前 2 个信号是输出信号，后两个信号是输入信号，可通过这些信号来控制数据总线上的数据传输。CPLD 收到 USB 控制芯片传送来的数据后，对数据进行解析，然后转换为符合标准的编程数据和指令，通过 TCK、TMS 和 TDI 串行输出到要编程的 PLD；从 PLD 返回的符合 IEEE 1149.1 标准的校验数据通过 TDO 串行输入 CPLD，转换为 8 位并行数据传送给 USB 控制芯片，最后返回主机进行校验。

下面分别介绍电路中用到的芯片。

1) USB 控制芯片 FT245

FT245 的主要功能是进行 USB 和并行 I/O 口之间的协议转换。该芯片一方面可从主机接收 USB 数据，并将其转换为并行 I/O 口的数据流格式发送给外设；另一方面外设可通过并行 I/O 口将数据转换为 USB 的数据格式传回主机。中间的转换工作全部由芯片自动完成，开发者无须考虑固件的设计。

(1) FT245 功能特性如下。

① 用于并行 FIFO（先进先出）双向数据传输接口的 USB 独立芯片。

② 完整的 USB 协议处理芯片，不需具体的 USB 固件编程。

③ 基于 4-wire 握手连接，面向 MCU/PLD/FPGA 逻辑的简单接口。

④ 数据传输速率达 1Mb/s（D2XX Direct Drivers）。

⑤ 数据传输速率达 300kb/s（VCP Drivers）。

⑥ 256B 的接收缓冲和 128B 的发送缓冲，利用缓冲平滑技术，实现较高的数据吞吐量。

⑦ FTDI 的免版税 VCP 和 D2XX 驱动避免了大多数情况下的 USB 驱动程序开发。

⑧ 新型 USB FTDI 芯片 ID 识别功能。

⑨ FIFO 接收发送缓冲区，实现较高数据吞吐量。

⑩ 可调接收缓冲区超时。

⑪ 同步和异步的位响应模式接口选项，并通过 RD♯ 和 WR♯ 实现选通，可允许该数据总线充当通用 I/O 口。

⑫ FT245 集成了 1024bit 的内部 EEPROM，用于存储 USB VID（供应商 ID）、PID（产品识别码）、序列号和产品描述字符串。

⑬ FT245 器件提供可预编程的唯一 USB 序列号。

⑭ 通过 PWREN♯ 引脚和唤醒引脚功能，可支持 USB 挂起/唤醒。

⑮ 内置事件字符支持。

⑯ FT245 支持总线供电、自我供电和高功率总线供电等 USB 配置。

⑰ 集成 3.3V 电平转换器，用于 USB I/O。

⑱ 在 FIFO 接口和控制引脚集成电平转换器，使接口支持 5～1.8V 逻辑。

⑲ 5V/3.3V/2.8V/1.8V CMOS 驱动输出和 TTL 输入。

⑳ 高 I/O 引脚输出驱动选项。

㉑ FT245 集成 USB 电阻。

㉒ FT245 集成加电复位电路。

㉓ FT245 集成时钟，不需外部晶振。

㉔ FT245 集成 AVCC 电源滤波，无须单独的 AVCC 引脚和外部 R－C 滤波。

㉕ SB 批量传输模式。

㉖ FT245 采用 3.3～5.25V 独立工作电源。

㉗ 低操作电流，低 USB 挂起电流。

㉘ 低 USB 带宽占用。

㉙ 兼容 UHCI/OHCI/EHCI 主机控制器。

㉚ 兼容 USB 2.0 全速运行。

㉛ －40～85℃ 扩展操作温度范围。

㉜ 可选无铅 28 脚 SSOP 和 QFN－32 封装（RoHS 认证）。

（2）FT245 引脚定义如下。

D [0～7]（25、24、23、22、21、20、19、18）：双向数据信号线。

RD（16）：读信号。

WR（15）：写信号。

TXE（14）：FIFO 发送缓冲区空标志信号。

RXF（12）：FIFO 接收缓冲区非空标志信号。

USBDP（7），USBDM（8）：USB 数据信号正端，USB 数据信号负端。

EECS（32），EESK（1），EEDATA（2）：EEPROM 片选线、时钟线、数据线。

PWREN（10）：电源使能信号。

SI/MU（11）：立即发送或唤醒信号。

RESET（4）：复位信号。

RSTOUT（5）：内部复位生成器的输出信号。

XTIN（27），XTOUT（28）：时钟输入信号，输出信号。

TEST（31）：测试信号。

3V3OUT（6）：3.3V 输出信号。

VCC（3，26），VCCIO（13），AVCC（30）：芯片电源，控制引脚电源，内部模拟电源。

GND（9，17），AGND（29）：芯片地，内部模拟地。

图 3.5 为 FT245 芯片功能框图，由图可知，FT245 内部主要由 USB 收发器、串行接口引擎（SIE）、USB 协议引擎和先进先出（FIFO）控制器等构成。USB 收发器提供 USB 1.1/2.0 的全速物理接口到 USB 总线，支持 UHCI/OHCI 主控制器；串行接口引擎主要用于完成 USB 数据的串/并双向转换，并按照 USB 1.1 规范来完成 USB 数据流的位

填充/位反填充以及循环冗余校验码（CRC5/CRC16）的产生和检错；USB 协议引擎管理来自 USB 设备控制端口的数据流；FIFO 控制器处理外部接口和收发缓冲区间的数据转换。

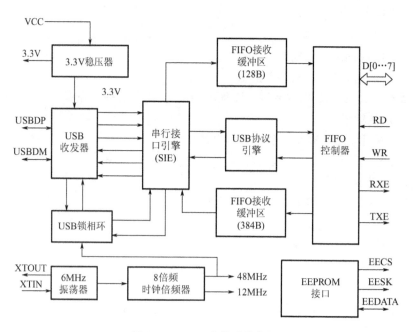

图 3.5　FT245 芯片功能框图

　　FIFO 控制器实现与单片机（如 AT89C51 等）的接口，主要通过 8 根数据线 D0～D7 及读写控制线（RD、WR）来完成和单片机的数据交互。FT245 内含 2 个 FIFO 数据缓冲区，一个是 128B 的接收缓冲区，另一个是 384B 的发送缓冲区，均用于 USB 数据与并行 I/O 口数据的交换缓冲区。

　　另外，FT245 还包括 1 个内置的 3.3V 稳压器，1 个 6MHz 的振荡器、8 倍频的时钟倍频器、USB 锁相环和 E2PROM 接口。FT245 采用 32 脚的塑料方块平面封装（PQFP），体积小巧，易于和外设做到一块板上。

　　图 3.6 所示为 FT245 读周期时序，4 个控制信号 RD、RXF、WR 和 TXE 中的 RD 是输入信号，低电平有效。RD 为低电平时，8 位并行数据从数据总线上输出，在 RD 由低电平变高电平时，从接收缓冲区取下一个要传送的数据（假定缓冲区里已有数据）。

　　RXF 是输出信号，低电平有效。当 RXF 为高电平时，不能从接收缓冲区读数据。当 RXF 为低电平且 RD 由低电平变高电平时，数据从接收缓冲区读出数据。

　　在逻辑设计中要特别注意的是 T1 和 T3，参见表 3－1。T1 是 RD 有效的脉冲宽度，从表 3－1 可以看到，其最小值是 50ns，也就是说，用 CPLD 产生的读信号 RD，必须至少保持 50ns 的低电平，如果少于这个时间，读周期就可能出现问题。T3 是从 RD 有效到数据有效的时间。从表 3－1 可以看到，在 RD 变为 0 的 50ns 以后，数据总线上输出的数据才是稳定的，这一点在设计读数据的时序时必须考虑。

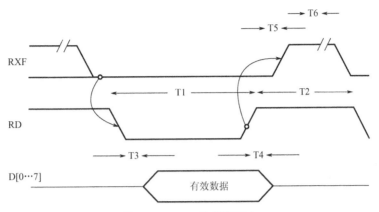

图 3.6　FT245 读周期时序

表 3-1　读周期时序　　　　　　　　　　　　　　单位：ns

时　　间	描　　述	最　小　值	最　大　值
T1	RD 有效的脉冲宽度	50	
T2	RD 无效的宽度	50＋T6	
T3	从 RD 有效到数据有效	20	50
T4	有效数据的保持时间	0	
T5	从 RD 无效到 RXF 无效	0	25
T6	读周期后 RXF 无效的宽度	80	

图 3.7 所示为 FT245 写周期时序，WR 是输入信号，高电平有效。在 WR 从高电平变低电平时，把数据总线上的 8 位并行数据送到发送缓冲区。

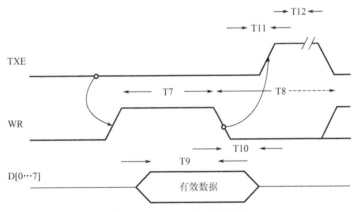

图 3.7　FT245 写周期时序

TXE 是输出信号，低电平有效。当 TXE 为高电平时，数据不能写入发送缓冲区；当 TXE 为低电平且 WR 从高电平变低电平时，数据被写进发送缓冲区。

在逻辑设计中需要特别注意的是 T7。T7 是 WR 有效的脉冲宽度，从表 3-2 可以看到，其最小值是 50ns，也就是说，用 CPLD 产生的写信号 WR 须至少保持 50ns 的高电平，如果少于这个时间，写周期就可能出现问题。

表 3-2　写周期时序　　　　　　　　　　　　　　　　　单位：ns

时　　间	描　　述	最　小　值	最　大　值
T7	WR 有效的脉冲宽度	50	
T8	WR 无效的宽度	50	
T9	有效数据的建立时间	20	
T10	有效数据的保持时间	0	
T11	从 WR 无效到 TXE 无效	5	25
T12	写周期后 TXE 无效的宽度	80	

外设要向主机发送数据，只需在 TXE 为低电平时将数据字节写入模块，当发送缓冲区填满或正在存储之前写入的数据字节时，TXE 引脚为高电平，以防止更多数据被写入，直到部分发送缓冲区的数据通过 USB 传到主机。TXE 在每写入一个字节后变为高电平。

当主机通过 USB 向外设发送数据时，RXF 引脚会被拉低，通知外设至少 1B 的数据已经准备好。当接收缓冲区填满或者正在存储之前写入的数据字节时，RXF 引脚为高电平，以防止更多数据被写入，直到部分接收缓冲区的数据通过数据总线传输到外设。每字节数据读取后 RXF 引脚会变高电平。USB Blaster 中的 FT245 接口电路如图 3.8 所示。

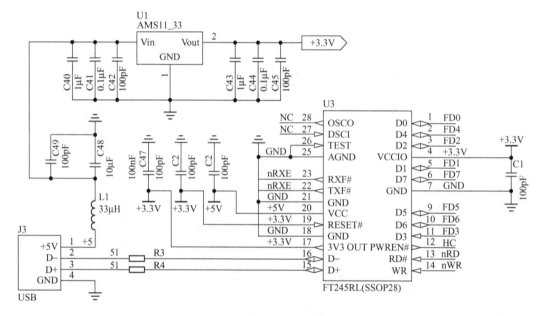

图 3.8　FT245 接口电路图

2）CPLD 芯片 EPM7064

EPM7064 的内部电路工作电压是 3.3V，可用门数 1250 个，宏单元数 64 个，逻辑阵列块 4 个；引脚到引脚的延迟为 4.5ns；输出驱动器能设置在 2.5V 或 3.3V 电压下工作；所有的输入引脚电压允许为 2.5V、3.3V 和 5.0V，并且允许在混合电压的系统中使用；提供全局控制信号（全局复位、全局置位、全局时钟和全局时钟使能）；由 Altera 公司的 Quartus Ⅱ 软件支持开发。EPM7064 有 -4、-7、-10 等多种速度等级，-10 最慢，-4 最快。尽管 -10 的速度慢点，但是工作频率也远远超过了本设计的频率要求，所以选择 -10 速度等级。USB Blaster 中的 EPM7064 连接图如图 3.9 所示。

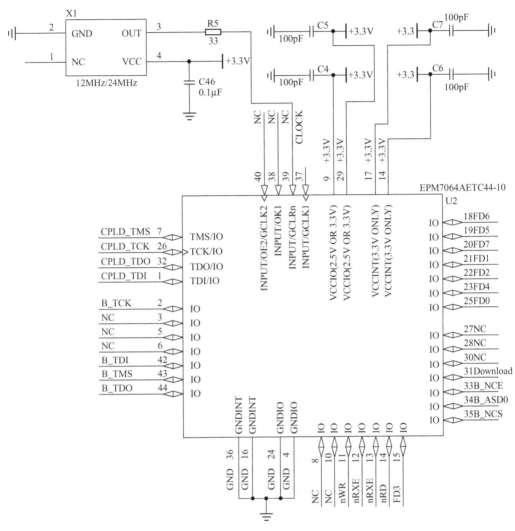

图 3.9　EPM7064 连接图

3）电压转换芯片 MAX3378

从 CPLD 出来的信号电压是 5.0V，而需要编程的 PLD 的种类很多，各自要求的编程电压不完全相同，主要有 2.5V、3.3V、5.0V，为了保证本设计接口电路有更高的兼容性，要求电压转换芯片能把 5.0V 的电压转换为这几种电压。此外 IEEE 1149.1 标准中规定测试信号 TDO 要从可编程器件的边界扫描通道返回，所以电压转换芯片还要能把2.5V 或 3.3V 的信号转换为 5.0V 的信号送回 CPLD。鉴于接口电路对电压转换的要求比较高，需要支持多种电压间的双向转换，选择 Maxim 公司的 MAX3378 芯片。这款芯片有 4 个 I/O 通道，两个基准电压输入引脚 VCC（1.2～5.5V）和 VL（1.65～5.5V）。通过向这 2 个引脚提供不同的基准电压，实现 VCC 电压和 VL 电压的双向转换。此外，还提供一个输入引脚 THREE－STATE，低电平有效时，MAX3378 停止电压转换；输入"1"时，MAX3378 正常工作。USB Blaster 中的电压转换电路如图 3.10 所示。

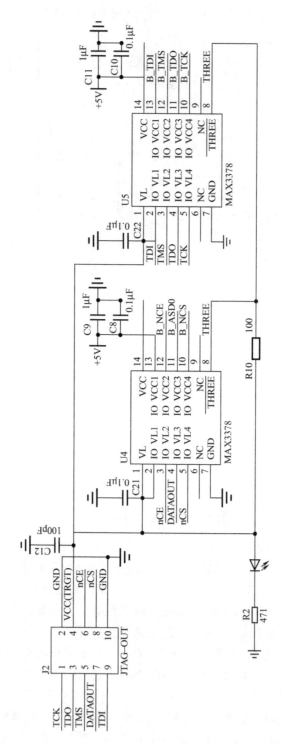

图3.10 电压转换电路

3.3.2 基于 FPGA 的典型开发系统设计实例——函数信号发生器

1. 功能描述

利用 FPGA 器件结合 D/A 转换器设计一个函数信号发生器,能够输出三角波、方波、梯形波、阶梯波等波形,可通过按键选择输出不同波形。

2. 设计思路

基于 FPGA 的函数信号发生器的原理框图如图 3.11 所示。FPGA 芯片选用 Altera 的 Cyclone Ⅲ EP3C55F484C8(这里需要注意的是,不同版本的 Quartus 软件支持的器件不同,选择器件型号后,需要安装对应的支持该器件的 Quartus 软件),D/A 转换器选用 8 位数模转换器。

【不同版本的Quartus
软件支持的器件表】

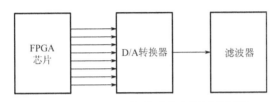

图 3.11　多波形函数信号发生器原理框图

3. 系统程序设计

首先采用 VHDL 及 Verilog 语言分别编写锯齿波(斜降)、三角波、锯齿波(斜升)、阶梯波(上升)、正弦波、方波、梯形波、双向阶梯波以及 8 选 1 数据选择器的程序,各程序代码如下。

(1)锯齿波(斜降)Verilog 程序。

```verilog
module DCRS(clk,reset,q);
input clk;
input reset;
output reg [7:0]q;
reg [7:0]cnt;
always @ (posedge clk or negedge reset)
begin
  if(! reset)
    begin
      cnt< = 8'd0;
    end
  else
    begin
      if(cnt= = 8'b11111111)
        cnt< = 8'd0;
```

```
        else
          cnt< = cnt+ 1'd1;
        end
    end
always @ (posedge clk or negedge reset)
begin
    if(! reset)
      begin
          q< = 8'b11111111;
       end
    else
      begin
          if(cnt= = 0)
            q< = 8'b11111111;
          else
            q< = 8'b11111111- cnt;
        end
      end
endmodule
```

（2）三角波 VHDL 程序。

```
LIBRARY IEEE;
USE IEEE. STD_LOGIC_1164. ALL;
USE IEEE. STD_LOGIC_UNSIGNED. ALL;
ENTITY DELTA IS
  PORT(clk,reset: IN STD_LOGIC;
        q:OUT STD_LOGIC_VECTOR(7 DOWNTO 0));
END DELTA;
ARCHITECTURE behave OF DELTA IS
BEGIN
  PROCESS(clk,reset)
  VARIABLE tmp: STD_LOGIC_VECTOR(7 DOWNTO 0);
  VARIABLE a: STD_LOGIC;
  BEGIN
    IF reset= '0'THEN
    tmp:= "00000000";
    ELSIF clk'EVENT AND clk= '1'THEN
    IF a= '0'THEN
    IF tmp= "11111110"THEN
    tmp:= "11111111";
```

```
        a:= '1';
          ELSE
            tmp:= tmp+ 1;
          END IF;
      ELSE
      IF tmp= "00000001"THEN
      tmp:= "00000000";
      a:= '0';
      ELSE
      Tmp:= tmp- 1;
      END IF;
      END IF;
      END IF;
      q< = tmp;
      END PROCESS;
END behave;
```

（3）锯齿波（斜升）Verilog 程序。

```
module ICRS(clk,reset,q);
input clk;
input reset;
output reg [7:0]q;
reg [7:0]cnt;
always @ (posedge clk or negedge reset)
begin
   if(! reset)
     begin
       cnt< = 8'd0;
     end
   else
     begin
       if(cnt= = 8'b11111111)
          cnt< = 8'd0;
       else
          cnt< = cnt+ 1'd1;
       end
end
always @ (posedge clk or negedge reset)
begin
   if(! reset)
```

```
    begin
        q< = 8'd0;
    end
  else
    begin
        if(cnt= = 256)
            q < = 8'd0;
          else
            q< = cnt;
    end
end
endmodule
```

（4）阶梯波（上升）Verilog 程序。

```
module LADDER_UP(clk,reset,q);
input clk;
input reset;
output reg [7:0]q;
reg [7:0]cnt;
always @ (posedge clk or negedge reset)
begin
  if(! reset)
    begin
      cnt< = 8'd0;
    end
  else
    begin
      if(cnt= = 8'b11111111)
        cnt< = 8'd0;
      else
        cnt< = cnt+ 1'd1;
    end
end
always @ (posedge clk or negedge reset)
begin
  if(! reset)
    begin
        q< = 8'd0;
    end
  else
```

```
    begin
        if(cnt< 64)
            q< = 8'd0;
        else
            if(cnt< 128)
                q< = 8'd85;
                else
                    if(cnt< 192)
                        q< = 8'd170;
                    else
                        q< = 255;
    end
end
endmodule
```

（5）正弦波 Verilog 程序。

```
module SIN(clk,reset,q);
input clk;
input reset;
output  reg [7:0]q;
reg [7:0]cnt;
reg [6:0]d;
always @ (posedge clk or negedge reset)
begin
  if(! reset)
    begin
      d< = 7'd0;
    end
  else
    begin
      d< = 7'd0;
        if(d< = 64)
          d< = d+ 1'd1;
        else
          d< = 7'd0;
      end
end
always @ (posedge clk or negedge reset)
begin
  if(! reset)
```

```
      begin
        q< = 8'd0;
    end
else
    begin
      case(d)
        7'd00:q< = 8'd255;
        7'd01:q< = 8'd254;
        7'd02:q< = 8'd252;
        7'd03:q< = 8'd249;
        7'd04:q< = 8'd245;
        7'd05:q< = 8'd239;
        7'd06:q< = 8'd233;
        7'd07:q< = 8'd225;
        7'd08:q< = 8'd217;
        7'd09:q< = 8'd207;
        7'd10:q< = 8'd197;
        7'd11:q< = 8'd186;
        7'd12:q< = 8'd174;
        7'd13:q< = 8'd162;
        7'd14:q< = 8'd150;
        7'd15:q< = 8'd137;
        7'd16:q< = 8'd124;
        7'd17:q< = 8'd112;
        7'd18:q< = 8'd99;
        7'd19:q< = 8'd87;
        7'd20:q< = 8'd75;
        7'd21:q< = 8'd64;
        7'd22:q< = 8'd53;
        7'd23:q< = 8'd43;
        7'd24:q< = 8'd34;
        7'd25:q< = 8'd26;
        7'd26:q< = 8'd19;
        7'd27:q< = 8'd13;
        7'd28:q< = 8'd8;
        7'd29:q< = 8'd4;
        7'd30:q< = 8'd1;
        7'd31:q< = 8'd0;
        7'd32:q< = 8'd0;
        7'd33:q< = 8'd1;
        7'd34:q< = 8'd4;
        7'd35:q< = 8'd8;
        7'd36:q< = 8'd13;
        7'd37:q< = 8'd19;
        7'd38:q< = 8'd26;
        7'd39:q< = 8'd34;
```

```
        7'd40:q< = 8'd43;
        7'd41:q< = 8'd53;
        7'd42:q< = 8'd64;
        7'd43:q< = 8'd75;
        7'd44:q< = 8'd87;
        7'd45:q< = 8'd99;
        7'd46:q< = 8'd112;
        7'd47:q< = 8'd124;
        7'd48:q< = 8'd137;
        7'd49:q< = 8'd150;
        7'd50:q< = 8'd162;
        7'd51:q< = 8'd174;
        7'd52:q< = 8'd186;
        7'd53:q< = 8'd197;
        7'd54:q< = 8'd207;
        7'd55:q< = 8'd217;
        7'd56:q< = 8'd225;
        7'd57:q< = 8'd233;
        7'd58:q< = 8'd239;
        7'd59:q< = 8'd245;
        7'd60:q< = 8'd249;
        7'd61:q< = 8'd252;
        7'd62:q< = 8'd254;
        7'd63:q< = 8'd255;
        default:q< = 8'd255;
        endcase
    end
end
endmodule
```

（6）方波 Verilog 程序。

```
module SQUARE(clk,reset,q);
input clk;
input reset;
output reg [7:0]q;
reg [7:0]cnt;
always @ (posedge clk or negedge reset)
begin
  if(! reset)
    begin
        cnt< = 8'd0;
    end
  else
    begin
```

```
        if(cnt= = 8'b11111111)
          cnt< = 8'd0;
        else
          cnt< = cnt+ 1'd1;
        end
    end
always @ (posedge clk or negedge reset)
begin
    if(! reset)
      begin
        q< = 8'd0;
      end
    else
      begin
        if(cnt< 128)
          q < = 8'b00000000;
        else
          q< = 8'b11111111;
      end
    end
endmodule
```

（7）梯形波 VHDL 程序。

```
LIBRARY IEEE;
USE IEEE. STD_LOGIC_1164. ALL;
USE IEEE. STD_LOGIC_UNSIGNED. ALL;
ENTITYTRAP IS
  PORT(clk, reset: IN STD_LOGIC;
        q:OUT integer RANGE 0 to 255 );- - STD_LOGIC_VECTOR(7 DOWNTO 0));
ENDTRAP;
ARCHITECTURE behave OFTRAP IS
BEGIN
  PROCESS(clk, reset)
  VARIABLE tmp, a: integer RANGE 0 to 255;- - STD_LOGIC_VECTOR(7 DOWNTO 0);
  BEGIN
    IF reset= '0' THEN
      tmp:= 0;
      a:= 0;
    ELSIF clk'EVENT AND clk= '1'THEN
      if a= 255 then a:= 0;tmp:= 0;
      else a:= a+ 1;
```

```
        end if;
        case a is
        when 1 to 63 = >  tmp:= tmp+ 4;
        when 64 to 127 = >  tmp:= 255;
        when 128 to 190 = >  tmp:=  tmp- 4;
        when 192 to 255 = >  tmp:= 0;
        when others = >  tmp:= 0;
        end case;
        END IF;
        q< = tmp;
    END PROCESS;
END behave;
```

（8）双向阶梯波 Verilog 程序。

```
module LADDER_DOWN_UP(clk,reset,q);
input clk;
input reset;
output reg[7:0] q;
reg [7:0]cnt;
always @ (posedge clk or negedge reset)
begin
  if(! reset)
    begin
        cnt< = 8'd0;
    end
  else
    begin
        if(cnt< 256)
         cnt< = cnt+ 1'd1;
        else
        cnt< = 0;
    end
end
always @ (posedge clk or negedge reset)
begin
  if(! reset)
    begin
        q< = 8'd0;
    end
  else
    begin
```

```
            if((cnt< 32)||(cnt> 224))
                q< = 8'd0;
            else
            if((cnt< 64)||(cnt> 192))
                q< = 8'd85;
                else
                  if((cnt< 96)||(cnt> 160))
                     q< = 8'd170;
                  else
                     q< = 8'd255;
            end
        end
    endmodule
```

（9）8选1数据选择器 VHDL 程序。

```
LIBRARY IEEE;
USE IEEE. STD_LOGIC_1164. ALL;
ENTITY MUX81a IS
  PORT(sel: IN STD_LOGIC_VECTOR(2 DOWNTO 0);
        d0,d1,d2,d3,d4,d5,d6,d7: IN STD_LOGIC_VECTOR(7 DOWNTO 0);
        q: OUT STD_LOGIC_VECTOR(7 DOWNTO 0));
END MUX81a;
ARCHITECTURE behave OF MUX81a IS
BEGIN
  PROCESS(sel)
  BEGIN
  CASE sel IS
    WHEN "000" = > q< = d0;
    WHEN "001" = > q< = d1;
    WHEN "010" = > q< = d2;
    WHEN "011" = > q< = d3;
    WHEN "100" = > q< = d4;
    WHEN "101" = > q< = d5;
    WHEN "110" = > q< = d6;
    WHEN "111" = > q< = d7;
    WHEN OTHERS = > NULL;
  END CASE;
  END PROCESS;
END behave;
```

其次，在 Quartus 软件中采用图形输入法绘制函数信号发生器的顶层电路，如图 3.12 所示。

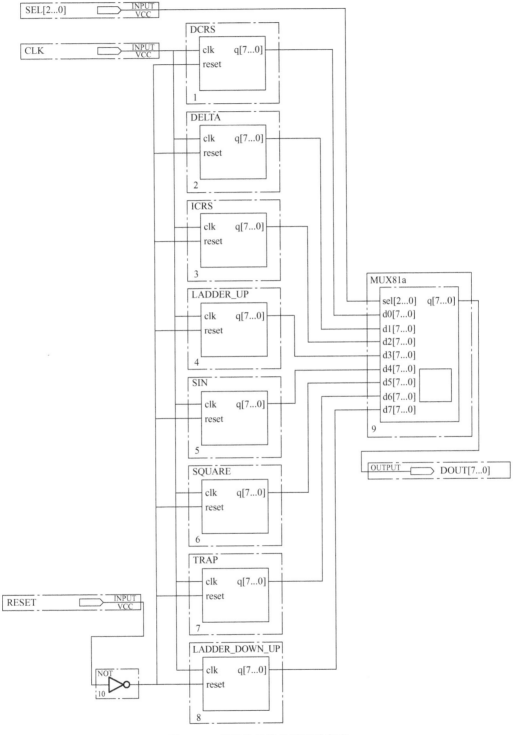

图 3.12 函数信号发生器顶层电路

【基于FPGA的函数
信号发生器输出
波形测试】

在对程序编译之前，先在 Quartus 中设定引脚，然后进行编译、配置，最后对输出结果进行测试，通过示波器观测 D/A 输出信号的波形，如图 3.13～图 3.20 所示。在测试过程中，不同 clk 频率对应不同的函数信号输出，如可以选择 $f_{clk}=1\text{MHz}$，也可以选择其他符合 FPGA 要求的频率。

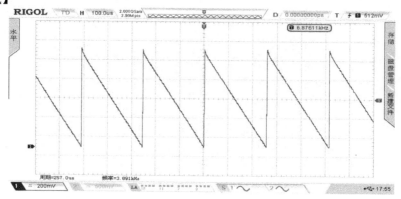

图 3.13　锯齿波（斜降）测试波形

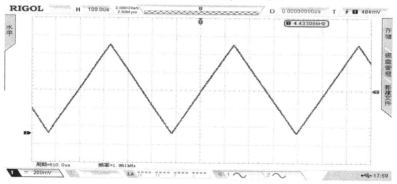

图 3.14　三角波测试波形

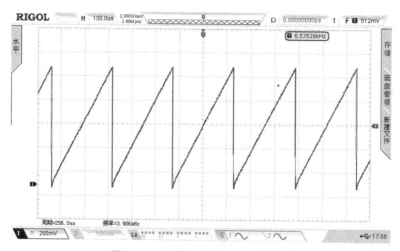

图 3.15　锯齿波（斜升）测试波形

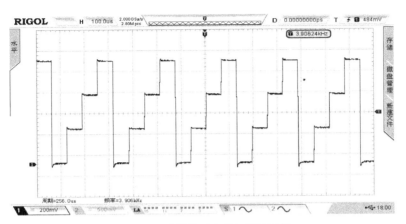

图 3.16　阶梯波（上升）测试波形

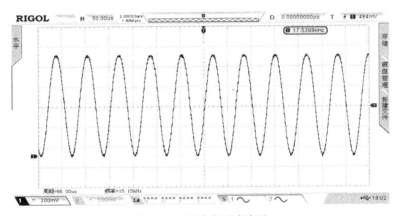

图 3.17　正弦波测试波形

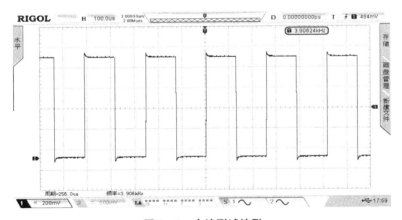

图 3.18　方波测试波形

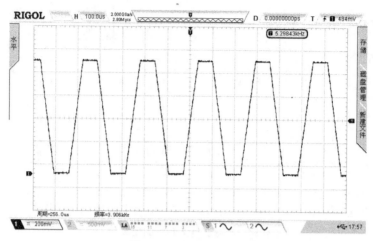

图 3.19　梯形波测试波形

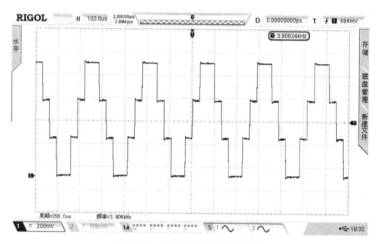

图 3.20　双向阶梯波测试波形

小　　结

　　本章首先讲述了可编程逻辑器件的发展历程及发展趋势，列出了常用的可编程逻辑器件，介绍了与可编程逻辑器件相关的常用软件，包括 Altera 公司的 Quartus Prime 与 Nios II EDS，Mentor 公司的 ModelSim 以及 Xilinx 公司的开发软件 Vivado 与 ISE，同时对 Altera 的一个用户可配置的通用 RISC 嵌入式处理器 Nios II 进行了简单介绍。其次对适配 Altera 可编程逻辑器件的 USB 下载电缆 USB Blaster 的硬件结构进行详细的介绍，最后以函数信号发生器为例介绍了基于 FPGA 的一个应用设计，并给出了函数信号发生器的测试波形。

小知识：

硬件描述语言

硬件描述语言（Hardware Description Language，HDL）是一种用形式化方法描述数字电路和系统的语言，包括电子系统硬件行为描述、结构描述、数据流描述。利用这种语言，数字电路系统的设计通过编程可以从顶层到底层或者说是从抽象到具体逐层描述电路的设计思想，利用一系列分层次的模块来表示复杂的数字系统。在进行电路设计时，借助EDA软件工具进行仿真验证，随后经过自动综合工具转换到门级电路网表。最后，使用专用集成电路（ASIC）或现场可编程门阵列（FPGA）自动布局布线工具，将网表转换为要实现的具体电路布线结构。

目前最常用的硬件描述语言是 Verilog HDL 和 VHDL。VHDL 发展较早，语法严格，而 Verilog HDL 是在 C 语言的基础上发展起来的一种硬件描述语言，语法较自由。初学者在选择 VHDL 还是 Verilog HDL 时，往往比较困惑，实际上两种语言的差别并不大，二者描述能力也是类似的。掌握其中一种语言以后，可以通过短期的学习，较快地学会另一种语言。

习　　题

1. 存储器、微处理器和逻辑器件的区别是什么？
2. 可编程逻辑器件是如何分类的？
3. 可编程逻辑器件有哪些主要特点？
4. 生产可编程逻辑器件的厂商有哪些？
5. 可编程逻辑器件的发展趋势是什么？
6. Intel 的常用可编程逻辑器件有哪些？
7. Xilinx 的常用可编程逻辑器件有哪些？
8. Lattice 的常用可编程逻辑器件有哪些？
9. Cypress 的可编程逻辑器件有什么特点？
10. Microsemi（ACTEL）的可编程逻辑器件有什么特点？
11. 可编程逻辑器件的设计流程是什么？
12. Quartus Prime 有哪几个版本？
13. 什么是 Nios Ⅱ？Nios Ⅱ处理器有哪些特性？
14. 有人说"Nios Ⅱ是一个用户可配置的通用 RISC 嵌入式处理器"，这句话对吗？
15. ModelSim 有哪些主要特点？
16. Xilinx 的开发工具有哪些？
17. 什么是 USB Blaster？
18. USB Blaster 的驱动如何安装？
19. 简述 USB Blaster 的基本组成。

【第3章 习题解答】

20. 什么是 JTAG？其接口定义是什么？

21. USB 控制芯片 FT245 的功能有哪些？

22. FT245 在设计读数据的时序时要考虑哪些问题？

23. USB Blaster 电路中 MAX3378 的主要作用是什么？

24. 如何在 Quartus Ⅱ V9 版本中查看模拟波形？

25. 画出与下例实体对应的原理图符号。

```
(1)ENTITY  dcrs IS
    PORT(clk,reset: IN STD_LOGIC;
      p:OUT STD_LOGIC_VECTOR(7 DOWNTO 0));
(2)ENTITY  MUX71a IS
    PORT(sel: IN STD_LOGIC_VECTOR(2 DOWNTO 0);
      d0,d1,d2,d3,d4,d5,d6: IN STD_LOGIC_VECTOR(6 DOWNTO 0);
        p: OUT STD_LOGIC_VECTOR(7 DOWNTO 0));
(3)ENTITY  square IS
    PORT(clk,reset: IN STD_LOGIC;
      p:OUT INTEGER RANGE 0 TO 255);
```

26. 什么是 SOPC？什么是 SOC？二者有什么关系？SOPC 技术主要应用于哪几个方向？

27. 查找资料了解软件 DSP Builder 的主要功能，有人说"Altera DSP Builder 将 The MathWorks MATLAB 和 Simulink 系统级设计工具的算法开发、仿真和验证功能与 VHDL 综合、仿真和 Altera 开发工具整合在一起，实现了这些工具的集成"，这种说法对吗？

28. 除了常用的 Verilog HDL 和 VHDL 外，还有哪些硬件描述语言？

第 4 章

DSP 应用系统设计

【内容要点】

- DSP 器件的特点。
- DSP 应用系统的一般设计方法与步骤。
- 利用 CCS 软件进行 DSP 系统的 Emulator 仿真。
- 设计并调试 TMS320VC5416 最小系统。
- 设计并调试 TMS320VC5416 扩展系统。
- 设计并调试 TMS320VC5416 串行 E2PROM 自举。

【教学目标与要求】

通过本章学习，要求读者了解 DSP 的特点；掌握 DSP 具体型号选择的一般原则与方法；掌握 DSP 软件开发环境 CCS 软件的使用，特别是 Emulator 仿真的开发步骤、参数配置与调试方法；掌握 TMS320VC5416 处理器最小系统的硬件设计、测试程序编写与调试方法；掌握 TMS320VC5416 处理器扩展系统的硬件设计、测试程序编写与调试方法，以及 FLASH、CPLD、E2PROM、A/D 转换器、D/A 转换器等 TMS320VC5416 处理器常用外扩器件的使用方法；掌握 TMS320VC5416 处理器的串行 E2PROM 自举设计与调试方法。通过本章的理论学习和实验，读者将掌握以 TMS320VC5416 处理器为基础的现代 DSP 系统的软硬件设计与调试方法，并为今后设计更为复杂的现代 DSP 应用系统奠定基础。

【引言】

进入 21 世纪之后，数字化浪潮正在席卷全球，数字信号处理器（Digital Signal Processor，DSP）正是这场数字化革命的核心之一，无论其应用的广度还是深度方面，都在以前所未有的速度发展。DSP 是一种特别适合进行数字信号处理运算的微处理器，主要用于实时实现各种数字信号处理算法。在 20 世纪 80 年代以前，由于受实现方法的限制，数字信号处理的理论还不能得到广泛的应用。直到 20 世纪 80 年代初，世界上第一块单片可编程 DSP 芯片的诞生，才使理论研究成果广泛应用到实际的系统中，并且推动了新的理论和应用领域的发展。例如，图 4.1 所示是采用美国德州仪器（TI）公司高性能数字媒体 DSP（TMS320DM642）设计的多媒体会议终端系统，图 4.2 所示是采用 DSP 设计的无线网络摄像机，图 4.3 所示是中国合众达电子有限公司利用 DSP 设计的视频编解码板卡，图 4.4 所示是西安电子科技大学学生利用 DSP 设计的声波雷达小车系统。上述基于 DSP 的应用实例只是 DSP 应用的一个缩影，可以毫不夸张地讲，近几十年来 DSP 芯片的诞生及发展对通信、计算机、控制等领域的技术发展起到十分重要的作用。

图 4.1　DSP 应用系统实例 1 之实物图

图 4.2　DSP 应用系统实例 2 之实物图

图 4.3　DSP 应用系统实例 3 之实物图

图 4.4　DSP 应用系统实例 4 之实物图

【TMS320VC5416
数据手册】

【TI官方DSP
资源网址】

【TI官方CCS
资源网址】

本章主要以美国 TI 公司 C54xx 系列 DSP 中的 TMS320VC5416 处理器为例，介绍 DSP 系统设计与调试的基本方法以及多个设计实例。本章介绍的内容大致包括如下几个方面。

1. DSP 应用系统设计概述

这一部分主要介绍 3 个方面的内容：首先，介绍 DSP 器件的特点；其次，介绍针对不同的应用场所，如何合理地选择 DSP 芯片；最后，介绍 DSP 应用系统的构成特点以及设计开发的方法与步骤。通过对上述 3 方面内容的介绍，将使读者了解 DSP 器件的基本知识、选型方法及其应用系统设计方法等。

2. DSP 软件开发环境 CCS 的使用

这一部分主要介绍美国 TI 公司为其 DSP 器件专门开发的软件集成开发环境——CCS（Code Composer Studio）软件，包括两个方面的内容：首先，介绍 CCS 软件的组成、工作模式及开发流程等；然后，以实例方式介绍如何让 CCS 软件和 DSP 仿真器配合共同完成 DSP 的 Emulator 仿真。通过对本部分内容的介绍，将使读者了解 CCS 软件强大的功能和基本使用方法。

3. 多个 DSP 系统设计实例

在介绍 DSP 基础知识及其软件开发环境 CCS 之后，接下来将介绍以 TMS320VC5416 为核心的 3 个 DSP 应用系统的设计实例。这一部分将详细介绍 TMS320VC5416 的 3 个系统的软硬件设计与调试，而每一个系统设计实例均以系统功能、设计思路、系统硬件设计、系统测试软件设计、软硬件联合调试这五大部分展开说明。为了让读者能够清楚地了解 DSP 系统设计与调试的具体细节，方便读者在阅读完本章内容后能自己动手制作并调试本章所介绍的 DSP 系统，每个实例的硬件设计、软件设计及调试部分的说明都非常具体，并附有详尽的硬件原理图、PCB 图、软件程序流程图、具体程序代码、软硬件联合调试过程等。通过对上述 3 个 DSP 系统设计实例的介绍，将使读者掌握 DSP 器件应用系统软硬件设计与调试的基本方法。

4. 其他方便教学或自学的辅助内容

为方便读者利用本书进行教学或自学，本章在内容安排上秉承了本书一致的风格和思路，配备了本章内容小结、配套习题等辅助内容，并可通过扫描本章中多个二维码方便地获得多种形式的设计资源。而这些辅助内容与网络设计资源将进一步加深读者对 DSP 应用系统设计的掌握，拓展思路，培养实际动手能力，使读者有能力独立完成设计并制作满足不同应用要求的实际 DSP 应用系统。

4.1 DSP 应用系统设计概述

本节主要介绍有关 DSP 的一些基础知识，包括 DSP 的特点、DSP 的发展现状与趋势，常用 DSP 的分类与选型、DSP 应用系统的设计特点与方法。

4.1.1 DSP 的特点

Digital Signal Processing，Digital Signal Processor，Digital Signal Process 这 3 个英文短语的缩写均是 DSP，虽然三者英文简写相同，但含义有明显区别。Digital Signal Processing 一般是指数字信号处理的理论和方法（算法）。Digital Signal Processor 一般是指用于进行数字信号处理的可编程微处理器，人们常用 DSP 一词来指

【TI官方TMS320VC5416 资源网址】

通用数字信号处理器。Digital Signal Process 一般是指 DSP 技术，即采用通用的或专用的 DSP 完成数字信号处理的方法与技术，既包括数字信号处理算法的研究，又涵盖了数字信号处理的实现。

下面以美国 TI 公司 TMS320C54xx 系列 DSP 为例，简要介绍当前主流 DSP 的一些特点。

1. 采用改进的哈佛（Harvard）结构

DSP 普遍采用数据总线和程序总线分离的改进型哈佛结构，即有一条程序总线和多条数据总线，如图 4.5 所示。该结构允许在程序空间和数据空间之间相互传送数据，同时

这些数据可以由算术运算指令直接调用，从而增强了处理器的灵活性；另外，该结构提供了存储指令的高速缓冲器（cache）和相应的指令，当重复执行这些指令时，只需读入一次就可连续使用，不需要再次从程序存储器中读出，从而减少了指令执行需要的时间。正是由于改进型哈佛结构的上述特点，其比传统处理器的冯·诺伊曼结构和普通哈佛结构有更快的指令执行速度。

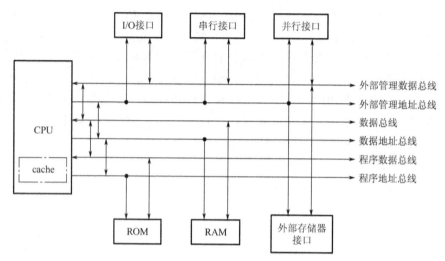

图 4.5　改进型哈佛结构示意图

2. 采用多总线结构

DSP 一般都采用多总线结构，可同时进行取指令和多个数据存取操作，并由辅助寄存器自动增减地址进行寻址，使 CPU 在一个机器周期内可多次对程序空间和数据空间进行访问，从而大大地提高了 DSP 的运行速度。如 TMS320C54xx 系列内部有 P、C、D、E 等 4 组总线，每组总线中都有地址总线和数据总线，这样在一个机器周期内可以完成如下操作：①从程序存储器中取一条指令；②从数据存储器中读两个操作数；③向数据存储器中写一个操作数。

3. 采用流水线技术

每条指令可通过片内多功能单元完成取指、译码、取操作数和执行等多个步骤，实现多条指令的并行执行，从而在不提高系统时钟频率的条件下减少每条指令的执行时间，其过程如图 4.6 所示。

4. 采用结构特殊的专用硬件乘法-累加器

为了适应数字信号处理的需要，当前的 DSP 都配有专用的硬件乘法-累加器，可在一个周期内完成一次乘法和一次累加操作，从而可实现数据的乘法-累加操作。

5. 具有多处理单元结构

DSP 内部一般包括多个处理单元，如算术逻辑运算单元（ALU）、辅助寄存器运算单元（ARAU）、累加器（ACC）及硬件乘法器（MUL）等。它们可以在一个指令周期内同时进行运算。例如，在执行一次乘法和累加运算的同时，辅助寄存器单元已经完成了下一个地址的寻址工作，为下一次乘法和累加运算做好了充分准备。因此，DSP 在进行连续的乘加运算时，每一次乘加运算都是单周期的。DSP 的这种多处理单元结构，特别适用于大量乘-加操作的矩阵运算、滤波、快速傅里叶变换（FFT）、Viterbi 译码等。许多DSP 处理单元结构还可以将一些特殊的算法，如 FFT 的位码倒置寻址和取模运算等，在芯片内部用硬件实现，以提高运算速度。

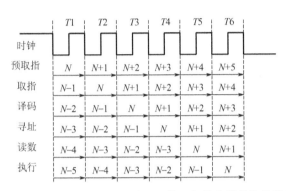

图 4.6 TMS320VC54xx 系列 DSP 的 6 级流水线操作示意图

6. 具有特殊的 DSP 指令

为了满足数字信号处理的需要，在 DSP 的指令系统中，设计了一些完成特殊功能的指令。如 TMS320C54x 系列 DSP 指令系统中的 FIRS 和 LMS 指令，专门用于完成系数对称的 FIR 滤波器和 LMS 算法。

7. 较短的指令周期

由于采用哈佛结构、流水线操作、专用的硬件乘法器、特殊的指令以及集成电路的优化设计，指令周期可在 20ns 以下。如 TMS320C54x 系列 DSP 的运算速度可达到100MIPS，即 100 百万条/秒。

8. 运算精度高

DSP 一般采用 16 位、24 位、32 位字长。为防止运算过程中溢出，有的 DSP 累加器达到 40 位。此外，一批浮点 DSP，如 TMS320C3x、TMS320C4x、ADSP21020 等，则提供了更大的动态范围。

9. 片上外设硬件配置丰富

新一代的 DSP 具有较强的接口功能，除了具有串行口、定时器、主机接口（HPI）、DMA 控制器、软件可编程等待状态发生器等片内外设外，还配有中断处理器、PLL、片内存储器、编程调试接口（JTAG）等单元电路，可方便地构成一个嵌入式自封闭控制处理系统。

10. 支持多处理器结构

为了满足多处理器系统的设计，许多 DSP 芯片都采用支持多处理器的结构。如TMS320C40 提供了 6 个用于处理器间高速通信的 32 位专用通信接口，使处理器之间可直接相互通信。

11. 具有节电管理和低功耗结构

DSP功耗一般为 0.5～4W，若采用低功耗技术可使功耗降到 0.25W，可用电池供电，适用于便携式数字终端设备。

综上所述，DSP是一种特殊的微处理器，不仅具有可编程性，而且其实时运行速度远远超过通用微处理器，其特殊的内部结构、强大的信息处理能力及较高的运行速度，是DSP最重要的特点。

4.1.2 DSP 的选型

【TI官方DSP选型资源网址】

为适应数字信号处理各种各样的实际应用，同时随着各种先进技术在DSP上的直接应用，DSP厂商生产出多种类型和档次的DSP。对型号种类纷繁的DSP进行正确的选型是利用DSP完成嵌入式系统设计的重要前提。下面以美国TI公司DSP为基础，讨论DSP芯片的选型问题。

TI公司的DSP系列产品是当今世界上最有影响的DSP。TI公司的DSP包括 C1000 系列、C2000 系列、C3000 系列、C4000 系列、C5000 系列、C6000 系列、C8000 系列、DaVinci™数字媒体处理系列，其中常用的DSP可以归纳为4大系列。

（1）面向控制的 TMS320C2000 系列，包括 TMS320C2xx/C24x/C28x 等。

（2）面向低功耗消费类电子产品的 TMS320C5000 系列，包括 TMS320C54xx/C55xx。

（3）面向高端处理的 TMS320C6000 系列，包括 TMS320C67x/C64x/C62x。

（4）面向高端数字媒体处理的 TMS320DM 系列，包括 TMS320DM64x/DM3x 等。

同一代 TMS320 系列 DSP 产品的 CPU 结构是相同的，但其片内存储器及片上外设配置有差异。

DSP的应用领域很广，但实际上没有一个处理器能完全满足所有的或绝大多数的应用需要，在采用DSP进行系统设计时需要根据系统的特点、性能要求、成本、功耗以及技术开发周期等因素进行综合考虑。一般情况下主要考虑以下几个方面的因素。

1. 系统特点

每种DSP都有自己比较适合的应用领域，在系统设计时必须根据系统的特点进行选择。以TI公司的DSP为例，C2000 系列处理器提供丰富的片上外设和事务管理器，比较适合控制领域；C5000 系列处理器具有处理速度快、功耗低、相对成本低等特点，比较适合便携设备及消费类电子设备使用；C6000 系列处理器具有处理速度快、精度高等特点，更适合图像处理、通信设备等应用领域；而 DaVinci™数字媒体处理系列处理器具有一个 C64x 或 C64x＋的 DSP 内核，同时利用 SOCs 技术在 DSP 芯片内部还嵌入 Video、DaVinci Video 或 ARM9 等其他处理器内核，因此该系列处理器适合更为复杂的媒体处理与多任务控制等高端应用领域。

2. 算法格式

数字信号处理算法有多种，不同的系统、不同的算法对算法的格式和处理的精度要求不同。浮点算法是相对较复杂的常规算法，利用浮点数据可以实现大的数据动态范围。采用浮点DSP设计系统时，一般不需要考虑数据处理的动态范围和精度，更适合采用高级语言编程，因此在软件编写方面使用浮点 DSP 比定点 DSP 更容易，但成本和功耗高。

由于成本、功耗等问题，定点 DSP 的实际应用更为广泛。工程技术人员可以通过分析和算法模拟，确定算法的动态范围和精度，然后根据确定的动态范围和精度确定选用的 DSP 类型。在采用定点 DSP 实现浮点算法时，要根据确定的动态范围和精度对数据进行合理的定标处理，这种处理必须人为参与，DSP 并不能自动识别，因此编程相对较难。

3. 系统精度

系统的精度要求直接决定采用浮点还是定点 DSP 以及处理器的数据宽度，当然可以采用较低数据宽度的处理器实现高精度的数据处理，如采用 16 位处理器实现 40 位数据的处理，但只能通过软件来实现，相应的会增加编程的难度。

4. 处理速度

处理速度是选用 DSP 时最重要的考虑因素。DSP 的速度通常是指指令周期的时间长短，也有的指核心功能如 FIR 或 IIR 滤波器的运算时间。有些 DSP 采用特大指令字组（VLIW）的结构，在一个周期内可执行多条指令。DSP 的处理速度与时钟的工作频率有密切关系。

5. 功耗

很多 DSP 被应用在手提式便携设备中，如手机、PDA、随身听、MP3 等。功耗是这些产品主要考虑的问题。很多 DSP 一方面降低处理器的工作电压，如采用 3.3V、2.5V、1.8V 的工作电压，一方面增加电源电压管理功能，比如增加"睡眠模式"，在不用时切断大部分外围设备的供电，以降低能量消耗。

6. 性能价格比

在满足设计要求条件下要尽量使用低成本 DSP，即使这种 DSP 编程难度很大而且灵活性差。在 DSP 系列中，一般越便宜的处理器功能越少，片上存储器越小，性能也比价格高的处理器差，另外封装不同的 DSP 的价格也存在差别。例如，PQFP 和 TQFP 封装比 PGA 封装要便宜得多。

7. 支持多处理器

在某些数据计算量很大的应用中，经常要求使用多个 DSP。在这种情况下，多处理器互连和互连性能（相互间通信流量、开销和时间延迟）成为重要的考虑因素。如 ADI 的 ADSP-2106X 系列处理器提供了简化多处理器系统设计的专用硬件。

8. 系统开发的难易程度

不同的应用，对开发简便性的要求不一样。对于研究样机的开发，一般要求系统工具能便于开发，因此选择 DSP 时需要考虑的因素有软件开发工具（包括汇编系统、链接系统、仿真系统、调试系统、编译系统、代码库以及实时操作系统等部分）、硬件工具（开发板和仿真器）、高级工具（如基于框图的代码生成环境）以及相应的技术支持情况。

4.1.3　DSP 应用系统的构成与开发设计过程

一个典型的 DSP 应用系统通常包括抗混叠滤波器、A/D 转换器、DSP、D/A 转换器和低通滤波器等，如图 4.7 所示。

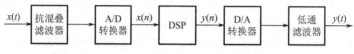

图 4.7　一个典型 DSP 应用系统的构成

一个 DSP 应用系统设计包括硬件设计和软件设计两部分。硬件设计是在算法需求分析和成本、体积、功耗核算等全面考虑的基础上完成的，典型的 DSP 应用系统硬件主要包括 DSP 与 DSP 基本系统电路、存储器电路、A/D 转换电路、D/A 转换电路、各种控制与通信电路、电源电路、时钟电路，以及为并行处理或协处理提供的同步电路等。软件设计是指设计包括信号处理算法的程序，用 DSP 汇编语言或通用的高级语言（C/C++）编写出来并进行调试。这些程序要放在 DSP 片内或片外存储器中运行，在程序执行时，DSP 会执行与 DSP 外围设备传递数据或互相控制的指令，因此，DSP 的软件与硬件设计调试是密不可分的。

一般 DSP 应用系统的设计开发过程如图 4.8 所示，主要有以下几个步骤。

1. 确定 DSP 应用系统的性能指标

设计一个 DSP 应用系统，首先要根据系统的使用目标和限制条件（如开发时间限制、经费限制、成本控制等）确定系统的性能指标与功能要求。

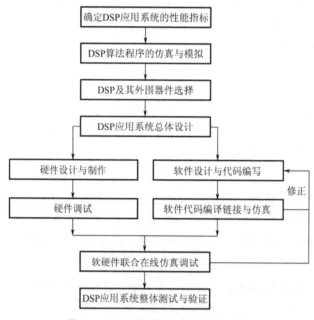

图 4.8　DSP 应用系统开发设计步骤

2. DSP 应用系统软件算法模拟与仿真

这一阶段首先应根据系统性能指标进行算法仿真和高级语言（如 MATLAB）模拟实现，通过仿真验证算法的正确性、精度和效率，以确定最佳算法，并初步确定相应的参数。其次核算算法需要的 DSP 处理能力，一方面这是选择 DSP 的重要因素，另一方面这也直接影响 DSP 应用系统的硬件结构，如采用单 DSP 还是多 DSP，并行结构还是串行结构等。最后算法还要反复进行优化，一方面提高算法的效率，另一方面使算法更加适合 DSP 的体系结构，如对算法进行并行处理的分解或流水处理的分解等，以便获得运算量最小和使用资源最少的算法。

3. DSP 及其外围器件选择

这一阶段需要选择 DSP，以及诸如存储器、通信接口、A/D 转换器、D/A 转换器、电平转换器、供电电源等 DSP 外围器件。DSP 芯片是整个应用系统的核心，因而对它的选择至关重要。选择 DSP 芯片时，应从具体应用要求出发，结合算法模拟仿真结果选择合适的 DSP 芯片型号。

4. DSP 应用系统总体设计

这一阶段需在前面几个阶段的基础上进一步确立系统硬件的总体原理框架，设计软件与算法的程序流程，从而为后面系统的硬件设计和软件设计奠定基础。

5. DSP 应用系统硬件设计与调试

DSP 应用系统硬件设计可以简单分成两大部分，即 DSP 最小系统硬件设计和 DSP 扩展系统硬件设计。DSP 最小系统主要完成系统核心的运算处理功能，其硬件设计主要考虑让 DSP 能方便地进行在线调试并能独立运行起来，常用的电路设计包括供电电路、时钟电路、模式选择电路、存储器（EPROM/FLASH ROM）电路、JTAG 仿真调试电路、复位电路等。DSP 扩展系统主要完成系统的具体应用功能，其设计主要以实际应用背景和要求为出发点，考虑使得 DSP 最小系统可以通过 DSP 扩展系统的硬件设计，方便稳定地与外部环境或者其他处理器进行数据通信、控制操作或其他处理，主要电路设计包括 A/D 电路、D/A 电路、通信接口电路、电平转换电路、FPGA/CPLD 逻辑电路、RAM 存储电路、显示输出电路、按键输入电路等。

在进行 DSP 最小系统硬件和扩展系统硬件设计时，要根据选定的主要元器件绘制电路原理图、设计电路印制电路板、制板、器件安装焊接，以及电路调试等。硬件设计涉及较多的电路技术，这里要强调的是，在进行 DSP 硬件设计时，要注意 DSP 和 FPGA/CPLD 的结合使用。在一个 DSP 应用系统电路中，由于 DSP 的 I/O 引脚数有限，可以把大量的数字接口电路转移到 FPGA/CPLD 中完成。FPGA/CPLD 通常负责以下功能：计数、译码、状态机、接口、电平转换、加密等功能。由于 FPGA/CPLD 具有硬件可编程的优点，因此，即使电路板设计有错误，也不必在板上飞线或重新制板，只要在 FPGA/CPLD 中直接修改程序就可以了。

DSP 硬件设计与软件设计联系密切，在进行硬件调试时，除了进行一般的电气检测调试外，还需要利用 DSP 测试软件与 DSP 仿真器配合进行硬件功能测试。例如，对设计的 DSP 异步串行通信电路进行调试，在异步串行通信电路的电气特性检测调试正常后，还需要进一步编写相应的测试程序，并通过 DSP 仿真器将测试程序下载到系统硬件中实际运行调试，以确认异步串行通信电路的硬件设计、器件焊接和实际功能是否均没有问题。

6. DSP 应用系统软件设计与调试

软件设计可大致分为以下 3 个阶段。

（1）用汇编、C 或 C++语言编写程序代码，再用 DSP 专用开发工具软件（本书介绍 TI 公司的 CCS 软件）编译链接成可执行的代码。

（2）用 DSP 专用开发工具软件上的 DSP 软件模拟器进行 Simulator 仿真（软件仿真），以调试并验证 DSP 应用程序与算法。这时，DSP 不能从外部得到实际数据，通常的做法是：用户自编 PC 测试程序，产生一个模拟数据文件，放在 DSP 的存储器中，再将 DSP 对这些数据的处理结果显示在 PC 上或输出到一个文件中，将其与期望的结果进行对比。模拟器可以观察到 DSP 内部所有控制/状态寄存器和片内/片外存储器中的内容，也可以对这些内容进行修改。

（3）通过 DSP 专用开发工具软件与 DSP 仿真器对实际的 DSP 应用系统电路板进行在线 Emulator 仿真（硬件仿真）。仿真器的软件界面及调试方法和模拟器一样，但由于它是直接对 DSP 系统进行调试的，因此 DSP 的运行效果更加真实，也能得到 DSP 和外围设备数据交换的真实效果。使用仿真器时，同样可以单步调试或让 DSP 全速运行。这里需要强调两点：第一，由于 DSP 软件和硬件密切相关，因此两者基本内容的设计应同时进行。一般来说，开发 DSP 系统时，在电路原理图设计的同时就应该开始软件设计。在等待印制电路板制作时继续软件设计，并用模拟器进行实时调试。第二，在软件、硬件设计时应留有较大的设计余量，包括选择的 DSP 在速度、存储容量上应有足够的余量，同时，硬件上可以采用现场可编程器件（FPGA/CPLD）和若干跳线开关等措施来保证电路板修改时不必飞线，还应考虑在高密度电路板上加易于测试的探测点或指示灯等。

7. DSP 应用系统软硬件在线综合调试

充分利用 DSP 仿真器和软件开发环境对 DSP 进行联调。对于 DSP 外围器件的信号测量，还要借助于示波器或逻辑分析仪等测量工具进行信号测量。当软、硬件的联调满足要求后，还需要将程序固化到系统中。TI 公司提供了相关程序可将由 CCS 软件开发环境生成的 COFF 文件转化为一般编程器能支持的 HEX 或 BIN 格式，并写入 EPROM/FLASHROM 中。将代码固化后，DSP 电路板就可以脱离仿真器独立运行了，对系统的完整测试和验证也应在这种条件下进行。

8. DSP 应用系统的测试与验证

系统的硬件和软件全部设计完成后，还需要对系统进行完整的测试和验证，包括以下几方面：第一，对系统功能和系统技术指标进行验证与测试。如果满足设计要求，证明设计思路是正确的。如果没有达到预期目标，必须重新进行调试，必要时需要重新设计与研制。第二，系统软件的完善性测试，一个 DSP 方案设计完毕后应提交给用户使用，在使用过程中进行系统功能的完善和修改。如果系统具有较好的智能化和可程控性，很多修改工作可以通过完善系统软件来实现。第三，其他测试与验证，包括软件可靠性验证，硬件可靠性验证，自检与自诊断能力验证，环境实验，如冲击实验、温度实验以及老化实验等。

4.2　DSP 软件开发环境 CCS 的使用

【TI官方CCS应用引导资源网站】

Code Composer Studio（CCS）是 TI 公司推出的用于开发 DSP 芯片的软件集成开发环境，它采用 Windows 风格界面，集编辑、编译、链接、软件仿真、硬件仿真以及实时跟踪等功能于一体，极大地方便了 DSP 芯片的开发与设计，是目前使用很广泛的 DSP 开发软件之一。本节将以 CCS V5.5 版本软件为例，介绍 CCS 集成软件开发环境的基本情况，并以实例方式说明 CCS 软件配合 DSP 仿真器进行 Emulator 仿真调试 DSP 应用程序的一般过程和方法。

4.2.1　CCS 基本情况简介

一直以来，CCS 软件在业界被誉为是针对 DSP 开发的最全面的软件集成开发环境，它始终配合 TI 公司的 eXpressDSP 软件与开发工具推动技术创新，帮助编程器实现更出色的控制、优化调试与分析工作。

CCS 5.5 软件是 CCS 软件的较新版本，支持 TI 公司的 DSP、微控制器等多种类型处理器的开发。CCS 5.5 软件包括一套用于开发与调试嵌入式应用的软件工具，包括编译器、代码编辑器、工程编译环境、调试器、分析器、仿真器及众多其他功能，并为用户应用程序开发流程的每一步提供了一个简洁统一的用户界面。CCS v5.5 软件由于采用了开源的 Eclipse 软件框架，因此，该版本软件兼具 Eclipse 软件框架的优势和 TI 公司先进的嵌入式调试技术，从而为满足需求日益多样化、开发日益复杂化的 DSP 应用系统开发，提供了一款比以往功能更丰富、更强大的软件开发环境。CCS v5.5 软件主要具有如下特点：先进的内存窗口技术允许用户检查每个级别的内存，从而可以帮助用户调试复杂的缓存一致性问题；全局断点和同步操作技术提供了对多个处理器的有效控制，从而可实现对多处理器复杂系统的开发；交互式分析器能快捷地测量程序代码的性能，快速确认目标资源在调试与开发中的使用效率，从而使得开发者可以集中精力优化使用率较高的代码；可自动完成通用任务的完整脚本环境，允许测试与性能标记等重复性任务的自动工作；具备多项图像分析与图形化显示功能，甚至也能查看 YUV 或 RGB 格式的视频数据；支持 C/C++ 的编译器，针对所有支持的架构，既支持软件流水线、指令预测、基于成本的寄存器分配、函数内联化、公共子表达式消除等细节优化，又支持应用程序级别的程序优化；具有多个仿真器（Simulator），支持对指令周期、速率与外设模拟的全面评价，一些模拟器适合算法评估，另一些模拟器则更适合精细的系统模拟；具备支持 IEEE 1149.1（JTAG）协议与边界扫描、非侵入性的寄存器和内存访问、实时调试模式、多核操作、高级事件触发、跟踪等先进的硬件仿真（Emulation）功能；支持两种实时操作系统，包括针对 DSP 处理器的带优先级多任务实时操作系统 DSP/BIOS 5.4x，针对 ARM、C674x 等处理器的先进可扩展实时操作系统 BIOS 6.x。因此，利用 CCS 开发 DSP 应用系统可提高开发工作效率，节约开发时间与成本，加速新产品进入市场。

下面简要介绍 CCS 5.5 的组成、工作模式、开发流程以及主要工作界面等基本知识。

1. CCS 的组成

如图 4.9 所示，CCS 软件开发系统由以下基本组件构成。

1）代码产生工具

代码产生工具用来对 C 语言、汇编语言或混合语言编程的 DSP 源程序进行编译，并链接成为可执行的 DSP 程序。代码产生工具主要包括汇编器、链接器、C/C++编译器和建库工具等。CCS 5 软件代码产生工具包括 TMS320C28xx 系列、TMS320C54x 系列、TMS320C55xx 系列、TMS320C64xx 系列、TMS320C66xx 系列、TMS320C67xx 系列等。

2）CCS 集成开发环境

CCS 集成开发环境集编辑、编译、链接、软件仿真、硬件调试和实时跟踪等功能于一体，包括编辑工具、工程管理工具和调试工具等。

3）DSP/BIOS 实时内核插件及其应用程序接口（API）

DSP/BIOS 实时内核插件及其应用程序接口主要为实时信号处理应用而设计，包括 DSP/BIOS 的配置工具、实时分析工具等。

4）实时数据交换的 RTDX 插件和相应的程序接口（API）

实时数据交换的 RTDX 插件和相应的程序接口可对目标系统数据进行实时监视，实现 DSP 与其他应用程序的数据交换。

5）由 TI 公司以外的第 3 方提供的应用模块插件

由 TI 公司以外的第 3 方提供的应用模块插件可方便用户扩展和丰富 CCS 的功能，能有效解决不同用户对于 CCS 的不同使用要求。

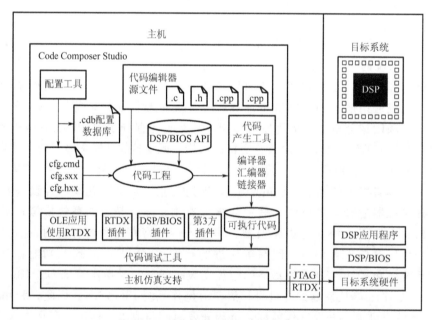

图 4.9 CCS 软件开发系统示意图

2. CCS 的工作模式

CCS 有两种工作模式，分别是软件仿真模式（Simulator 仿真）和硬件仿真模式（Emulator 仿真）。软件仿真模式不需要 DSP 芯片等硬件配合，直接通过 CCS 软件模拟 DSP 的指令集、工作流程与机制，主要用于 DSP 应用系统开发前期算法的实现、验证与仿真调试。硬件仿真模式需要 DSP 目标板、DSP 仿真器等硬件配合，可实现 DSP 应用程序在 DSP 芯片上的在线编程、运行和调试。

3. CCS 的开发流程

CCS 为用户提供了环境配置、源文件编辑、程序调试、跟踪和分析等工具，极大地方便了 DSP 程序的设计与开发，用户可以在一个软件环境下完成编辑、编译、链接、调试和数据分析等工作。利用 CCS 集成环境开发 DSP 应用程序的流程如图 4.10 所示，分为如下 4 步。

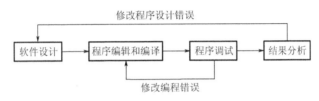

图 4.10　CCS 开发流程

（1）软件设计。主要包括程序模块的划分、算法和流程的确定以及执行结果的预测等工作。

（2）程序编辑和编译。主要进行工程文件的创建，编写头文件，配置文件和源程序，使用汇编器和 C 编译器进行编译，排除语法、变量定义等错误。

（3）程序调试。利用 CCS 软件的调试工具，采用单步执行、设置断点和探测点等手段对应用程序进行调试。

（4）结果分析。利用 CCS 软件提供的分析工具，对应用程序运行的结果进行分析，如用图形显示数据或统计运行时间等。若算法不能满足要求，则需重新进行软件设计。

另外，在利用 CCS 开发 DSP 应用程序之前，还需完成下列准备工作。

1）安装 CCS 软件

CCS 软件的安装比较简便，但是需要注意软件安装路径中不要出现中文或空格字符，否则软件在编译、链接时会出现错误。

CCS 5.5 软件安装完成后，会在计算机桌面出现图 4.11 所示的快捷方式图标，单击该图标即可启动 CCS 软件工作主界面。

2）安装目标板、DSP 仿真器和驱动程序

DSP 目标电路板和仿真器的正确安装连接，以及相应驱动程序的正确安装是进行 DSP 硬件仿真调试的前提。设计的目标板不同，DSP 仿真器的生产厂家和类型不一样，那么目标电路板和仿真器的安装连接可能有差别，相应驱动程序的安装设置可能也有区别，安装设置时应注意，否则可能不能实现 DSP 硬件仿真，甚

图 4.11　CCS 5.5.0 软件快捷方式图标

【TI官方XDS1000
仿真器设计
资源网址】

【TI官方XDS100
系列V2版仿真器
设计资料】

【TI官方XDS100
系列V3版仿真器
设计资料】

至烧坏目标电路板或仿真器。当然，如果只是利用 CCS 软件进行软件仿真调试，则不用执行这一步骤，但是需要说明的是，DSP 软件仿真不能替代硬件仿真，硬件仿真可以进行 DSP 系统的在线调试，能真实地测试出 DSP 目标板的实际运行情况。当前，市面上可供选择的 DSP 仿真器类型较多，包括 XDS510 系列仿真器、XDS560 系列仿真器、XDS100 系列仿真器、XDS200 系列仿真器等，其中 XDS510 系列仿真器是使用较早的一批仿真器，XDS100 系列仿真器是近年来性价比较高、使用较多的仿真器，而 XDS560 系列与 XDS200 系列等仿真器虽然性能更好，但由于价格较高，其普及受到一定限制。表 4－1 以 XDS510 系列与 XDS100 系列两类使用最为广泛的仿真器为例，对不同类型仿真器的优缺点与选型建议进行了简要介绍。由表 4－1 容易发现 XDS100 系列 V3 版在仿真性能与性价比上均较为适中，同时考虑到当前主流的计算机大多采用 64 位的 Windows 10 操作系统，而 CCS 5 以下版本软件不支持 64 位的 Windows 10 操作系统，因此，XDS100 系列 V3 仿真器是当前比较适合 CCS 5 以上版本软件开发的高性价比仿真器。另外，TI 公司在自己的官网完全公开了 XDS100 系列仿真器的相关设计资料，开发者可利用相关设计资料自制 XDS100 系列仿真器，也可将该仿真器固化于自己的 DSP 应用系统上，从而使得系统 DSP 应用程序的下载、调试及升级更为方便。

表 4－1　XDS510 系列与 XDS100 系列 DSP 仿真器对比

仿真器型号	XDS510 系列	XDS100 系列 V2 版	XDS100 系列 V3 版
优点	有专用的 JTAG 仿真芯片，仿真下载速度快，在 32 位操作系统中应用最早、最广泛	成本低，性价比高，支持 CCS 软件版本多	成本低，性价比高，程序下载速度比 XDS100 系列 V2 版快
缺点	对新版 CCS 软件支持少，只支持到 CCS 4.12 版	仿真下载速度较慢	不支持低版本 CCS 软件，如不支持 CCS 3.3 和 CCS 4.x
选型建议	习惯使用 CCS 3.3～CCS 4.12 软件版本的开发者	习惯使用 CCS 4 及以上软件版本的开发者	习惯使用 CCS 5 及以上软件版本的开发者

3）CCS 软件工作环境配置

在进入 CCS 软件集成开发环境工作主界面进行 DSP 程序开发前，必须对 CCS 软件工作环境进行正确的设置，如进行硬件仿真模式或软件仿真模式选择、目标板类型选择与参数设置、DSP 类型选择与参数设置等。

用鼠标双击计算机桌面图 4.11 所示的 CCS 5.5.0 快捷方式图标即可启动 CCS 软件，并会出现图 4.12 所示的 CCS 启动界面，进而会出现图 4.13 所示的 CCS 工作空间配置界面。用户选择好工作空间路径并单击"OK"按钮后，会出现图 4.14 所示的 CCS 工作主界面。此时，用户既可通过 CCS 工作主界面右侧的"TI 资源浏览器"在线学习 CCS 软件的基本知识与使用方法，也可直接开始 DSP 应用程序在 CCS 软件上的开发工作。

图 4.12 CCS v5.5 软件的启动界面

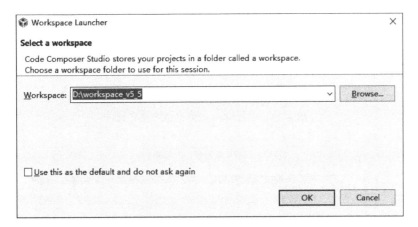

图 4.13 CCS v5.5 软件的工作空间配置界面

4. CCS 软件工作主界面的常用窗口、工具条和菜单

首次运行 CCS 软件会出现图 4.14 所示的工作主界面，实际中用户可以根据自己的喜好与开发要求自主配置主界面的窗口、工具条和菜单。一种包含常见窗口、工具条和菜单的工作主界面如图 4.15 所示，主要包括主菜单、工具条、工程窗口、源程序编辑窗口、图形显示窗口、存储器窗口、寄存器窗口、反汇编窗口、信息提示窗口等。主菜单位于 CCS 软件主界面的顶部，采用下拉菜单的方式提供了 CCS 软件所有操作与设置的菜单选项，包括文件子菜单、编辑子菜单、视图子菜单、工程子菜单、工具子菜单、调试子菜单、Scripts 子菜单、窗口子菜单以及帮助子菜单。工具条如图 4.15 虚线框中所示，提供了 CCS 软件常用操作与设置的快捷工具按钮。工程窗口用来组织用户程序，并构成一个工程项目。用户可以从工程列表中选择所需编辑和调试的程序。在源程序编辑窗口，用户既可以编辑源程序，又可以设置断点、探测点调试程序。图形显示窗口可以根据用户需要，以图形的方式显示数据。存储器窗口用来查看、编辑存储器单元。寄存器窗口用来查看、编辑 CPU 寄存器。反汇编窗口用来帮助用户查看机器指令，查找错误。信息提示窗口用于显示各种运行、调试提示信息。

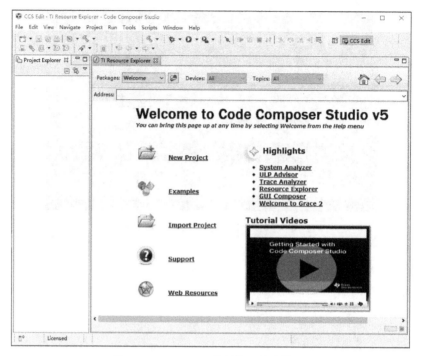

图 4.14　CCS v5.5 软件的工作主界面

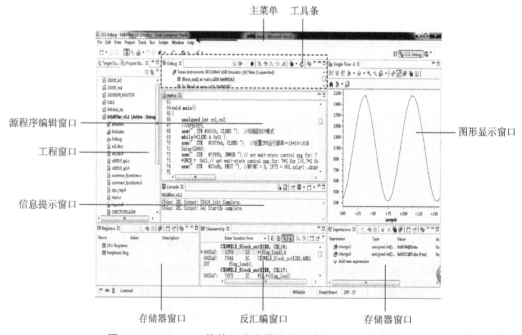

图 4.15　CCS v5.5 软件工作主界面常用窗口、工具条和菜单

下面将以实例形式介绍 CCS Emulator 的一般使用方法和完整步骤，以求抛砖引玉。

4.2.2　CCS Emulator 实例

【序列DFT运算的CCS Emulator调试】

本节将以一个实现时域离散信号 DFT 变换算法的 DSP 程序为例，介绍 DSP 硬件仿真 CCS Emulator 的一般使用方法和步骤。

【例 4 - 1】　利用 CCS 软件的 Emulator 仿真并验证基于 TMS320VC5416 DSP 处理器的 DFT 变换算法的正确性。硬件仿真的具体要求如下：①计算时域离散信号 $x(n) = \{10，10，10，10，10，10\}$ 的 64 点 DFT 变换 $X(k)$，并计算其幅度谱；②配置 CCS 软件工作环境为 TMS320VC5416 DSP Emulator 工作模式；③以 TMS320VC5416 最小系统为目标板（其硬件设计将在 4.3 节详细介绍），利用 USB 接口 XDS100v3 仿真器进行硬件仿真；④在 CCS 软件中建立名为 DFT 的工程项目；⑤以函数形式编写 DFT 变换程序代码；⑥在 CCS 软件中编译、链接并运行 DFT 工程项目；⑦在 CCS 软件的图形化窗口中显示 DFT 变换的 CCS 软件仿真结果，即 DFT 变换输出信号 $X(k)$ 的幅度谱；⑧将 CCS 软件仿真结果与 MATLAB 高级语言仿真结果进行比较。

由于利用 MATLAB 软件实现时域离散信号 $x(n)$ 的 64 点 DFT 变换较简单，通过调用 MATLAB 中自带的 FFT 函数即可方便快捷地完成 DFT 变换的仿真，所以下面先给出 MATLAB 实现上述 DFT 变换的仿真程序代码和结果。MATLAB 仿真结果如图 4.16 所示。

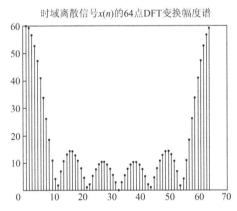

图 4.16　时域离散信号 $x(n)$ 的 64 点 DFT 变换 MATLAB 仿真图

【DFT运算的MATLAB 仿真程序代码文件】

MATLAB 仿真程序代码如下（读者可通过扫描本章中的相关二维码获取本例中的 MATLAB 程序代码）：

```
X= [10,10,10,10,10,10];
X= fft(X,64);
stem(abs(X),'.');
title('时域离散信号 x(n)的 64 点 DFT 变换幅度谱');
```

CCS Emulator 的操作过程大致包括创建工程项目、安装目标板和仿真器并配置参数、对工程项目进行编译链接、工程项目仿真调试以及结果的图形化显示 4 个步骤，下面分步骤给出利用 CCS 软件 Emulator 实现上述 DFT 变换硬件仿真的详细过程。

1. 创建工程项目

CCS v5.5 软件以工程项目形式来管理与实施 DSP 应用程序的开发，其创建工程项目的一般流程如下：首先，用鼠标双击图 4.11 所示的计算机桌面快捷方式图标 Code Composer Studio 5.5.0，进入图 4.14 所示的 CCS 软件工作主界面；然后，在工作主界面上方的主菜单中选择 File/New 命令并选择 CCS Project 选项，进入图 4.17 所示名为"New CCS Project"的新建 CCS 工程对话框；进而，在新建 CCS 工程对话框中，根据 DSP 开发实际情况输入或选择相应 CCS 工程项目信息，并通过单击 Finish 按钮完成创建 CCS 工程项目模板；最后，在新创建的 CCS 工程项目模板中添加 DSP 源程序文件，编写程序代码，完成整个 CCS 工程项目的创建。上述流程可简单总结为先创建 CCS 工程项目模板，然后在工程项目模板中添加或编写 DSP 源程序代码文件。

创建 CCS 工程项目模板需在图 4.17 所示新建 CCS 工程项目对话框中，根据 DSP 开发实际需要设置相应工程信息。在本实例中，新建 CCS 工程项目对话框的具体设置如下：在 Project name 文本框中输入工程名称"DFT"，在 Variant 文本框中选择 DSP 处理器系列为"C541x"，选择具体处理器为"TMS320C5416"，在 Connection 文本框中选择仿真器型号为"Texas Instruments XDS100v3 USB Emulator"，在 Projet templates and examples 文本框中选择工程模板为"Empty Project（with main. c）"。上述新建 CCS 工程项目信息设置完毕后，单击 Finish 按钮即可生成图 4.18 所示的 CCS 工程项目界面，并在界面左侧 Project Explorer 栏内出现名为"DFT"的工程项目。到此，名为"DFT"的 CCS 工程项目模板即创建完毕，用户可在此基础上开始添加或编写 DSP 源程序代码文件的工作。

图 4.17 新建 CCS 工程项目的软件界面

在本实例中，需要创建或编写 4 个源程序代码文件，分别是名为"VC5416.cmd"的链接命令文件、名为"MAIN.c"的主程序 C 文件、名为"VECTORS.asm"的中断矢量汇编程序文件及名为"CPU_REG.h"的 DSP 寄存器定义头文件。如图 4.18 所示，新建的名为"DFT"的 CCS 工程项目中已存在 VC5416. cmd 和 main. c 2 个文件，因此，用户只需按实际需要对这两个文件输入或修改其中的程序代码即可，而 VECTORS. asm 与 CPU_REG. h 文件则需要新建。在这里以头文件 CPU_REG. h 的创建为例，说明程序文件创建过程。在 CCS 软件的工作主界面，选择主菜单 File＞＞New＞＞Header File 命令（或单击 NEW 工具按钮）出现如图 4.19 所示对话框，在 Header file 文本框中输入"CPU_REG. h"并单击 Finish 按钮，会在工程项目中出现刚刚新建的空白模板头文件，在该空白模板头文件中编写本实例中要用到的 DSP 寄存器定义相关程序代码，即可完成 CPU_REG. h 文件的创建。本例中，新建的 CPU_REG. h 头文件程序代码如下：

```
# ifndef CPU_REG_H_
# define CPU_REG_H_
# define CLKMD  (unsigned int * )0x58
# endif
```

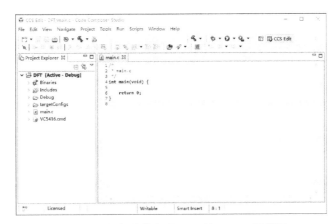

图 4.18　新创建的名为 DFT 的 CCS 工程项目

图 4.19　新建头文件界面

按照 CPU_REG.h 文件的创建步骤，同样可以方便地完成 VECTORS.asm 文件的创建。在本例中，新建的 VECTORS.asm 文件程序代码如下：

```
.ref _c_int00
.sect ".vectors"
rs:       BD _c_int00
          nop
          nop
nmi:      rete
          nop
          nop
          nop
sint17:   rete
          nop
          nop
          …(注意：限于篇幅,此处将很多中断的跳转代码省略掉了)
rsvd1: rete
          nop
          nop
rsvd2: rete
          nop
          nop
```

在本例中，DFT 工程项目中已有的 VC5416.cmd 文件提供了一套 TMS320VC5416 处理器的链接命令模板代码，用户只需要根据自己的 DSP 目标板的实际硬件资源情况与开发需要修改模板代码即可。在本例中，修改后的 VC5416.cmd 程序代码如下：

```
MEMORY
{
    PAGE 0:
    EXT1: o = 0x00000  l = 0x00080  //external or reserved(OVLY= 1)
    VECT: o = 0x00080  l = 0x00080
    DARAM0: o = 0x00100  l = 0x01F00  //8kW external or DARAM(OVLY= 1)
    DARAM1: o = 0x02000  l = 0x01000  //8kW external or DARAM(OVLY= 1)
    DARAM2: o = 0x04000  l = 0x02000  //8kW external or DARAM(OVLY= 1)
    DARAM3: o = 0x06000  l = 0x02000  //8kW external or DARAM(OVLY= 1)
    EXT2:   o = 0x08000  l = 0x04000  //external
    EXT3:   o = 0x0C000  l = 0x03F80  //external or ROM(MP/MC= 0)
    VECS:   o = 0x0FF80  l = 0x00080  //Interrupt vectors
    DARAM4: o = 0x18000  l = 0x02000  //8kW external or DARAM4(OVLY= 1)
    DARAM5: o = 0x1A000  l = 0x02000  //8kW external or DARAM5(OVLY= 1)
    DARAM6: o = 0x1C000  l = 0x02000  //8kW external or DARAM6(OVLY= 1)
    DARAM7: o = 0x1E000  l = 0x02000  //8kW external or DARAM7(OVLY= 1)
    SARAM0: o = 0x28000  l = 0x02000  //external or SARAM0(MP/MC= 0)
    SARAM1: o = 0x2A000  l = 0x02000  //external or SARAM1(MP/MC= 0)
    SARAM2: o = 0x2C000  l = 0x02000  //external or SARAM2(MP/MC= 0)
```

```
    SARAM3: o =  0x2E000  l =  0x02000  //external or SARAM3(MP/MC= 0)
    SARAM4: o =  0x38000  l =  0x02000  //external or SARAM4(MP/MC= 0)
    SARAM5: o =  0x3A000  l =  0x02000  //external or SARAM5(MP/MC= 0)
    SARAM6: o =  0x3C000  l =  0x02000  //external or SARAM6(MP/MC= 0)
    SARAM7: o =  0x3E000  l =  0x02000  //external or SARAM7(MP/MC= 0)
    PAGE 1:
    MMR:    o =  0x00000  l =  0x00060  //Memory mapped registers
    SPRAM:  o =  0x00060  l =  0x00020  //32W scratch- pad RAM
    DARAM0: o =  0x00080  l =  0x01F80  //8kW DARAM0
    DARAM1: o =  0x02000  l =  0x02000  //8kW DARAM1
    DARAM2: o =  0x04000  l =  0x02000  //8kW DARAM2
    DARAM3: o =  0x06000  l =  0x02000  //8kW DARAM3
    DARAM4: o =  0x08000  l =  0x02000  //8kW external or DARAM4(DROM= 1)
    DARAM5: o =  0x0A000  l =  0x02000  //8kW external or DARAM5(DROM= 1)
    DARAM6: o =  0x0C000  l =  0x02000  //8kW external or DARAM6(DROM= 1)
    DARAM7: o =  0x0E000  l =  0x02000  //8kW external or DARAM7(DROM= 1)
}
SECTIONS
{
    .vectors      > VECT   PAGE 0
    .coefs        > DARAM2 PAGE 1
    .text         > DARAM0 PAGE 0
    .switch       > DARAM0 PAGE 0
    .cinit        > DARAM0 PAGE 0
    .data         > DARAM2 PAGE 1
    .bss          > DARAM2 PAGE 1
    .stack        > DARAM2 PAGE 1
    .const        > DARAM2 PAGE 1
    .sysmem       > DARAM2 PAGE 1
    .cio          > DARAM2 PAGE 1
}
```

在本例中，将 DFT 工程项目中已有的 MAIN. c 文件加入 DFT 相关运算的程序代码如下：

```
# include "cpu_reg. h"
# include "math. h"
# define  pi  3. 1415927
# define  N   64
double   dft_input_data[64],dft_output_data[128];
double   dft_output_data_amplitude[64];
```

```c
void DFT(double * x,int m);
void main(void)
{
    int   i;
    //DSP 处理器寄存器初始化
    asm(" STM # 0000h,CLKMD ");//切换到 DIV 模式
    while( * CLKMD & 0x01 );
    asm(" STM # 50c7h,CLKMD ");//设置 CPU 运行频率
    asm(" STM # 7e08h,SWWSR ");//设置 DSP 外设等待周期
    asm(" STM # 00A8h,PMST ");  //设置 MP/MC = 0,IPTR = 001,OVLY= 1,DROM= 1
    asm(" STM # 0000h,BSCR ");  //设置 CONSEC= 0,DIVFCT= 0,HBH= 0,BH= 0
    //DFT 变换输入数据初始化
    for(i= 0;i< 6;i+ + )
    {
        dft_input_data[i] = 10;
    }
    for(i= 6;i< 64;i+ + )
    {
        dft_input_data[i] = 0;
    }
    //DFT 变换输出数据初始化
    for(i= 0;i< 128;i+ + )
    {
        dft_output_data[i] = 0;
    }
    //调用 DFT 变换函数,对输入数据进行 N 点 DFT 运算
    DFT(dft_input_data,N);
    //对 DFT 运算结果 dft_output_data 进行取幅度运算处理
    for(i= 0;i< N;i+ + )
    {
        dft_output_data_amplitude[i]= sqrt(pow(dft_output_data[2* i],2)+
            pow(dft_output_data[2* i+ 1],2));
    }
    while(1)
    {
    };
}
void DFT(double * x,int m)
{
    int k,n;
    for(k= 0; k< m; k+ + )
```

```
    {
        for(n= 0; n< m; n+ + )
        {
          dft_output_data[k* 2] + = x[n]* cos(2* pi* k* n/m);
          dft_output_data[k* 2+ 1] + = x[n]* sin(- 2* pi* k* n/m);
        }
    }
}
```

图 4.20 展示了 DFT 工程项目所有 4 个程序文件创建或修改完成后的效果（读者可通过扫描本章中的相关二维码获取本例中 DFT 工程项目的全部程序代码）。此后，用户可以在此基础上进行编译、链接、程序下载与仿真等后续开发。

【DFT运算的CCS软件
工程项目文件】

2. 安装目标板、仿真器

1）目标板与仿真器的硬件安装

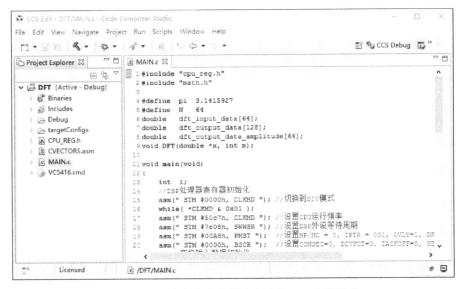

图 4.20 所有程序文件创建完成的 DFT 工程项目

在本例中，DSP 目标板采用了将在 4.3 节介绍的 TMS320VC5416 最小系统板。该目标板如图 4.21 所示，主要由 TMS320VC5416 DSP 芯片、E2PROM 电路、复位电路、时钟电路、LED 电路、工作模式选择电路、JTAG 接口电路、USB 供电与调压电路、扩展接口电路等构成。DSP 仿真器采用了按照 TI 公司标准与设计资料自制的 XDS100v3 型仿真器，如图 4.22所示，主要由 JTAG 连接线、USB 连接线和仿真器主体盒构成。DSP 目标板与仿真器的硬件互联十分简单，仅需将仿真器的 JTAG 连接线与目标板的 JTAG 接口对应相连即可，如图 4.23 所示。硬件连接完成后，还需要通过目标板的工作模式选择电路来配置 DSP 的工作状态。

图 4.21　最小系统目标板正面与背面实物图

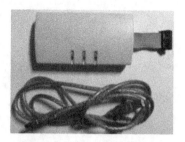

图 4.22　DSP 仿真器实物图

图 4.23　目标板与仿真器连接实物图

2）目标板与仿真器的 Emulator 仿真模式配置与连接测试

对于已创建完毕的 CCS 工程项目，要进行目标板与仿真器的 Emulator 仿真模式配置与连接测试，可按如下步骤实现：在图 4.20 所示的 CCS 软件工作主界面 Project Explorer 栏内，选择 targetConfigs 选项并选中其下的"TMS320C5416.ccxml［Active］"子选项，此时，工作主界面的右侧会出现如图 4.24 所示的目标板与仿真器的配置界面；在图 4.24 所示目标板与仿真器的配置界面 Basic 页面内，用户可在 Connection 下拉菜单中选择 DSP 仿真模式与仿真器类型，可在 Board or Device 下拉菜单中选择 DSP 目标板或处理器类型，并单击 Save 按钮保存设置；在图 4.25 所示目标板与仿真器的配置界面 Advanced 页面内，用户可对连接属性、器件属性、CPU 属性的具体参数进行设置，并单击 Save 按钮保存设置；所有仿真参数配置完毕后，可通过单击 Basic 或 Advanced 页面内的 Test Connection 按钮对目标板、仿真器与 CCS 软件三者之间的连接情况进行测试，并通过图 4.26 所示的对话框显示连接测试结果。如果连接测试结果如图 4.26 所示，则表明目标板、仿真器与 CCS 软件三者连接成功，可以对 DSP 应用程序开展 Emulator 仿真工作，否则需仔细检测目标板与仿真器的硬件连接情况以及 CCS 软件的相关配置是否正确，并重新进行连接测试直到连接测试成功。

在本例中，图 4.24 所示 Basic 页面内的 Connection 下拉菜单应选择 Texas Instruments XDS100v3 USB Emulator 选项，Board or Device 下拉菜单中应选择 TMS320C5416 选项；图 4.25 所示 Advanced 页面中的连接属性栏内 The Emulator 1149.1 Frequency 下拉菜单中推荐选择 Fixed with user specified slower value 选项，并在 Enter a value from 488Hz to 1.0MHz 文本框中输入"500KHz"，以保证 XDS100v3 仿真器与 DSP 目标板的正常连接与工作。另外需要说明的是，本例 DFT 工程项目创建时已对处理器型号、仿真器类型等进行了设置，因此，这里无需对图 4.24 所示 Basic 页面内的 Connection 下拉菜单与 Board or Device 下拉菜单的设置进行更改。

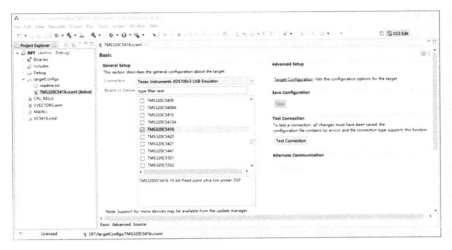

图 4.24 目标板与仿真器的"Basic"配置界面

图 4.25 目标板与仿真器的"Advanced"配置界面

3. 对工程项目进行编译链接

在 CCS 软件工作主界面选择 Project＞＞Build All 命令（或直接单击工具条中 Build 按钮），即可一次性完成整个工程项目所有程序代码文件的编译与链接，且软件工作界面底部信息窗口伴随显示编译链接提示信息。若编译链接没有错误，将生成 .out 后缀的二进制程序代码输出文件，并在 CCS 工作主界面的 Project Explorer 栏内出现 Binaries 与 .out 后缀文件条目，而本例在 CCS 软件生成的名为 DFT.out 文件条目信息如图 4.27 所示。若出现错误，可根据信息提示窗口提供的错误信息，对源程序进行修改，然后重新编译，直到编译成功，生成 .out 后缀的二进制程序代码输出文件为止。

4. 工程项目的调试与结果的图形化显示

工程项目编译链接成功并生成 .out 后缀文件后，就可以向 DSP 目标板装载 .out 后缀

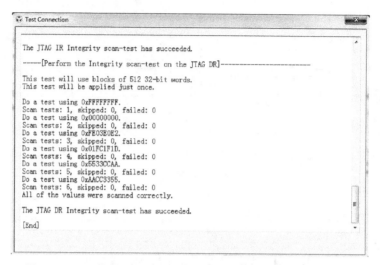

图 4. 26　CCS 软件同目标板与仿真器的连接测试结果显示对话框

图 4. 27　CCS 软件编译链接成功后在 Project Explorer 栏内生成的 DFT. out 文件条目信息

文件代码，然后启动 Emulator 仿真开始调试 DSP 应用程序。装载 .out 后缀文件的方法是：在 CCS 软件工作主界面，选择主菜单 Run＞＞Debug 命令或直接单击工具条中 Debug 按钮。完成程序代码装载后，CCS 软件会进入图 4.28 所示的仿真调试工作界面，并在主函数程序文件中将要运行的第一条程序代码位置前出现蓝色指示光标。为方便调试，可在 Emulator 仿真模式下对 DSP 程序代码设置断点。其设置方法是：在想要添加断点的程序代码行位置，双击数字行标的左侧（或是先选中程序代码，然后在主菜单栏选择 Run＞＞Toggle Breakpoint 命令），如果此时在相应程序代码行的左侧出现蓝色实心圆点，则表明断点添加成功。本例中，在图 4.29 所示的第 42 行程序代码位置设置了一个断点。完成上述程序加载与断点设置后，便可以选择主菜单 Run＞＞Resume 命令（或单击 Resume 工具按钮）开始 Emulator 仿真。

如图 4.29 所示，当指示程序运行位置的蓝色指示光标停留在断点位置时，DFT 算法程序仿真已经完成，此时可以将仿真得到的数据利用 CCS 图形工具进行图形显示。在本例中，需要图形显示的是离散信号 $x(n)$ 的 64 点 DFT 变换的幅度谱，即需要显示程序中的数组 dft_output_data_amplitude[64] 的波形，图形化显示的方法是：选择主菜单"Tools>Graph>Single Time"命令，然后对弹出"Graph Properties"对话框按照图 4.30 所示进行相关设置，并单击 OK 按钮完成设置，此时会在 CCS 工作界面出现图 4.31 所示的 Emulator 仿真结果图形化波形。从图 4.31 与图 4.16 的对比可以很容易地看出，CCS 软件 Emulator 的仿真结果与 MATLAB 软件的仿真结果是完全一致的。

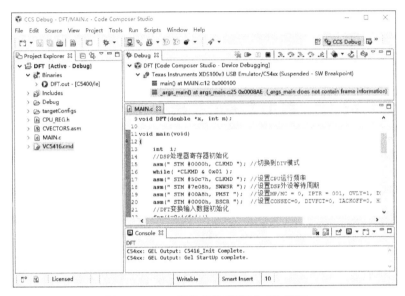

图 4.28　CCS 软件的仿真调试工作界面

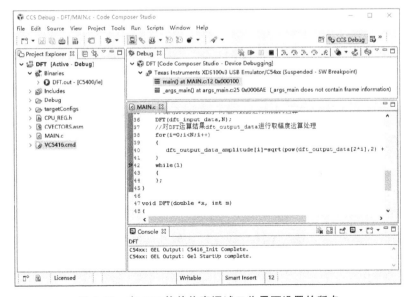

图 4.29　在 CCS 软件仿真调试工作界面设置的断点

图 4.30　图形化显示对话框属性设置

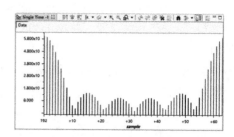

图 4.31　Emulator 仿真结果的输出波形图

4.3　TMS320VC5416 最小系统设计实例

一个复杂的 DSP 应用系统可以分解为 DSP 最小系统和 DSP 应用扩展系统两部分。DSP 最小系统是指由 DSP 处理器构成的能够独立运行调试，能完成一定功能，且具有可扩展性的 DSP 硬件系统。DSP 应用扩展系统是指以完成一定的应用功能为目的，在 DSP 最小系统基础上扩展设计的硬件系统。DSP 应用系统设计也是从最简单的最小系统开始，通过满足某种应用要求的扩展系统设计，使得经过扩展的最小系统能够完成一定的应用功能，并最终实现以 DSP 为核心的复杂应用系统设计。可以说 DSP 最小系统设计是设计 DSP 应用系统的第一步。另外，DSP 应用系统关于最小系统与扩展系统的这种分类设计方法，也使得针对不同应用的 DSP 系统设计不需要重新设计整个 DSP 系统，而仅仅需要将精力放在不同的扩展系统设计上就可以了，这样大大降低了设计难度，节约开发时间。因此，设计一个稳定的、可靠的、扩展能力强的 DSP 最小系统具有一定的现实意义。

本节从较为简单的 TMS320VC5416 最小系统设计出发，介绍 TMS320VC5416 最小系统设计的相关内容和设计过程，包括 TMS320VC5416 最小系统功能描述、设计思路、硬件设计、测试软件设计、系统调试等内容。希望通过这个设计实例让读者掌握 DSP 最小系统的设计方法，从而为设计复杂的 DSP 应用系统奠定基础。

4.3.1　TMS320VC5416 最小系统功能描述与设计思路

要设计一种基于 TMS320VC5416 处理器的 DSP 最小系统，就必须首先明确系统的功能，然后才能根据功能进行系统的详细设计。本节在确定 DSP 最小系统功能时，有以下两点考虑。

（1）既然设计的是 DSP 最小系统，那么设计的系统就需要反映出"系统"和"最小"两大特征来。只有能独立运行且方便调试的 DSP 硬件才能称为 DSP"系统"，而"最小"则要求设计的 DSP 系统不能大而全，仅仅需要设计让 DSP 能独立运行和调试的基本硬件就可以了，另外成本也应尽可能地控制在较低水平。

（2）一个 DSP 最小系统只有和扩展系统联合才能完成一定的应用功能，因此最小系统设计需要具有可扩展性，方便与各种应用扩展系统互连，否则 DSP 最小系统的设计没有意义。

基于上述两点考虑，本节提出的 DSP 最小系统功能和设计任务是：设计一种基于 TMS320VC5416 处理器的最小系统，该系统能独立运行和调试，具有可扩展性，是最基本的 DSP 系统，且成本低廉。

满足上述功能的 TMS320VC5416 最小系统设计思路如下。

（1）要让 TMS320VC5416 处理器能独立运行和调试，就必须让 DSP 满足基本的独立运行和调试工作条件。DSP 独立运行需设计下列基本电路：供电电路、时钟电路、存储器电路、工作模式选择电路，以及 DSP 某些特殊引脚的处理电路等。而 DSP 调试运行需设计下列基本电路：JTAG 调试接口电路与复位电路。

（2）要让 TMS320VC5416 最小系统具有可扩展性同时又不能失去"最小"的特征，还需要设计一个简单的扩展接口电路。

基于上述设计思路，下面展开对 TMS320VC5416 最小系统的硬件设计。

4.3.2　TMS320VC5416 最小系统硬件设计

如前所述，可以得到图 4.32 所示的 TMS320VC5416 最小系统原理框图，下面分别介绍各个模块的详细设计，并给出各模块的电路原理图，以及整个 TMS320VC5416 最小系统的 PCB 图与电路板实物图。

【TMS320VC5416最小系统硬件电路原理图与PCB图文件】

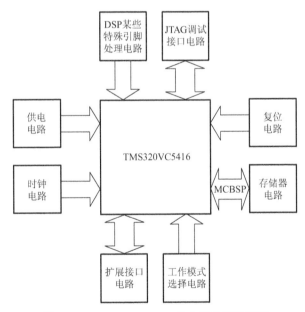

图 4.32　TMS320VC5416 最小系统原理框图

1. 供电电路

为了降低芯片功耗，TMS320VC5416 处理器采用了低电压设计，并且采用双电源供电，即内核电源 CVDD（主要为处理器的内部逻辑提供电压，包括 CPU、时钟电路和所有的外设逻辑）采用 1.6V，I/O 电源 DVDD（主要为处理器的 I/O 接口提供电压）采用 3.3V。

DSP 芯片采用的供电方式，主要取决于应用系统中提供什么样的电源。在实际中，大部分数字系统使用 5V 或 3.3V 的工作电压，另外，考虑到 DSP 系统调试时，利用计算机 USB 接口直接获取 5V 供电电压，不需要外加变压器，成本低，同时调试也更方便。因此，这里介绍一种 DSP 供电电路的设计方案，如图 4.33 所示，通过计算机 USB 接口获取 5V 供电电压，然后通过两个电压调压器分别将 5V 的 USB 供电电压转换为 DSP 处理器需要的 3.3V 内核电压和 1.6V I/O 电压。

电压调节器件的种类很多，如 Maxim 公司的 MAX604、MAX748 芯片，TI 公司的 TPS71xx、TPS72xx、TPS73xx 系列芯片等。在很多基于 TMS320VC5416 处理器的应用系统中，常采用 TI 公司的 TPS73HD301 芯片来完成 DSP 的双电源供电。该芯片的优点是一块芯片就可完成 DSP 的双电源供电，且供电电压稳定，纹波少；缺点是价格比较高。针对这种情况，这里选择 AMS1117 3.3V 电压调节芯片构成图 4.33 所示的电压调节器 1，由 AMS1117 ADJ 电压调节芯片构成图 4.33 所示的电压调节器 2。选择 AMS1117 系列电压调节芯片主要有两点考虑：其一，该系列芯片输出电流达到 800mA，可满足一般 DSP 应用系统的供电需求；其二，成本低，所需外围器件少。

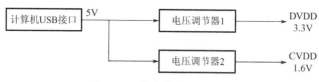

图 4.33　供电电路设计方案

系统供电电路的具体设计如图 4.34 所示，USB 接口引脚 1 的 5V 电压输出首先经过 L1、C2、C3、C4 所组成的滤波电路，然后经过带锁止的电源开关按钮 SW（可用于控制系统电源的通断），接着分别经 AMS1117 _ 3.3 和 AMS1117 _ ADJ 电压调节芯片的调压以及由多个电容构成的滤波电路后，向系统提供纹波较小的 1.6V 和 3.3V 供电电压。需要说明的是，AMS1117 _ ADJ 电压调节芯片可产生不同的输出电压，不同的电压输出由 R2 和 R3 两个电阻器的阻值所决定，其计算公式为 $V_{out} = V_{REF} \times (1 + R3/R2) + I_{ADJ} \times R3$，其中 V_{REF} 为 AMS1117 _ ADJ 芯片引脚 1 和引脚 2 之间的电压差，其值一般为 1.25V，I_{ADJ} 为芯片引脚 1 输出电流，其值较小，通常可以忽略。这里为了让 AMS1117 _ ADJ 电压调节芯片输出 1.6V 电压，R2 和 R3 应分别选取 1kΩ 和 270Ω。

利用万用表测量图 4.21 所示的 TMS320VC5416 最小系统中供电电路两个电压转换芯片的实际输出电压，测得 AMS1117 _ 3.3 芯片输出 3.33V 直流电压，AMS1117 _ ADJ 输出 1.61V 直流电压，二者输出均满足 TMS320VC5416 内核电源 CVDD 和 I/O 电源 DVDD 的供电要求。

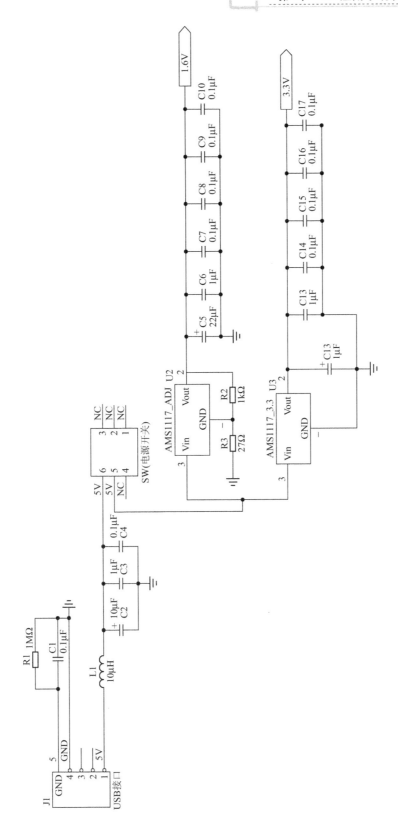

图4.34　供电电路原理图

2. 时钟电路

时钟电路用来为 TMS320VC5416 芯片提供时钟信号，由一个内部振荡器和一个锁相环 PLL 组成，可通过芯片内部的晶体振荡器或外部的时钟电路驱动。TMS320VC5416 芯片时钟信号可使用外部时钟源产生，也可以使用芯片内部的振荡器产生。当使用 TMS320VC5416 芯片内部的振荡器时，可在芯片的 X1 和 X2/CLKIN 引脚之间接入一个晶体，用于启动内部振荡器。当使用外部时钟源时，将外部时钟信号直接加到 TMS320VC5416 芯片的 X2/CLKIN 引脚，而 X1 引脚悬空。外部时钟源可以采用频率稳定的晶体振荡器，晶体振荡器使用方便，价格便宜，因而得到广泛应用。

这里将给出利用有源晶振作为 TMS320VC5416 芯片外部时钟源的设计方案，如图 4.35 所示。在图 4.35 中，电感器和电容器组成的滤波电路用于滤除有源晶振电源输入引脚的高频纹波，同时也可以有效地防止有源晶振输出高频时钟信号对电源输入引脚的干扰。

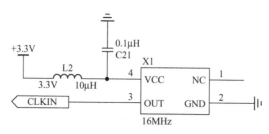

图 4.35　时钟电路原理图

另外，有源晶振频率选择为 16MHz 主要是为方便获得 TMS320VC5416 芯片 160MHz 的最高工作频率，即利用 TMS320VC5416 芯片的 PLL 电路将外部有源晶振输入的 16MHz 时钟信号 10 倍频为 DSP 最高工作频率 160MHz。这种利用锁相环 PLL 的时钟电路设计不仅可为 TMS320VC5416 芯片提供高稳定频率的时钟信号，而且还可以对外部时钟频率进行倍频，使外部时钟源的频率低于 CPU 的机器周期，以降低高频时钟所引起的高频噪声。还需要说明的是 TMS320VC5416 芯片 PLL 配置有两种形式：硬件配置与软件编程配置。

硬件配置 PLL 是通过在 TMS320VC5416 芯片加电时设置其 3 个时钟模式引脚（CLKMD1、CLKMD2 和 CLKMD3）的状态来选择时钟方式。硬件配置 PLL 的具体电路将在本节后面工作模式选择电路中介绍。软件配置 PLL 是利用软件编程改变时钟方式寄存器 CLKMD 的设定，来重新定义 PLL 时钟模块中的时钟配置。软件 PLL 的时钟定标器提供各种时钟乘法器系数，并能直接接通和关断 PLL。软件 PLL 的锁定定时器可以用于延迟转换 PLL 的时钟方式，直到锁定为止。通过软件编程，可以使软件 PLL 实现两种工作方式：PLL 方式，即倍频方式，芯片的工作频率等于输入时钟 CLKIN 乘以 PLL 的乘系数，共有 31 个乘系数，取值范围为 0.25～15；DIV 方式，即分频方式，对输入时钟 CLKIN 进行 2 分频或 4 分频。软件 PLL 的乘系数可通过 PLLNDIV、PLLDIV 和 PLL-MUL 的不同组合确定。若要改变 PLL 的倍频系数，必须先将 PLL 的工作方式从倍频方式（PLL 方式）切换到分频方式（DIV 方式），然后切换到新的倍频方式。例如，将

TMS320VC5416 芯片从当前 PLL 倍频系数改为 10 倍频系数方式的软件编程如下。

```
asm(" STM # 0000h,CLKMD ");       //切换到 DIV 模式
while( * CLKMD & 0x01 );           //读 CLKMD 寄存器的 PLLSTATUS 位,检测 PLL 的状态
asm(" STM  # 97feh,CLKMD ");      //设置 CPU 运行频率为 16MHz×10= 160MHz
for(i= 0 ; i< 2000; i+ + )         //延时,让 DSP 时钟频率稳定下来
{
    _nop( );
}
```

3. 存储器电路

TMS320VC5416 芯片具有 128KB×16bit 的在片 RAM 以及 16KB×16bit 的在片 ROM,但是其 ROM 是掩膜型的,只能由 TI 代为执行程序代码的烧写,因此,一般的 TMS320VC5416 处理器应用系统,都需要为 DSP 处理器设计外部非易失性程序存储器电路,以方便存储程序代码。常用非易失性存储器包括 EPROM、E2PROM 和 FLASH (Flash memory) 等。EPROM 由于不便于电擦写,对于系统在线调试使用不方便。E2PROM 和 FLASH 都为可电擦写的存储器,E2PROM 虽然存储容量通常小于 FLASH,但是可采用串行通信端口与 DSP 互连,可节约 DSP 数据总线和地址总线资源,成本低,体积小,因此,这里介绍的存储器电路选择 E2PROM 作为存储器器件,而 FLASH 存储电路设计将在 4.4 节中的 DSP 扩展系统设计中介绍。另外,常用的 E-2PROM 器件通常采用串行通信接口 (简称串口或串行接口),主要有 I²C 接口和 SPI 接口。由于 TMS320VC5416 处理器的 McBSP 串口兼容 SPI 串口,而且 TMS320VC5416 处理器支持 SPI 接口型 E2PROM 完成 DSP 的自举,因此,本节将给出利用 AT25256 (SPI 接口型 E2PROM) 作为存储器的设计方案。如图 4.36 所示,AT25256 芯片的 1、2、5、6 引脚,分别与 TMS320VC5416 处理器 McBSP2 串口的 BFSX2、BDR2、BDX2、BCLKX2 引脚相连。需要说明的是,TMS320VC5416 芯片共有 3 个 McBSP 串口,但是要完成自举,需要 E2PROM 的 SPI 串口与 McBSP2 串口对应引脚相连。

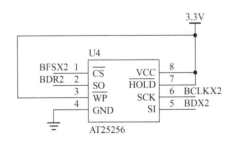

图 4.36 存储器电路原理图

4. 工作模式选择电路

TMS320VC5416 处理器功能强大,通过不同的软硬件配置可运行于不同的工作模式。例如,前面提到的通过硬件配置 DSP 的片上 PLL,可使其工作于不同的倍频系数,从而

可灵活地改变 DSP 的工作频率；通过改变 TMS320VC5416 处理器输入引脚 MP/MC 的电平状态，可以使 DSP 工作于微计算机模式或微处理器模式。另外，在 DSP 系统处于仿真模式时，或不需要 E2PROM 器件时，或需要将 TMS320VC5416 芯片的 McBSP2 串口分配给其他器件使用时，可以通过一个电源通断开关来关闭外扩 E2PROM 存储器的供电电源，从而使得 E2PROM 处于不工作状态，此时被 E2PROM 占用的 TMS320VC5416 处理器 McBSP2 串口就可以分配给其他器件使用。考虑到上述几种情况，为调试 DSP 系统时可灵活方便地设置 TMS320VC5416 处理器的工作状态，设计一种 DSP 工作模式选择电路就十分必要了。

工作模式选择电路设计十分简单，其由一个 5 位拨码开关以及 4 个上拉电阻构成，如图 4.37 所示。在图 4.37 中，拨码开关的 6、7、8 引脚分别与 TMS320VC5416 处理器的 3 个时钟模式引脚（CLKMD1、CLKMD2 和 CLKMD3）互连，通过拨动拨码开关可任意设置 DSP 时钟模式引脚的高低电平组合，从而选择 DSP 加电复位后的初始时钟频率；拨码开关的 9 引脚与 TMS320VC5416 处理器的 MP/MC 引脚相连，可设置 DSP 处于微计算机模式或微处理器模式；拨码开关的 10 引脚与 E2PROM 处理器的 VCC 引脚相连，可按需关闭或开启 E2PROM 的供电电源。

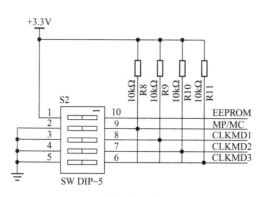

图 4.37　模式选择电路原理图

5. 复位电路

TMS320VC5416 处理器的复位分为软件复位和硬件复位两种。软件复位是通过执行指令实现其复位，硬件复位是通过硬件电路实现其复位。硬件复位有以下几种方法：加电复位、手动复位、自动复位。加电复位电路通常利用 RC 电路的延迟特性来产生复位所需要的持续低电平。手动复位电路常用按键方式对 DSP 进行复位。自动复位电路俗称"看门狗"电路，其通过检测 DSP 的运行情况，自动的对发生故障或"死机"的 DSP 进行复位操作。上述 3 种复位电路中，自动复位电路最复杂，需要专用的复位芯片（如 Maxim 公司的 MAX706R 芯片），成本较高，同时还需要软件配合。这里介绍一种成本较低的上电复位和手动复位相结合的复位电路设计。如图 4.38 所示，当 DSP 系统加电瞬间，由于电容器 C22 上的电压不能突变，使 $\overline{RS}$ 仍为低电平，芯片处于复位状态，同时通过电阻 R6 对电容器 C22 进行充电，充电时间常数由 R6 和 C22 的乘积确定。为了使处理器正常初始化，通常应保证 $\overline{RS}$ 低电平的时间至少持续三个外部时钟周期。但在加电后，系统的晶体

振荡器通常需要 $100 \sim 200\text{ms}$ 的稳定期，因此由 $\overline{\text{RS}}$ 决定的复位时间要大于晶体振荡器的稳定期。为了防止复位不完全，RC 参数可选择大一些。当按钮 S1 闭合时，电容器 C22 通过按钮和 R7 进行放电，使电容器 C22 上的电压降为 0；当按钮断开时，电容器 C22 的充电过程与加电复位相同，从而实现手动复位。

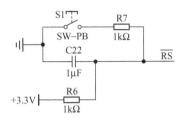

图 4.38　复位电路原理图

6. JTAG 调试接口电路

JTAG 调试接口电路是对 TMS320VC5416 应用系统进行硬件仿真与在线调试必不可少的电路。其设计比较固定。如图 4.39 所示，P5 为 2×7 的双列插针，其 2 引脚需要接 470Ω 的下拉到地的电阻 R14，其 13、14 引脚需要分别接上拉到 3.3V 的上拉电阻 R13 和 R12，其 9、11 引脚短接后与 TMS320VC5416 处理器的 TCK 引脚相连，其 1、3、7 引脚则分别与 TMS320VC5416 芯片的 TMS、TDI、TDO 引脚相连，而其 5 引脚需与目标板 3.3V 电源相连。

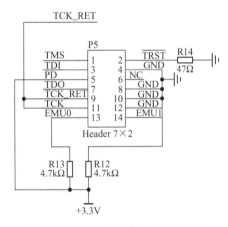

图 4.39　JTAG 调试接口电路原理图

7. DSP 某些特殊引脚的处理电路

要使 TMS320VC5416 应用系统正常工作，减少各种干扰的影响，对 TMS320VC5416 处理器的某些特殊引脚设计特殊处理电路显得十分必要。DSP 某些特殊引脚的处理电路主要分为下面几类。

1）对 TMS320VC5416 电源引脚的处理电路

由于实际的 TMS320VC5416 应用系统一般运行频率非常高，其在运行过程中极容易受到从电源引脚串入的高频纹波或噪声的干扰，严重时可能会造成 DSP 系统运行出错，甚至导致系统无法正常工作。为了解决这种问题，需要在所有 TMS320VC5416 处理器电源引脚处外加电容对电源纹波或高频噪声进行滤波和旁路处理。

2）对 TMS320VC5416 中断输入引脚的处理电路

在实际的 TMS320VC5416 应用系统中，DSP 中断输入引脚也容易受到噪声脉冲的影响而使其电平发生变化，而这种电平变化将直接导致 DSP 由当前运行程序跳转至中断服务程序，从而中断当前程序的正常运行，进而出现错误。为防止 DSP 中断出现上述问题，需要给 TMS320VC5416 中断输入引脚（无论使用与否）外加上拉到 3.3V 的 10kΩ 上拉电阻。

3）对 TMS320VC5416 的 HOLD、READY、XF 引脚的处理电路

TMS320VC5416 处理器的 HOLD 引脚为接收外部器件保持请求信号的输入引脚，用来控制 TMS320VC5416 处理器的保持工作模式，即正常模式和并发 DMA 模式；READY 引脚为接收外部器件数据准备就绪信号的输入引脚，用来实现 CPU 与不同速度的存储器或 I/O 进行数据交换。为防止 HOLD、READY 引脚因为噪声或干扰发生意外电平变化，通常需要外加上拉到 3.3V 的 10kΩ 上拉电阻。TMS320VC5416 处理器的 XF 引脚是其两个通用 I/O 引脚之一，用于给外部器件发送标志信号，若给 XF 引脚外加一个指示 LED，将为 TMS320VC5416 应用系统的调试处理提供一种非常直观的可视标记。

8. 扩展接口电路

TMS320VC5416 最小系统电路仅仅设计了让 DSP 能独立运行和调试的基本电路，因此，TMS320VC5416 最小系统并不能直接用于实际应用中。为了让 TMS320VC5416 最小系统能根据不同应用背景和要求，方便扩展为满足不同应用要求的应用系统，设计一种通用扩展接口电路就十分必要。

这里介绍的扩展接口电路实际上仅仅将 TMS320VC5416 处理器所有引脚全部用插针引出，以便于在最小系统上连接 DSP 扩展系统，其电路实物图如图 4.21 中 P1、P2、P3、P4 所示。在图 4.21 中，TMS320VC5416 处理器 144 个引脚全部通过 4 块 2×18 的双列插针引出。

通过上述 8 个部分的电路设计，TMS320VC5416 最小系统电路原理设计就基本完成了，剩下的硬件设计工作就是根据电路原理图设计对应的 PCB 图以及制作焊接 PCB。图 4.40 所示为利用 PROTEL DXP 软件绘制的 TMS320VC5416 最小系统 PCB 图（注意：该 PCB 图中的所有接地引脚均和 PCB 图中顶层和底层大面积铺铜相连，但为方便观看元器件布局、走线、标注等设计细节，故而 PCB 图中顶层和底层大面积铺铜被去掉了），图 4.41 则是利用图 4.40 所示 PCB 图加工制作出来的 PCB 的正面与背面实物图。

4.3.3 TMS320VC5416 最小系统测试软件设计

TMS320VC5416 最小系统硬件的设计、制作以及焊接完成后，必要的电气测试是硬件测试的第 1 步；利用 CCS 集成开发环境编写测试软件进行硬件功能仿真测试，检验 DSP 系统各部分是否能正常工作，则是硬件测试的第 2 步。第 1 步测试可以在系统加电前后通过万用表等测试设备完成检验。这里集中讨论 DSP 最小系统测试软件的编写，并在 4.3.4 节介绍软硬件联合调试的情况。

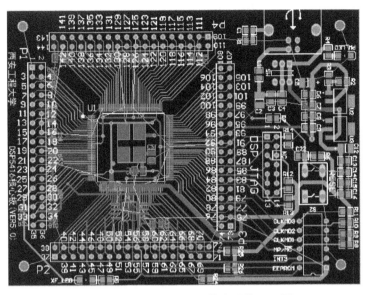

图 4.40　TMS320VC5416 最小系统 PCB 图

图 4.41　TMS320VC5416 最小系统 PCB 的正面与背面实物图

　　TMS320VC5416 最小系统测试软件需配合硬件测试 DSP 系统如下两个主要功能是否正常。

　　功能（1）：CCS 是否能与 TMS320VC5416 最小系统通过 JTAG 调试接口建立正常通信，使得 CCS 能顺利进入硬件仿真工作模式，并在线调试 DSP 程序。

【TMS320VC5416
最小系统功能(1)
的调试】

【TMS320VC5416
最小系统功能(1)
的CCS软件工程
项目文件】

功能（2）：DSP 是否能正确读写 E2PROM。

1. 功能（1）的测试程序设计

功能（1）的测试可分为两步。

第1步：在 CCS 软件中建立 Emulator 仿真。这一步的详细过程曾在前面 4.2.2 节中介绍过。如果 CCS 软件、DSP 仿真器、TMS320VC5416 最小系统目标板三者正确互连，CCS Emulator 仿真环境正确配置，同时整个系统加电后，CCS 软件、目标板和仿真器三者能如图 4.26 所示通过连接测试，CCS 软件能正确进入图 4.28 所示的仿真调试工作界面，则表明 CCS 软件能与 TMS320VC5416 最小系统通过仿真器 JTAG 调试接口建立正常通信，使得 CCS 软件能够顺利进入 Emulator 仿真工作模式。

第2步：在 CCS 软件中调试 DSP 程序，通过在线调试一简单程序来验证 TMS320VC5416 最小系统在线调试 DSP 程序功能是否正常。这里可利用程序控制 TMS320VC5416 处理器 XF 引脚的 LED 指示灯的闪烁来验证这一功能。

第1步在 4.2.2 节中已经介绍过了，这里集中介绍第2步的测试程序设计。

如图 4.42 所示，在 CCS 软件工作主界面中，建立名为 LED _ TEST 的 CCS 工程项目（读者可通过扫描本章中的相关二维码获取本例中 LED _ TEST 工程项目的全部程序代码），在该工程项目中包含了主程序文件 MAIN.c、中断矢量文件 CVECTORS.asm、公用函数文件 COMMON _ FUNCTIONS.c、链接命令文件 VC5416.cmd、头文件 CPU _ REG.h 和 COMMON _ FUNCTIONS.h。由于本例中的链接命令文件 VC5416.cmd 和 4.2.2 节例子中的链接命令文件代码完全一致，所以下面主要介绍主程序文件 MAIN.c、公用函数文件 COMMON _ FUNCTIONS.c、中断矢量文件 CVECTORS.asm、头文件 CPU _ REG.h 和 COMMON _ FUNCTIONS.h 文件的程序设计。

图 4.42　在 CCS 软件中建立的 LED _ TEST 工程项目

主程序文件 MAIN.c 需要实现 DSP 加电后的软件初始化操作，然后设置并开启定时器，利用定时器中断对变量 m 执行累加操作（定时器每中断一次，m 累加 1），从而由 m

的取值控制 TMS320VC5416 处理器 XF 引脚是置位还是复位,最终实现控制 LED 指示灯循环闪烁。MAIN.c 文件程序流程图如图 4.43 所示。

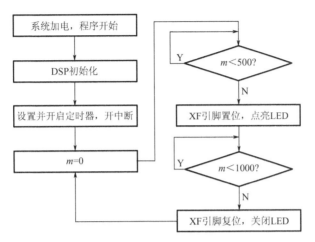

图 4.43 LED_TEST 工程 MAIN.c 文件程序流程图

主程序文件 MAIN.c 的程序代码如下。

```c
# include "cpu_reg.h"
# include "common_functions.h"
int m;
void main()
{
    //DSP 初始化
    asm(" STM # 0000h,CLKMD ");//切换到 DIV 模式
    while( * CLKMD & 0x01 );//读 CLKMD 寄存器的 PLLSTATUS 位,检测 PLL 的状态
    asm(" STM  # 97feh,CLKMD ");//设置 CPU 运行频率为 16MHz×10= 160MHz
    Delay(2000);//延时,等待 DSP 时钟稳定
    asm(" STM # 7fffh,SWWSR ");//设置 DSP 外设等待周期
    asm(" STM # 00A8h,PMST ");//设置 MP/MC= 0,IPTR= 001,OVLY= 1,DROM= 1
    asm(" STM # 0000h,BSCR ");//设置 CONSEC= 0,DIVFCT= 0,IACKOFF= 0,HBH= 0
    * ST1 = * ST1 | 0x0800;//关闭所有可屏蔽中断
    asm(" STM # 0000h,IMR ");//关闭所有硬件中断
    asm(" STM # 0ffffh,IFR ");//清除所有中断标志位
    //设置并开启定时器,开中断
    asm(" STM # 0010h,TCR ");//关定时器
    asm(" STM # 0186ah,PRD ");//设置定时器 0 定时参数
    asm(" STM # 0C2fh,TCR ");
    asm(" STM # 0008h,IFR ");//清除定时器 0 中断标志位
    asm(" ORM # 0008h,* (IMR)");//开定时器 0 中断
    asm(" RSBX INTM ");//开中断
    //LED 周期性闪烁控制
    m= 0;
```

```
    while(1)
    {
        while(m< 500);
        asm(" RSBX XF ");//XF 置位
        while(m< 1000);
        asm(" SSBX XF ");//XF 复位
        m= 0;
    }
}
//定时器 0 中断服务程序
interrupt void timer0( )
{
    m+ + ;
}
```

公用函数文件 COMMON＿FUNCTIONS.c 定义了可供其他文件程序调用的公用函数，而头文件 COMMON＿FUNCTIONS.h 则申明了 COMMON＿FUNCTIONS.c 文件中定义的函数。在 COMMON＿FUNCTIONS.c 文件中，仅仅定义了一个公用延时函数，其程序代码如下。

```
void Delay(long int num)
{
    for(;num> 0;num- - )
    {
        _nop();
    }
}
```

COMMON＿FUNCTIONS.h 文件程序代码如下。

```
# ifndef COMMON_FUNCITONS_H_
# define COMMON_FUNCITONS_H_
void Delay( );
# endif
```

头文件 CPU＿REG.h 定义了程序中将会用到的 TMS320VC5416 处理器的多个寄存器，其程序代码如下。

```
# ifndef CPU_REG_H_
# define CPU_REG_H_
# define CLKMD    (unsigned int * )0x58
# define ST1      (unsigned int * )0x07
# endif
```

由于本例中使用了定时器0中断且MAIN.c文件中定义的中断服务函数名为timer0（），因此本例中的中断矢量文件CVECTORS.asm与4.2.2节例子中的中断矢量文件CVEC-TORS.asm相比，仅有两处不同，即只需将4.2.2节例子中的下列程序代码：

```
tint0:    RETE
          NOP
          NOP
          NOP
```

修改为：

```
tint0:    BD_timer0
          NOP
          NOP
```

2. 功能（2）的测试程序设计

为了测试DSP是否能正确读写E2PROM，测试程序的设计思路是控制DSP向E2PROM器件中指定地址写入特定数据，然后读出这些数据，通过写入和读出数据的比较，判断DSP是否能正确读写E2PROM，最后直观显示调试结果，可通过DSP XF引脚LED指示灯的不同闪烁状态来反映DSP是否能正确读写E2PROM。

【TMS320VC5416最小系统功能(2)的调试】

测试程序设计过程如下：如图4.44所示，在CCS软件工作主界面中，建立名为E2PROM_TEST的CCS工程项目（读者可通过扫描本章中的相关二维码获取本例中E2PROM_TEST工程项目的全部程序代码），在该工程项目中包含了主程序文件MAIN.c，中断矢量文件CVECTORS.asm，公用函数文件COMMON_FUNCTIONS.c，E2PROM器件驱动程序文件E2PROM.c，链接命令文件VC5416.cmd，

【TMS320VC5416最小系统功能(2)的CCS软件工程项目文件】

头文件CPU_REG.h、E2PROM.h和COMMON_FUNCTIONS.h。所有这些文件中，VC5416.cmd文件、CVECTORS.asm文件、COMMON_FUNCTIONS.c文件、COMMON_FUNCTIONS.h文件均和功能（1）测试项目LED_TEST的对应文件完全一致，而MAIN.c文件、E2PROM.c文件、E2PROM.h文件和CPU_REG.h文件则需重新创建，下面重点介绍这4个程序文件。

主程序文件MAIN.c需要完成DSP加电后的初始化操作，然后将DSP片上串口McBSP2设置为与E2PROM器件AT25256串行通信接口兼容的SPI工作模式，接着向E2PROM多个地址写入特定数据，然后读取这些地址的数据并和原始写入的数据进行比较，如果所有写入和读出的数据均一致，那么控制LED闪烁以提示DSP能正确访问E2PROM，否则控制LED常亮以提示DSP不能正确访问E2PROM。主程序文件MAIN.c的程序流程如图4.45所示。

主程序文件MAIN.c的程序代码如下。

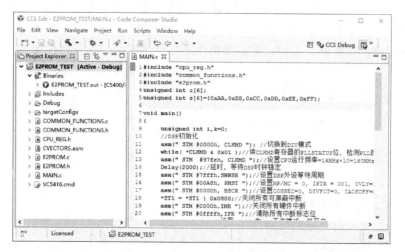

图 4.44　在 CCS 软件中建立的 E2PROM _ TEST 工程项目

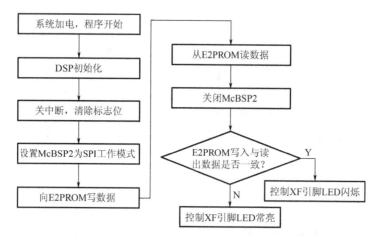

图 4.45　E2PROM _ TEST 工程 MAIN. c 文件程序流程图

```
# include "cpu_reg. h"
# include "e2prom. h"
# include "common_functions. h"
unsigned int z[6];
unsigned int s[6]= {0xAA,0xBB,0xCC,0xDD,0xEE,0xFF};
void main()
{
    //DSP初始化
    unsigned int i,k= 0;
    asm(" STM # 0000h,CLKMD ");//切换到 DIV 模式
    while( * CLKMD & 0x01 );//读 CLKMD 寄存器的 PLLSTATUS 位,检测 PLL 的状态
    asm(" STM  # 97feh,CLKMD ");//设置 CPU 运行频率为 16MHz×10= 160MHz
```

```
Delay(2000);//延时,等待 DSP 时钟稳定
asm(" STM # 7fffh,SWWSR ");//设置 DSP 外设等待周期
asm(" STM # 00A8h,PMST ");//设置 MP/MC= 0,IPTR= 001,OVLY= 1,DROM= 1
asm(" STM # 0000h,BSCR ");//设置 CONSEC= 0,DIVFCT= 0,IACKOFF= 0,HBH= 0
* ST1 = * ST1 | 0x0800;//关闭所有可屏蔽中断
asm(" STM # 0000h,IMR ");//关闭所有硬件中断
asm(" STM # 0ffffh,IFR ");//清除所有中断标志位
McBSP2_Init( );//设置 McBSP2 为 SPI 工作模式,并开启 McBSP2
for(i= 0;i< 6;i+ + )
{
    z[i]= 0;//目的数组初始化
}
for(i= 0;i< 6;i+ + )
{
    McBSP2_WriteData(i,s[i]);//向 E2PROM 写数据
}
for(i= 0;i< 6;i+ + )
{
    z[i]= McBSP2_ReadData(i);//从 E2PROM 读数据并与原始写入数据进行比较
    if(z[i]= = s[i])
        k+ + ;
}
McBSP2_Close( ); //关闭 McBSP2
if(k= = 6)//如果从 E2PROM 读出的数据与原始写入数据均一致,则控制 LED 闪烁
{
    do
    {
        asm("  RSBX  XF ");
        Delay(0x100000);
        asm("  SSBX  XF ");
        Delay(0x100000);
    }
    while(1);
}
else//如果从 E2PROM 读出的数据与原始写入数据不一致,则控制 LED 常亮
{
    asm("  SSBX  XF ");
}
}
```

E2PROM 器件驱动程序文件 E2PROM.c 定义了 DSP 串口 McBSP2 的配置函数、复位函数、关闭函数等操作函数，以及读写访问 E2PROM 器件的各种驱动函数，而头文件 E2PROM.h 则申明了 E2PROM.c 文件中定义的各种函数。这里的 E2PROM.c 文件程序代码如下。

```c
# include "cpu_reg.h"
# include "common_functions.h"
void McBSP2_Init()//McBSP2 初始化函数,用于将 McBSP2 配置为 SPI 工作模式
{
    unsigned int tempt;
    //设置 McBSP2 处于复位状态,共 2 步
    * McBSP2_SPSA = SPCR1;//第 1 步:Reset SPCR1
    * McBSP2_SPSD = 0x0000;
    Delay(5);
    * McBSP2_SPSA = SPCR2;//第 2 步:Reset SPCR2
    * McBSP2_SPSD = 0x0000;
    Delay(10);
    //配置 McBSP2 各寄存器,共 9 步
    * McBSP2_SPSA = PCR;//第 1 步:Set PCR
    * McBSP2_SPSD = 0x0a0c;
    Delay(5);
    * McBSP2_SPSA = RCR1;//第 2 步:Set RCR1
    * McBSP2_SPSD = 0x00a0;
    Delay(5);
    * McBSP2_SPSA = RCR2;//第 3 步:Set RCR2
    * McBSP2_SPSD = 0x0001;
    Delay(5);
    * McBSP2_SPSA = XCR1;//第 4 步:Set XCR1
    * McBSP2_SPSD = 0x00a0;
    Delay(5);
    * McBSP2_SPSA = XCR2;//第 5 步:Set XCR2
    * McBSP2_SPSD = 0x0001;
    Delay(5);
    * McBSP2_SPSA = SRGR1;//第 6 步:Set SRGR1
    * McBSP2_SPSD = 0x003b;
    Delay(5);
    * McBSP2_SPSA = SRGR2;//第 7 步:Set SRGR2
    * McBSP2_SPSD = 0x2000;
    Delay(5);
    * McBSP2_SPSA = SPCR1;//第 8 步:Set SPCR1
    * McBSP2_SPSD = 0x1800;
```

```
    Delay(5);
    * McBSP2_SPSA = SPCR2;//第9步:Set SPCR2
    * McBSP2_SPSD = 0x0000;
    Delay(20);
    //结束McBSP2复位状态,使能McBSP2,共2步
    * McBSP2_SPSA = SPCR1;//第1步:Set SPCR1
    tempt = * McBSP2_SPSD;
    tempt = tempt | 0x0001;
    * McBSP2_SPSD = tempt;
    Delay(6);
    * McBSP2_SPSA = SPCR2;//第2步:Set SPCR2
    tempt = * McBSP2_SPSD;
    tempt = tempt | 0x00c1;
    * McBSP2_SPSD = tempt;
    Delay(60);
}
void McBSP2_Close()//McBSP2关闭函数
{
    //设置McBSP2处于复位状态,关闭McBSP2
    //Reset SPCR1
    * McBSP2_SPSA = SPCR1;
    * McBSP2_SPSD = 0x0000;
    Delay(5);
    //Reset SPCR2
    * McBSP2_SPSA = SPCR2;
    * McBSP2_SPSD = 0x0000;
    Delay(5);
}
void McBSP2_Reset()//McBSP2复位
{
//设置RRST、XRDY、FRST,使McBSP2处于复位状态
    unsigned int tempt;
    //复位SPCR1
    * McBSP2_SPSA = SPCR1;
    tempt = * McBSP2_SPSD;
    tempt = tempt & 0xfffe;
    * McBSP2_SPSD = tempt;
    Delay(5);
    //复位SPCR2
    * McBSP2_SPSA = SPCR2;
    tempt = * McBSP2_SPSD;
```

```
        tempt = tempt & 0xff7e;
        * McBSP2_SPSD = tempt;
        Delay(5);
}
void McBSP2_Startup()//McBSP2 启动
{
//设置 RRST、XRDY、FRST，使 McBSP2 处于使能启动状态
        unsigned int tempt;
        * McBSP2_SPSA = SPCR1;//复位 SPCR1
        tempt = * McBSP2_SPSD;
        tempt = tempt | 0x0001;
        * McBSP2_SPSD = tempt;
        Delay(5);
        * McBSP2_SPSA = SPCR2;//复位 SPCR2
        tempt = * McBSP2_SPSD;
        tempt = tempt | 0x0081;
        * McBSP2_SPSD = tempt;
        Delay(5);
}
unsigned int McBSP2_ReadStatus()//McBSP2 读状态函数
{
        unsigned int tempt,tempt1;
        do
        {
            * McBSP2_SPSA = SPCR2;//检测发送器是否准备发送新数据
            tempt = * McBSP2_SPSD;
            tempt = tempt & 0x0002;
        }
        while(tempt! = 0x02);
        * McBSP2_DXR2 = 0x0500;
        * McBSP2_DXR1 = 0x0000;
        do
        {
            * McBSP2_SPSA = SPCR1;//检测接收器是否准备接收新数据
            tempt = * McBSP2_SPSD;
            tempt = tempt & 0x0002;
        }
        while(tempt! = 0x02);
        tempt1 = * McBSP2_DRR1;
        tempt = tempt1 & 0x00ff;
        return(tempt);
```

```
    }
    void McBSP2_WriteOrder(unsigned int flag)//McBSP2 写命令函数
    {
        unsigned int tempt;
        do
        {
            tempt = McBSP2_ReadStatus();//检测 E2PROM 是否准备就绪
            tempt = tempt & 0x0001;
        }
        while(tempt= = 0x01);
        if(flag! = 0)//写使能
        {
            do
            {
                * McBSP2_SPSA = SPCR2;//检测发送器是否准备发送新数据
                tempt = * McBSP2_SPSD;
                tempt = tempt & 0x0002;
            }
            while(tempt! = 0x02);
            * McBSP2_DXR2 = 0x0600;
            * McBSP2_DXR1 = 0x0000;
            Delay(20);
        }
        else//写禁止
        {
            do
            {
                * McBSP2_SPSA = SPCR2;//检测发送器是否准备发送新数据
                tempt = * McBSP2_SPSD;
                tempt = tempt & 0x0002;
            }
            while(tempt! = 0x02);
            * McBSP2_DXR2 = 0x0400;
            * McBSP2_DXR1 = 0x0000;
            Delay(20);
        }
    }
    void McBSP2_WriteData(unsigned int data_location,unsigned int data_value)//
McBSP2 写数据函数
    {
        unsigned int tempt,tempt1,tempt2;
```

```
    McBSP2_Startup();
    McBSP2_WriteOrder(0x01);
    tempt2 = 0x0200|(((data_location & 0xff00)>>8)& 0x00ff);
    tempt1 = (data_value & 0x00ff)|(((data_location & 0x00ff)<<8)&
0x0ff00);
    do
    {
        tempt = McBSP2_ReadStatus();//检测E2PROM是否准备就绪
        tempt = tempt & 0x0001;
    }
    while(tempt==0x01);
    do
    {
        * McBSP2_SPSA = SPCR2;//检测发送器是否准备发送新数据
        tempt = * McBSP2_SPSD;
        tempt = tempt & 0x0002;
    }
    while(tempt!=0x02);
    * McBSP2_DXR2 = tempt2;
    * McBSP2_DXR1 = tempt1;
    McBSP2_WriteOrder(0x00); //E2PROM写使能关闭
    McBSP2_Reset();//McBSP2复位
}
unsigned int McBSP2_ReadData(unsigned int data_location)//读数据函数
{
    unsigned int tempt,tempt1,tempt2;
    McBSP2_Startup();
    tempt2 = 0x0300|(((data_location & 0xff00)>>8)& 0x00ff);
    tempt1 = (((data_location & 0x00ff)<<8)& 0x0ff00);
    do
    {
        tempt = McBSP2_ReadStatus();//检测E2PROM是否准备就绪
        tempt = tempt & 0x0001;
    }
    while(tempt==0x01);
    do
    {
        * McBSP2_SPSA = SPCR2;//检测发送器是否准备发送新数据
        tempt = * McBSP2_SPSD;
        tempt = tempt & 0x0002;
    }
```

```
    while(tempt! = 0x02);
    * McBSP2_DXR2 = tempt2;
    * McBSP2_DXR1 = tempt1;
    do
    {
        * McBSP2_SPSA = SPCR1;//检测接收器是否准备接收新数据
        tempt = * McBSP2_SPSD;
        tempt = tempt & 0x0002;
    }
    while(tempt! = 0x02);
    tempt1 = * McBSP2_DRR1;
    tempt = tempt1 & 0x00ff;
    McBSP2_Reset();//McBSP2复位
    return(tempt);
}
```

而 E2PROM.h 文件程序代码如下。

```
# ifndef E2PROM_H_
# define E2PROM_H_
void McBSP2_Init();
void McBSP2_Close();
void McBSP2_Reset();
void McBSP2_Startup();
void McBSP2_WriteOrder();
unsigned int McBSP2_ReadStatus();
void McBSP2_WriteData();
unsigned int McBSP2_ReadData();
# endif
```

头文件 CPU _ REG.h 定义了程序中将会用到的 TMS320VC5416 处理器的多个寄存器，其程序代码如下。

```
# ifndef CPU_REG_H_
# define CPU_REG_H_
# define CLKMD(unsigned int * )0x58
# define ST1(unsigned int * )0x07
//McBSP2 寄存器
# define McBSP2_DRR2     (unsigned int * )0x30 // McBSP2 Data Rx Reg2
# define McBSP2_DRR1     (unsigned int * )0x31 // McBSP2 Data Rx Reg1
# define McBSP2_DXR2     (unsigned int * )0x32 // McBSP2 Data Tx Reg2
# define McBSP2_DXR1     (unsigned int * )0x33 // McBSP2 Data Tx Reg1
```

```
# define McBSP2_SPSA    (unsigned int * )0x34 // McBSP2 Sub Bank Addr Reg
# define McBSP2_SPSD    (unsigned int * )0x35 // McBSP2 Sub Bank Data Reg
//McBSP2 子地址寄存器
# define SPCR1   0x0000 // McBSP2 Ser Port Ctrl Reg1
# define SPCR2   0x0001 // McBSP2 Ser Port Ctrl Reg2
# define RCR1    0x0002 // McBSP2 Rx Ctrl Reg1
# define RCR2    0x0003 // McBSP2 Rx Ctrl Reg2
# define XCR1    0x0004 // McBSP2 Tx Ctrl Reg1
# define XCR2    0x0005 // McBSP2 Tx Ctrl Reg2
# define SRGR1   0x0006 // McBSP2 Sample Rate Gen Reg1
# define SRGR2   0x0007 // McBSP2 Sample Rate Gen Reg2
# define MCR1    0x0008 // McBSP2 Multichan Reg1
# define MCR2    0x0009 // McBSP2 Multichan Reg2
# define RCERA   0x000A // McBSP2 Rx Chan Enable Reg Partition A
# define RCERB   0x000B // McBSP2 Rx Chan Enable Reg Partition B
# define XCERA   0x000C // McBSP2 Tx Chan Enable Reg Partition A
# define XCERB   0x000D // McBSP2 Tx Chan Enable Reg Partition B
# define PCR     0x000E // McBSP2 Pin Ctrl Reg
# endif
```

4.3.4 TMS320VC5416 最小系统软硬件联合调试

TMS320VC5416 最小系统硬件、软件设计完毕，就可以在 CCS 软件开发环境下利用 DSP 仿真器进行软硬件联合仿真调试了。软硬件联合仿真调试的过程与方法在 4.2.2 节已经介绍过，这里主要给出 4.3.3 节中介绍的 TMS320VC5416 最小系统功能（1）测试与功能（2）测试的仿真调试结果。

为仿真调试方便，在硬件设计中对 DSP 的 XF 引脚设计了 LED 指示灯，在测试软件设计中利用 LED 的闪烁与否来判断 DSP 最小系统测试功能是否正常。因此，要了解 TMS320VC5416 最小系统功能（1）测试与功能（2）测试的效果，仅仅需在程序运行后观察 DSP 的 XF 引脚 LED 指示灯的闪烁状态就可以了。如果测试的 DSP 最小系统功能正常，那么观察到的现象就是 LED 指示灯周期性闪烁，否则 LED 为常亮或不亮状态。

对于 TMS320VC5416 最小系统功能（2）的测试，也可以借助 CCS 软件开发环境对程序运行结果进行观察。对 E2PROM_TEST 工程进行编译、链接并向 DSP 最小系统目标板通过 DSP 仿真器装载 E2PROM_TEST.out 可执行代码后，在图 4.46 所示位置为 E2PROM_TEST 工程中的 MAIN.c 文件程序代码添加断点，然后运行程序。当程序运行光标停在断点位置后，将存储 DSP 由 E2PROM 中读出数据的数组元素 z [0] 到 z [5] 添加到 CCS 变量观察窗口，即可以方便地看出 DSP 从 E2PROM 读取的数据与其写入的数据是一致的，这说明 DSP 可访问 E2PROM 并正确地读写数据，从而验证了 TMS320VC5416 最小系统功能（2）正常。

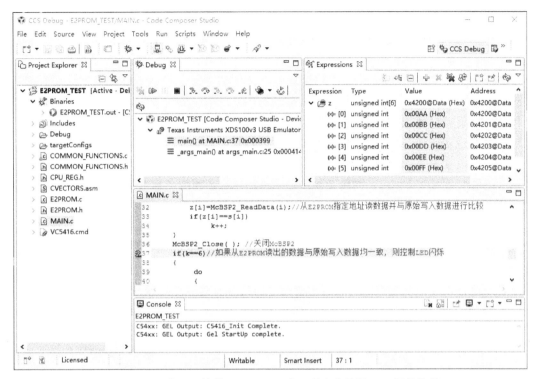

图 4.46 通过 CCS 软件 Expressions 窗口观察参量的 DSP 运行结果

4.4 TMS320VC5416 扩展系统设计实例

前面介绍了一种 TMS320VC5416 最小系统的设计方案，由于 DSP 最小系统仅仅能使 DSP 自身独立运行和调试，缺少与外部应用环境和对象的交互，因此一个 DSP 应用系统需要由 DSP 最小系统和 DSP 应用扩展系统两部分共同构成。DSP 应用扩展系统以完成一定的应用功能为目的，用于实现 DSP 最小系统与外部应用环境和对象之间的交互。

本节将介绍由 TMS320VC5416 处理器几种常用外部扩展器件构成的扩展系统的设计实例，包括 TMS320VC5416 扩展系统功能描述、设计思路、硬件设计、软件设计、调试等内容。希望通过这个设计实例让读者掌握 DSP 常用外设的扩展设计方法，从而为设计复杂的 DSP 应用系统奠定基础。

4.4.1 TMS320VC5416 扩展系统功能描述与设计思路

要设计一种基于 TMS320VC5416 最小系统的扩展系统，就必须首先明确系统的功能，然后才能根据功能进行系统的详细设计。下面给出 DSP 扩展系统的功能设计要求。

（1）DSP 扩展系统需要与前面设计的 DSP 最小系统实现"无缝"连接，同时由最小系统向扩展系统提供所需的电源电压。

（2）DSP 扩展系统应包括以下常用的 DSP 扩展器件：A/D 转换器、D/A 转换器、液晶模块、UART 控制器、FLASH 存储器、CPLD 逻辑电路等。DSP 扩展系统的外扩器件设计应尽量满足不同应用的需要，例如，A/D 转换器和 D/A 转换器的参考电压应可灵活设置，液晶显示对比度可调节，UART 通信可采用查询方式，也可采用中断方式，FLASH 存储器占用的 DSP 地址等资源应便于调整，CPLD 器件应便于在线编程。

（3）DSP 扩展系统上的所有外扩器件都应具有独立性，可选择性地开启或关闭任何一个器件。同时，当某一器件关闭时，其所占用的 DSP 资源（如地址空间等）可释放出来供其他扩展器件使用。

满足上述功能的 TMS320VC5416 扩展系统设计思路如下。

（1）DSP 扩展系统应有与 DSP 最小系统一致的扩展接口电路，才能同 DSP 最小系统实现"无缝"连接，且 DSP 扩展系统需从 DSP 最小系统的扩展接口电路中获取电源电压，特别是 3.3V 的 I/O 电压。

（2）DSP 扩展系统如果要外扩多个常用扩展器件，就需要为每一个扩展器件设计完整的基本工作电路，同时考虑到要使每个扩展器件满足不同的应用需要，还需要为扩展器件设计相应的配置调整电路。在设计这些扩展器件相关电路时，采用模块化设计思路，每一个扩展器件构成一个完整的且相对独立的电路模块，这些电路模块包括 A/D 与 D/A 转换电路模块、液晶电路模块、UART 电路模块、FLASH 电路模块、CPLD 逻辑电路模块。

（3）设计一种供电控制电路，使其能根据需要控制任意扩展器件电路模块供电电源的开启或关闭。通过对其进行通断电控制，能使暂时不用的扩展器件所占用的 DSP 处理器资源（如地址空间等）释放出来供其他扩展器件使用。

基于上述设计思路，下面开始展开对 TMS320VC5416 扩展系统的硬件设计。

4.4.2 TMS320VC5416 扩展系统硬件设计

【TMS320VC5416 扩展系统硬件电路原理图与 PCB 图文件】

如前所述，TMS320VC5416 扩展系统原理框图如图 4.47 所示，DSP 扩展系统通过其扩展接口电路与 TMS320VC5416 最小系统互连；扩展系统的供电控制电路从扩展接口电路获取 3.3V 供电电压，并分别输送给扩展接口其他电路模块；UART 电路模块直接通过扩展接口电路和 TMS320VC5416 最小系统的 McBSP 串口相连；液晶电路模块、FLASH 电路模块以及 A/D 与 D/A 转换电路模块不仅需通过并口或串口与扩展接口相连，而且其部分地址总线以及控制总线还需要通过 CPLD 逻辑电路间接与 TMS320VC5416 最小系统的地址总线以及控制总线相连；CPLD 逻辑电路则通过扩展接口电路与 TMS320VC5416 最小系统的地址总线以及控制总线直接相连，可灵活地对液晶、FLASH 存储器设置访问地址和控制逻辑。下面分别介绍各个模块的详细设计，并给出各模块的电路原理图，以及整个 TMS320VC5416 扩展系统的 PCB 图与电路板实物图。

1. 扩展接口电路

由于 TMS320VC5416 扩展系统的电路模块均是直接或间接通过扩展接口电路同 TMS320VC5416 最小系统互连，所以这里先介绍扩展接口电路的设计。

TMS320VC5416 扩展系统的扩展接口电路需同 TMS320VC5416 最小系统的扩展接口电路"无缝"互连，而最小系统的扩展接口电路其实是将 TMS320VC5416 处理器所有

144 个引脚全部通过 4 块 2×18 的双列插针引出，因此扩展系统的扩展接口电路应设计为插座形式来同其互连。虽然 TMS320VC5416 扩展系统并不会用到 TMS320VC5416 处理器的全部 144 个引脚，但将其同样设计为 4 块 2×18 的双列插座则简化了设计，同时也便于再次扩展。TMS320VC5416 最小系统与扩展系统通过扩展接口电路互连后的实物如图 4.48 所示。

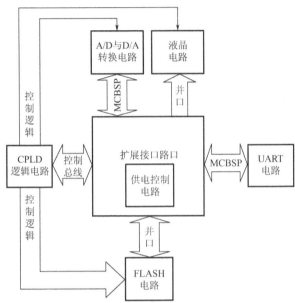

图 4.47 TMS320VC5416 扩展系统原理框图

图 4.48 TMS320VC5416 最小系统与扩展系统通过扩展接口电路互连后的实物图

2. 供电控制电路

为 TMS320VC5416 扩展系统设计供电控制电路的目的，是通过控制扩展系统不同扩展器件电路模块供电电源的通断来开启或关闭相应的扩展器件，从而既方便对扩展系统进行相关调试，又可针对不同应用来开启有用的扩展电路模块，关闭无用的扩展电路模块并释放其占用的 DSP 相关资源。供电控制电路的设计对于处于功能验证与调试阶段的 DSP 应用系统，以及 DSP 教学实验开发系统这类 DSP 系统的开发是有一定益处的。同时，供电控制电路的设计十分简单，图 4.49 所示给出了一种这类电路的设计方案。在图 4.49 中，一个 6 位拨码开关 7～12 引脚从扩展接口电路的 DVDD 引脚获得 3.3V 供电电压，而 1～6 引脚则分别连接液晶、FLASH、CPLD、UART、TLV5636（D/A 器件）、TLV2541（A/D 器件）的供电输入引脚，这样通过拨通或关断扩展电路对应的相应拨码开关就能完成相应扩展电路的开启或关闭控制。

3. UART 电路

UART 异步串行通信是 DSP 应用系统同 PC 进行通信的一种常用有效手段，但是遗憾的是，TMS320V5416 处理器片上外设并没有 UART 收发控制器。解决这个问题的常用方法有两类，一类是软件模拟方法，即通过 TMS320V5416 处理器的 BIO 和 XF 两个通用 I/O 引脚，利用软件模拟 UART 通信传输模式来实现 UART 通信；另一类是硬件扩展方法，即通过 TMS320V5416 处理器已有的其他通信接口来扩展带有 UART 收发控制器的芯片，从而实现 UART 通信。硬件扩展方法虽然比软件模拟法成本高，但软件开销小，UART 收发通信控制方便。因此，这里介绍硬件扩展设计方法。

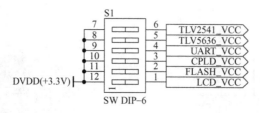

图 4.49　TMS320VC5416 扩展系统供电控制电路原理图

可用于扩展 TMS320V5416 处理器 UART 收发控制器的芯片比较多，考虑到 TMS320V5416 处理器有 3 个 McBSP 串口，且只能提供 3.3V 的供电电压，所以这里选择带有 SPI 串行接口的 MAX3111E 芯片来扩展 TMS320V5416 处理器的 UART 收发控制器。

TMS320V5416 扩展系统 UART 电路如图 4.50 所示。UART 电路主要包括 3 个部分：其一，UART 电路的核心器件 MAX3111E 的供电电源来自供电控制电路；其二，UART 电路采用最简单的二线 UART 通信方式，即仅仅只有收发两条线路，同时 MAX3111E 芯片与 PC 通过标准的 9 针串口插座 JP1 互连，其与 PC 串口进行通信的波特率时钟由外扩的 3.688 4MHz 晶体和内部的波特率时钟发生器共同产生；其三，MAX3111E 芯片通过 SPI 接口与 TMS320VC5416 处理器的 McBSP1 串口对应引脚互连，同时 MAX3111E 芯片的中断输出引脚$\overline{IRQ}$与 TMS320VC5416 处理器的外部中断 2 输入引脚$\overline{INT2}$互连，当 MAX3111E 芯片通过 UART 收到来自 PC 的数据时，便会通过$\overline{IRQ}$引脚向 DSP 产生中断信号，从而告之 DSP 可以从 MAX3111E 芯片处读取由 PC 发送过来的数据。

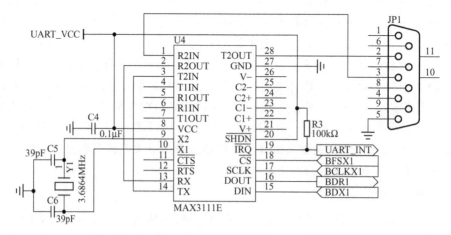

图 4.50　TMS320VC5416 扩展系统 UART 电路原理图

4. A/D 与 D/A 转换电路

A/D 与 D/A 转换电路是 DSP 应用系统常用电路之一，但是 TMS320V5416 处理器片上外设并没有 A/D 与 D/A 转换器，因此外扩 A/D 与 D/A 转换器芯片是唯一的解决办法。A/D 与 D/A 转换器芯片种类较多，主要可分为并口型和串口型的转换器。考虑到并口型的 A/D 与 D/A 转换器芯片虽然转换速率一般比串口型的高，但体积大且占用的 DSP 资源多（如多位数据线、地址线等），而 TMS320V5416 处理器有 3 个 McBSP 串口，且只能提供 3.3V 的供电电压，所以这里介绍采用 SPI 串口型的 A/D 与 D/A 转换器芯片，其中 D/A 转换器采用最小建立时间为 1μs 的 12 位 D/A 芯片 TLV5636，A/D 转换器芯片采用最大 200KSPS（采样千次每秒）的 12 位 A/D 芯片 TLV2541。

TMS320V5416 扩展系统 A/D 与 D/A 转换电路如图 4.51 所示。A/D 与 D/A 转换电路主要包括四个部分：其一，A/D 与 D/A 转换电路共用一个 TMS320V5416 处理器的 McBSP0 串口，并通过 TMS320V5416 处理器通用 I/O 引脚 XF 输出高低电平来选择 A/D 与 D/A 转换器芯片之一处于工作状态（芯片 TLV5636 与 TLV2541 的选择控制逻辑如图 4.52 所示，TMS320V5416 处理器引脚 XF 直接与 TLV2541 的 $\overline{CS}$ 引脚相连，而 XF 引脚经过 CPLD 逻辑电路的非门处理后再与 TLV5636 的 $\overline{CS}$ 引脚相连，从而保证 XF 引脚一次只能选择让其中一个器件工作）；其二，A/D 与 D/A 转换电路的主要器件 TLV5636 与 TLV2541 的供电电源来自供电控制电路；其三，芯片 TLV5636 与 TLV2541 都通过 SPI 接口与 McBSP0 串口对应引脚相连；其四，P6、P7 分别是芯片 TLV5636 与 TLV2541 设置参考电压、D/A 转换输出以及 A/D 转换输入信号的引出端口。

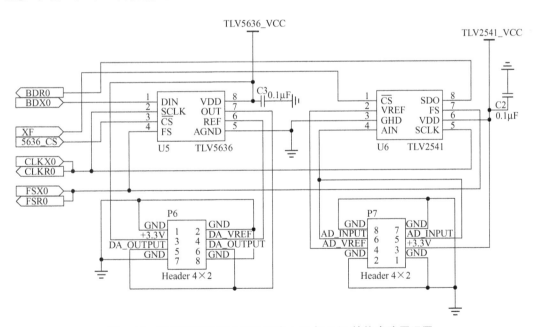

图 4.51 TMS320VC5416 扩展系统 A/D 与 D/A 转换电路原理图

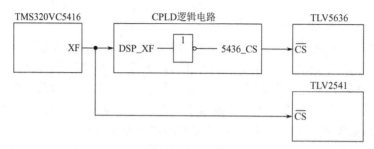

图 4.52　A/D 与 D/A 转换电路中芯片 TLV5636 与 TLV2541 选择控制逻辑

5. CPLD 逻辑电路

逻辑电路在 DSP 应用系统中，特别是复杂的应用系统中，是应用较为广泛的电路模块之一。在 DSP 应用系统中设计逻辑电路通常有两个目的：其一，通过逻辑电路为 DSP 的外扩器件分配系统中唯一的地址以及组合控制逻辑；其二，通过逻辑电路为 DSP 系统的各个器件提供所需的逻辑转换。利用 CPLD 作为 DSP 应用系统的逻辑电路核心器件，不仅能很好地实现上述两个目的，同时与一般的各种逻辑门芯片相比还具有下列优势：其一，一个 CPLD 器件可以同时提供与、或、非等多种逻辑以及组合逻辑，可有效减少系统所需的各种门器件数目，从而提高系统的集成度和可靠性；其二，CPLD 器件可在线编程，可根据需要灵活地改变输入输出逻辑关系，方便系统调试与升级；其三，CPLD 器件种类多、成本低，可根据实际需要灵活选择。因此，这里介绍的逻辑电路采用 CPLD 作为核心器件，且 CPLD 选择 ALTER 公司的 MAX7000A 系列 EPM7064AETC44-10 芯片（含有宏单元 64 个，速度为 10，引脚数为 44，I/O 电压为 3.3V）。

在 TMS320V5416 扩展系统中，需要分配地址或组合控制逻辑的器件有 3 个，即 FLASH、TLV5636 以及液晶模块。DSP 的地址总线与控制总线经 EPM7064AETC44-10 芯片的逻辑转换与组合形成上述 3 个器件的地址与控制逻辑，其示意图如图 4.53 所示。TMS320V5416 处理器 A14、A15、A21、A22 的 4 根地址线引脚，$\overline{DS}$、$\overline{PS}$、READY、XF 等控制总线引脚以及时钟输出引脚 CLKOUT 经过 CPLD 芯片 EPM7064AETC44-10 的逻辑转换与组合分别形成液晶、FLASH 以及 TLV5636 器件的地址或控制逻辑。CPLD 器件内部具体逻辑由编程实现，其一种逻辑实现在 QuartusⅡ7.0 软件下的原理图输入程序如图 4.54 所示。

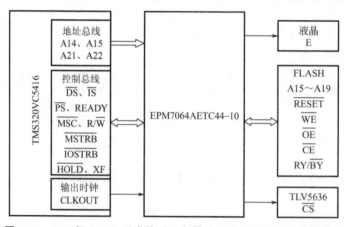

图 4.53　DSP 经 CPLD 形成的对 3 个器件的地址与控制逻辑示意图

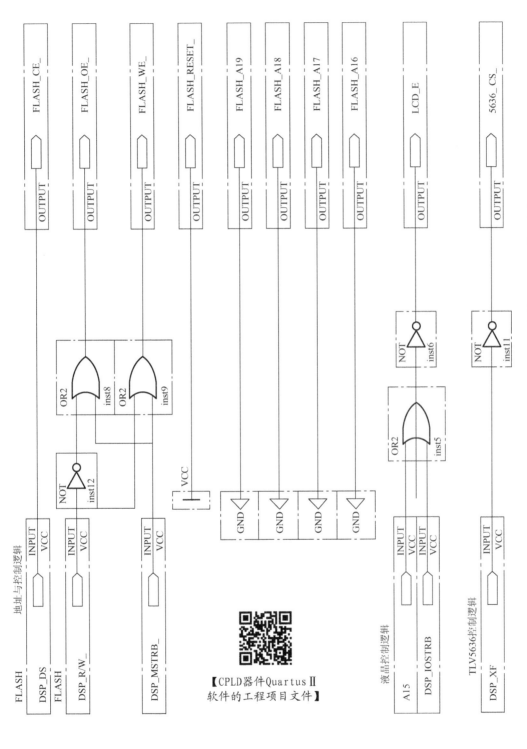

图4.54 CPLD器件一种逻辑实现在Quartus Ⅱ 7.0软件下的原理图输入程序

【CPLD器件Quartus Ⅱ
软件的工程项目文件】

下面给出 TMS320V5416 扩展系统 CPLD 逻辑电路的原理图。CPLD 逻辑电路原理图如图 4.55 所示，CPLD 器件在线编程接口电路原理图如图 4.56 所示。CPLD 逻辑电路的硬件设计包括 3 个部分：其一，CPLD 器件 EPM7064AETC44.10 的供电电源来自供电控制电路；其二，CPLD 器件在线调试与编程需设计 JTAG 编程接口，其编程口电路设计如图 4.56 所示，注意在编程接口中，为防止外部干扰改变 CPLD 器件运行状态或内部逻辑，CPLD 器件编程接口 TCK 引脚应接 10kΩ 下拉电阻，而 TMS、TDI、TDO 引脚则应分别接 10kΩ 上拉电阻；其三，DSP 的地址总线引脚和控制总线引脚，以及液晶、FLASH 和 TLV5636 等 3 个器件的地址输入引脚与控制逻辑输入引脚分别与 CPLD 相连。

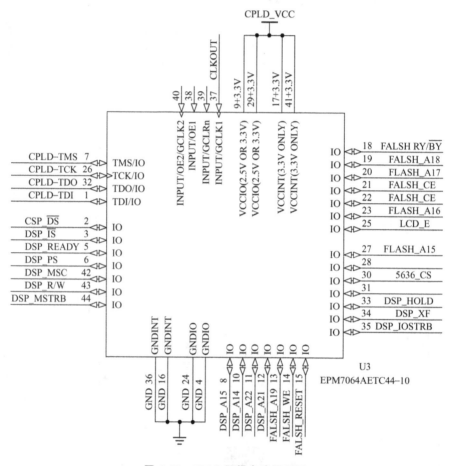

图 4.55　CPLD 逻辑电路原理图

6. FLASH 电路

存储器电路是 DSP 应用系统必不可少的电路之一。在 DSP 应用系统中，存储器按用途可分为数据存储器与程序存储器；按存储性质可分为 RAM 型存储器与 ROM 型存储器。FLASH 这种可电擦除的非易失性存储器，虽然其读写访问的速度一般较 SRAM 或 SDSAM 这类掉电易失性存储器慢，但由于其既可用于存取数据又可用于存储程序代码，所以在 DSP 应用系统中，特别在是诸如 TMS320VC5416 这种芯片上没有电可擦除 ROM 的 DSP 应用系统中，其应用十分广泛。这里以 AMD 公司 16Mb 的 FLASH 存储器 Am29LV160D 为例，说明 DSP 扩展系统中 FLASH 电路的设计。

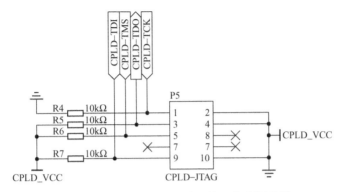

图 4.56 CPLD 器件在线编程接口电路原理图

下面给出 TMS320V5416 扩展系统 FLASH 电路的原理图。FLASH 电路原理图如图 4.57所示。FLASH 电路的设计包括 4 个部分：其一，FLASH 器件 Am29LV160D 的供电电源来自供电控制电路；其二，FLASH 器件的 47 引脚 $\overline{\text{BYTE}}$ 接 10kΩ 上拉电阻，将 FLASH 设置为按 16bit 模式读写数据；其三，FLASH 器件的 $\overline{\text{CS}}$、$\overline{\text{WE}}$、$\overline{\text{RESET}}$ 等控制输入引脚通过 CPLD 逻辑电路的组合逻辑与转换间接与 TMS320VC5416 处理器的控制总线相连；其四，FLASH 器件的数据总线 D0～D15、低位地址总线 A0～A14 等直接与 TMS320VC5416 处理器的对应数据总线和低位地址总线相连。

U2 Am29LV160D		
FLASH_A15 1 — A15	A16 — 48 FLASH_A16	FLASH_VCC
A14 2 — A14	BYTE — 47	R8
A13 3 — A13	VSS — 46	10kΩ
A12 4 — A12	DQ15 — 45 D15	
A11 5 — A11	DQ7 — 44 D7	
A10 6 — A10	DQ14 — 43 D14	
A9 7 — A9	DQ6 — 42 D6	
A8 8 — A8	DQ13 — 41 D13	
FLASH_A19 9 — A19	DQ5 — 40 D5	
10 — NC(A20)	DQ12 — 39 D12	
FLASH_WE 11 — WE	DQ4 — 38 D4	
FLASH_RESET 12 — RESET	VDD — 37 FLASH_VCC	
13 — NC	DQ11 — 36 D11	
14 — NC	DQ3 — 35 D3	
FLASH_RY/BY 15 — RY/BY	DQ10 — 34 D10	
FLASH_A8 16 — A18	DQ2 — 33 D2	
FLASH_A17 17 — A17	DQ9 — 32 D9	
A7 18 — A7	DQ1 — 31 D1	
A6 19 — A6	DQ8 — 30 D8	
A5 20 — A5	DQ0 — 29 D0	
A4 21 — A4	OE — 28 FLASH_OE	
A3 22 — A3	VSS — 27	
A2 23 — A2	CE — 26 FLASH_CE	
A1 24 — A1	A0 — 25 A0	

图 4.57 TMS320VC5416 扩展系统 FLASH 电路原理图

7. 液晶电路

液晶是 DSP 应用系统中常用的输出显示器件，常用的液晶有字符型液晶和图形点阵液晶两种，而液晶的通信接口也有串行与并行接口之分，这里以并口字符型液晶为例说明液晶电路的硬件设计。另外，考虑到 TMS320VC5416 处理器的 I/O 电压是 3.3V，所以这里选择的液晶具体型号为供电电压 3.3V 的 64×128 点字符型液晶 HS12864-15C（可显示 4×8 个汉字或 4×16 个字符）。

下面给出 TMS320V5416 扩展系统液晶电路的原理图。液晶电路原理图如图 4.58 所示，TMS320VC5416 扩展系统与液晶连接后的电路实物图如图 4.59 所示。液晶电路的硬件设计包括 4 个部分：其一，液晶 HS12864-15C 的供电电源来自供电控制电路；其二，由电阻 R2 和电容 C1 构成了液晶的加电复位电路；可调电阻 R1 用于调节液晶显示字符的对比度；其三，液晶的使能控制输入引脚 E 通过 CPLD 逻辑电路的组合逻辑间接与 TMS320VC5416 处理器的控制总线相连；其四，液晶的数据总线 DB0～DB7、RW、RS 引脚直接与 TMS320VC5416 处理器的对应数据总线和控制总线相连。

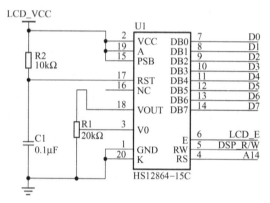

图 4.58　液晶电路原理图

图 4.59　TMS320V5416 扩展系统与液晶互连实物图

通过上述 7 个电路模块的设计，TMS320VC5416 扩展系统电路原理图设计基本完成，剩下的硬件设计工作就是根据电路原理图设计对应的 PCB 图以及制作焊接 PCB。图 4.60 所示为利用 PROTEL DXP 软件绘制的 TMS320VC5416 扩展系统 PCB 图（注意：该 PCB 图中的所有接地引脚均和 PCB 图中顶层和底层大面积铺铜相连，但为方便观看元器件布局、走线、标注等设计细节，将 PCB 图中顶层和底层大面积铺铜去掉了），图 4.61 则是利用图 4.60 所示 PCB 图加工制作出来的 PCB 的正面与背面实物图。

4.4.3　TMS320VC5416 扩展系统测试软件设计

TMS320VC5416 扩展系统硬件设计、制作以及焊接完成后，必要的电气测试是硬件测试的第 1 步；利用 CCS 集成开发环境编写测试软件进行硬件仿真，检验 DSP 扩展系统各电路模块是否能正常工作，则是硬件测试的第 2 步。第 1 步测试可以在系统加电前后通过万用表等测试设备完成检验。第 2 步测试需要首先将 TMS320VC5416 扩展系统与 TMS320VC5416 最小系统互连，通过在 TMS320VC5416 处理器中分别运行 DSP 扩展系统各电路模块测试程序来检验 DSP 扩展系统各个电路模块的功能是否正常。

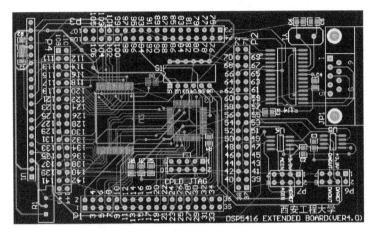

图 4.60 TMS320VC5416 扩展系统 PCB 图

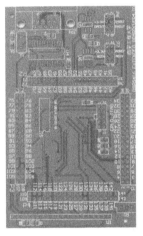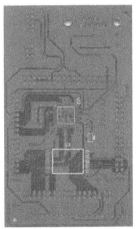

图 4.61 TMS320VC5416 扩展系统 PCB 的正面与背面实物图

在设计 TMS320VC5416 扩展系统时，系统共由 7 大电路模块构成，即扩展接口电路模块、供电控制电路模块、A/D 与 D/A 转换电路模块、液晶电路模块、UART 电路模块，CPLD 逻辑电路模块以及 FLASH 电路模块。在这 7 大电路模块中，扩展接口电路需要保证 TMS320VC5416 扩展系统与 TMS320VC5416 最小系统正确互连以及良好稳定的接触，而供电控制电路则需要完成对 TMS320VC5416 扩展系统其他各个电路模块的供电控制。对这 2 个电路模块的硬件功能测试不涉及软件，通过万用表这一常用测试工具就可以完成。另外，在 CPLD 逻辑电路模块中，CPLD 器件 EPM7064AETC44.10 芯片需要利用 Quartus Ⅱ 软件编写、调试、仿真并下载相关程序，本例中 CPLD 器件的一种原理图输入程序如图 4.54 所示，由于该原理图输入程序比较简单，且不涉及 DSP 程序，所以这里不再讨论 CPLD 逻辑电路模块的功能测试。下面集中讨论 DSP 扩展系统其他 4 大电路模块测试软件的编写，并在 4.4.4 节介绍软硬件联合调试的情况。

测试软件需配合硬件测试 DSP 扩展系统 4 大电路模块如下几个方面的功能是否正常。

（1）DSP 是否能通过其 McBSP1 串行接口控制 UART 电路完成与 PC 的 UART 通信。

（2）DSP 是否能通过其并口正确读写 FLASH 存储器。

（3）DSP 是否能通过其并口控制液晶正确显示。

（4）DSP 是否能通过其 McBSP0 串行接口控制 A/D 与 D/A 电路完成对模拟信号的采样与重构。

1. 功能（1）的测试软件设计

【TMS320VC5416 扩展系统功能(1) 的CCS软件工程 项目文件】

为了测试 DSP 是否能通过其 McBSP1 串行接口控制 UART 电路完成与 PC 的 UART 通信，测试程序设计思路是：其一，将 DSP 的 McBSP1 串行接口设置为 SPI 通信模式，并利用 McBSP1 接口配置 UART 模块主芯片 MAX3111E 与 PC 进行 UART 通信的通信参数（例如：波特率为 9600 波特，数据位数为 8 位，没有奇偶检验位，停止位为 1 位）；其二，DSP 通过 McBSP1 接口先接收从 PC "串口调试器" 软件（该软件可以在网络上下载）发送过来的字符，再将接收的字符发送回 PC；其三，当 DSP 接收的 UART 字符数超过 20 个时，DSP 通过其 McBSP1 接口关闭 MAX3111E 与 PC 的 UART 通信，并通过 DSP 的 XF 引脚 LED 指示灯的不断闪烁来反映 DSP 与 PC UART 通信的完成，此时，通过在 PC "串口调试器" 软件中比较收发的 20 个字符数据是否一致，就可以判断 DSP 是否能通过其 McBSP1 串行接口控制 UART 电路完成与 PC 的 UART 通信。

测试程序设计过程如下：如图 4.62 所示，在 CCS 软件工作主界面中，建立名为 UART_TEST 的 CCS 工程项目（读者可通过扫描本章中的相关二维码获取本例中 UART_TEST 工程项目的全部程序代码），在该工程项目中包含了主程序文件 MAIN.c，中断矢量文件 CVECTORS.asm，公用函数文件 COMMON_FUNCTIONS.c，MAX3111E 器件驱动程序文件 UART.c，链接命令文件 VC5416.cmd，头文件 CPU_REG.h、UART.h 和 COMMON_FUNCTIONS.h。所有这些文件中，VC5416.cmd 文件、COMMON_FUNCTIONS.c 文件、COMMON_FUNCTIONS.h 文件均和 4.3.3 节中功能（1）测试项目 LED_TEST 的对应文件完全一致，而 MAIN.c 文件、UART.c 文件、UART.h 文件、CPU_REG.h 和 CVECTORS.asm 文件则需要重新编写或修改，下面重点介绍这 5 个程序文件。

主程序文件 MAIN.c 需要完成 DSP 加电后的初始化操作，然后开启 TMS320VC5416 处理器外部中断 2，接着将 DSP 片上串口 McBSP1 设置为与 MAX3111E 器件串行通信接口兼容的 SPI 工作模式，然后 DSP 通过中断方式等待由 PC "串口调试器" 软件发送过来的字符，接收到字符后再将字符发送回 PC。当 DSP 完成 20 个字符的收发后，立即通过 McBSP1 控制 MAX3111E 由正常工作模式转变为节电待机模式，从而关闭 MAX3111E 与 PC 的 UART 通信，并控制 XF 引脚 LED 指示灯周期性闪烁，以提示 DSP 通过其 McBSP1 串行接口控制 UART 电路与 PC 的 UART 通信已经结束。主程序文件 MAIN.c 程序流程如图 4.63 所示。

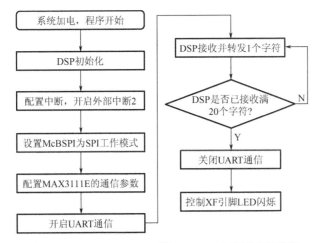

图 4.62　在 CCS 软件中建立的 UART ＿ TEST 工程项目

```
系统加电，程序开始
        ↓
     DSP初始化
        ↓
 配置中断，开启外部中断2
        ↓
 设置McBSPI为SPI工作模式
        ↓
 配置MAX3111E的通信参数
        ↓
    开启UART通信 ────────┐
                         │
        DSP接收并转发1个字符 ←─┐
                ↓              │
        DSP是否已接收满   ──N──┘
        20个字符?
                ↓ Y
        关闭UART通信
                ↓
        控制XF引脚LED闪烁
```

图 4.63　UART ＿ TEST 工程 MAIN. c 文件程序流程图

主程序文件 MAIN. c 的程序代码如下。

```
# include "cpu_reg. h"
# include "uart. h"
# include "common_functions. h"
unsigned int z,num;
void main()
{
    //DSP 初始化
    asm(" STM # 0000h,CLKMD ");//切换到 DIV 模式
    while( * CLKMD & 0x01 );//读 CLKMD 寄存器的 PLLSTATUS 位,检测 PLL 的状态
```

```
asm(" STM  # 97feh,CLKMD ");//设置 CPU 运行频率为 16MHz×10= 160MHz
Delay(2000);//延时,等待 DSP 时钟稳定
asm(" STM # 7fffh,SWWSR ");//设置 DSP 外设等待周期
asm(" STM # 00A8h,PMST ");//设置 MP/MC= 0,IPTR = 001,OVLY= 1,DROM= 1
asm(" STM # 0000h,BSCR ");//设置 CONSEC= 0,DIVFCT= 0,IACKOFF= 0,HBH= 0
* ST1 = * ST1 | 0x0800;//关闭所有可屏蔽中断
asm(" STM # 0000h,IMR ");//关闭所有硬件中断
asm(" STM # 0ffffh,IFR ");//清除所有中断标志位
asm(" STM # 0004h,IFR  ");//设置中断,开启外部中断 2
asm(" ORM # 0004h,* (IMR)");//开外部中断
asm("RSBX   INTM ");//开中断
//UART 测试(采用中断方式接收并转发 20 个 8bit 字符)
Uart_Init();//UART 初始化操作函数
num= 20; //接收并转发送 20 个 8bit 字符
while(num > 0);
Uart_Close();//UART 关闭操作函数
do//UART 测试完毕,利用 LED 闪烁作为 UART 测试完成的提示
{
    asm("  RSBX  XF ");
    Delay(0x100000);
    asm("  SSBX  XF ");
    Delay(0x100000);
}
    while(1);
}
interrupt void  Uart_int2()//外部中断 2(INT2)中断服务程序
{
    z= Uart_ReadData();//UART 读数据操作函数
    Uart_WriteData(z);//UART 写数据操作函数
    num- - ;
}
```

注意上述 main ( ) 函数程序代码对于 DSP 采用了中断方式接收 MAX3111E 从 PC 通过 UART 发送过来的字符，即 MAX3111E 接收 PC 通过 UART 发送过来的字符后，会通过其中断输出引脚$\overline{\text{IRQ}}$对 DSP 外部中断 2 引脚$\overline{\text{INT2}}$输出中断信号，DSP 从 INT2 输入引脚接收到中断信号后，通过外部中断 2 服务程序来接收由 MAX3111E 转接的 PC 通过 UART 发送过来的字符。当然，DSP 也可以采用查询方式来接收 MAX3111E 从 PC 上通过 UART 通信发送过来的字符。

MAX3111E 器件驱动程序文件 UART.c 定义了两类函数，其一，定义 DSP 串口 McBSP1 的相关处理函数，包括初始化函数、关闭函数、复位函数、开启函数、读配置函数、写配置函数、读数据函数、写数据函数；其二，定义了 UART 通信的相关处理函数，

包括 UART 初始化函数、读数据函数、写数据函数和关闭函数，而头文件 UART.h 则申明了 UART.c 文件中定义的各种函数，其具体程序代码如下。

```
# ifndef UART_H_
# define UART_H_
//McBSP1初始化函数
void McBSP1_Init(void);
//McBSP1关闭函数
void McBSP1_Close(void);
//McBSP1复位函数
void McBSP1_Reset(void);
//McBSP1启动函数
void McBSP1_Startup(void);
//McBSP1读配置函数
unsigned int McBSP1_ReadConfiguration(void);
//McBSP1写配置函数
unsigned int McBSP1_WriteConfiguration(unsigned int Config);
//McBSP1读数据函数
unsigned int McBSP1_ReadData(void);
//McBSP1写数据函数
unsigned int McBSP1_WriteData(unsigned int data);
//UART初始化操作函数
void Uart_Init(void);
//UART读数据操作函数
unsigned int Uart_ReadData(void);
//UART写数据操作函数
unsigned int Uart_WriteData(unsigned int data);
//UART关闭操作函数
void Uart_Close(void);
# endif
```

这里的 UART.c 文件程序和 4.3.3 节中介绍的 E2PROM.c 文件程序非常类似，限于篇幅，这里只给出了 McBSP1 初始化配置函数 McBSP1 _ Init（）与 Uart 初始化配置函数 Uart _ Init（）的程序代码，而省略了 UART.c 文件中其他函数的程序代码，并将编写具体程序代码的任务设计为课后习题，让读者根据 E2PROM.c 文件程序来尝试编写 UART.c 文件程序代码。读者也可通过扫描本章中的相关二维码获取本例中 UART _ TEST 工程项目的全部程序代码。

将 McBSP1 初始化为兼容 MAX3111E 器件 SPI 模式的 McBSP1 _ Init（）函数代码如下。

```
    void McBSP1_Init()
    {
        unsigned int tempt;
        //设置 McBSP1 处于复位状态,共 2 步
        //第 1 步:Reset SPCR1
        * McBSP1_SPSA = SPCR1;
        * McBSP1_SPSD = 0x0000;//RRST= 0
        Delay(5);
        //第 2 步:Reset SPCR2
        * McBSP1_SPSA = SPCR2;
        * McBSP1_SPSD = 0x0000;//FRST= 0,GRST= 0,XRST= 0
        Delay(10);
        //配置 McBSP1 各寄存器,共 9 步
        //第 1 步:Set PCR
        * McBSP1_SPSA = PCR;
        * McBSP1_SPSD = 0x0e0c; //XIOEN= 0,RIOEN= 0,FSXM= 1,FSRM= 1,CLKXM= 1,
CLKRM= 0,FSXP= 1,FSRP= 1,CLKXP= 0,CLKRP= 0;
        Delay(5);
        //第 2 步:Set RCR1
        * McBSP1_SPSA = RCR1;
        * McBSP1_SPSD = 0x0040;//RFRLEN1= 0000000,RWDLEN1= 010
        Delay(5);
        //第 3 步:Set RCR2
        * McBSP1_SPSA = RCR2;
        * McBSP1_SPSD = 0x0001;//RPHASE= 0,RFRLEN2= 0000000,RCOMPAND= 00,RFIG=
0,RDATDLY= 1
        Delay(5);
        //第 4 步:Set XCR1
        * McBSP1_SPSA = XCR1;
        * McBSP1_SPSD = 0x0040; //XFRLEN1= 0000000,XWDLEN1= 010
        Delay(5);
        //第 5 步:Set XCR2
        * McBSP1_SPSA = XCR2;
        * McBSP1_SPSD = 0x0001; //XPHASE= 0,XFRLEN2= 0000000,XCOMPAND= 00,XFIG=
0,XDATDLY= 1
        Delay(5);
        //第 6 步:Set SRGR1
        * McBSP1_SPSA = SRGR1;
        * McBSP1_SPSD = 0x009f; //FWID= 00000000,CLKGDV= 10011111
        Delay(5);
        //第 7 步:Set SRGR2
        * McBSP1_SPSA = SRGR2;
        * McBSP1_SPSD = 0x2000; //GSYNC= 0,CLKSM= 1,FSGM= 0,FPER= 000000000
        Delay(5);
```

```
    //第 8 步:Set SPCR1
    * McBSP1_SPSA = SPCR1;
    * McBSP1_SPSD = 0x1800; //DLB= 0,RJUST= 00,CLKSTP= 11,DXENA= 0,ABIS= 0,
RINTM= 00,RSYNCERR= 0,RRST= 0
    Delay(5);
    //第 9 步:Set SPCR2
    * McBSP1_SPSA = SPCR2;
    * McBSP1_SPSD = 0x0000; //FREE= 0,SOFT= 0,FRST= 0,GRST= 0,XINTM= 00,XSYN-
CERR= 0,XRST= 0
    Delay(20);
    //结束 McBSP1 复位状态,使能 McBSP1,共 2 步
    //第 1 步:Set SPCR1
    * McBSP1_SPSA = SPCR1;
    tempt = * McBSP1_SPSD;
    tempt = tempt | 0x0001;//RRST= 1
    * McBSP1_SPSD = tempt;
    Delay(6);
    //第 2 步:Set SPCR2
    * McBSP1_SPSA = SPCR2;
    tempt = * McBSP1_SPSD;
    tempt = tempt | 0x00c1;//FRST= 1,GRST= 1,XRST= 1
    * McBSP1_SPSD = tempt;
    Delay(60);
}
```

将 Uart 初始化配置为本例要求的 9600 波特、8 位数据位、无奇偶检验位、1 位停止位工作参数的 Uart_Init（）函数的具体程序代码如下。

```
void Uart_Init(void)
{
    unsigned int value;
    McBSP1_Init();//McBSP1 初始化为 SPI 工作模式
    Delay(40);
    do
    {
        value = McBSP1_WriteConfiguration(0x0c40b);//配置 MAX3111E 的 UART 工
作参数,包括:(1)FIFO 使能,(2)关闭 SOFTWARE SHUTDOWN,(3)接受寄存器有数据中断使能,(4)发
送 1 位停止位,(5)8 位数据位,(6)波特率为 9600 波特
        Delay(0x1000);
        value = McBSP1_ReadConfiguration();//读 UART 初始化配置
        Delay(0x1000);
    }
    while((value & 0x3fff)! = 0x040b);//检验写入与读出的配置参数是否一致
}
```

头文件 CPU＿REG.h 定义了程序中将要使用到的 TMS320VC5416 处理器的多个寄存器，该文件程序也与 4.3.3 节实现功能（2）的 E2PROM＿TEST 工程项目中的 CPU＿REG.h 文件程序非常类似，区别仅仅在于前者定义的是 McBSP1 相关寄存器，而后者定义的是 McBSP2 相关寄存器（读者可练习通过 TMS320VC5416 数据手册来查找 McBSP1 寄存器的相关地址）。因此，本例中的 CPU＿REG.h 文件可由 E2PROM＿TEST 工程项目中的 CPU＿REG.h 文件经简单修改获得，即将下列程序代码：

```
# define McBSP2_DRR2(unsigned int * )0x30 // McBSP2 Data Rx Reg2
# define McBSP2_DRR1(unsigned int * )0x31 // McBSP2 Data Rx Reg1
# define McBSP2_DXR2(unsigned int * )0x32 // McBSP2 Data Tx Reg2
# define McBSP2_DXR1(unsigned int * )0x33 // McBSP2 Data Tx Reg1
# define McBSP2_SPSA(unsigned int * )0x34 // McBSP2 Sub Bank Addr Reg
# define McBSP2_SPSD(unsigned int * )0x35 // McBSP2 Sub Bank Data Reg
```

修改为：

```
# define McBSP1_DRR2(unsigned int * )0x40 // McBSP1 Data Rx Reg2
# define McBSP1_DRR1(unsigned int * )0x41 // McBSP1 Data Rx Reg1
# define McBSP1_DXR2(unsigned int * )0x42 // McBSP1 Data Tx Reg2
# define McBSP1_DXR1(unsigned int * )0x43 // McBSP1 Data Tx Reg1
# define McBSP1_SPSA(unsigned int * )0x48 // McBSP1 Sub Bank Addr Reg
# define McBSP1_SPSD(unsigned int * )0x49 // McBSP1 Sub Bank Data Reg
```

由于本例中使用了外部中断 2 且 MAIN.c 文件中定义的中断服务函数名为 Uart＿int2（），因此本例中的中断矢量文件 CVECTORS.asm 与 4.2.2 节例子中的中断矢量文件 CVECTORS.asm 相比，仅有两处不同，即只需将 4.2.2 节例子中的下列程序代码：

```
Int2:      RETE
           NOP
           NOP
           NOP
```

修改为：

```
Int2:      BD_Uart_int2
           NOP
           NOP
```

2. 功能（2）的测试软件设计

为了测试 DSP 是否能通过其并口正确读写 FLASH 存储器，测试程序设计思路是：DSP 通过其并口向 FLASH 器件指定地址写入特定数据，然后读取这些指定地址的数据，通过比较输入与读出的数据是否一致来判断 DSP 是否能通过其并口正确读写 FLASH 存储器。另外，通过 DSP 的 XF 引脚 LED 指示灯的不同状态来反映 DSP 读写 FLASH 存储器测试的结果，以及 DSP 读写 FLASH 存储器是否正确。本例中用 LED 指示灯的周期性闪烁来反映 DSP 可正确读写 FLASH 存储器，而用 LED 指示灯的长亮来反映 DSP 不能正确读写 FLASH 存储器。

【TMS320VC5416扩展系统功能(2)的CCS软件工程项目文件】

测试程序设计过程如下：如图 4.64 所示，在 CCS 软件工作主界面中，建立名为 FLASH_TEST 的 CCS 工程项目。

在图 4.64 所示工程项目中包含了主程序文件 MAIN.c，中断矢量文件 CVECTORS.asm，公用函数文件 COMMON_FUNCTIONS.c，Am29LV160D 器件驱动程序文件 FLASH.c，链接命令文件 VC5416.cmd，头文件 CPU_REG.h、FLASH.h 和 COM-

【TMS320VC5416扩展系统功能(2)的调试视频】

MON_FUNCTIONS.h。所有这些文件中，VC5416.cmd 文件、CVECTORS.asm 文件、COMMON_FUNCTIONS.c 文件、COMMON_FUNCTIONS.h 文件均和 4.3.3 节中功能（1）测试项目 LED_TEST 的对应文件完全一致，而 MAIN.c 文件、FLASH.c 文件和 FLASH.h 文件则需重新编写，下面重点介绍这 3 个程序文件。

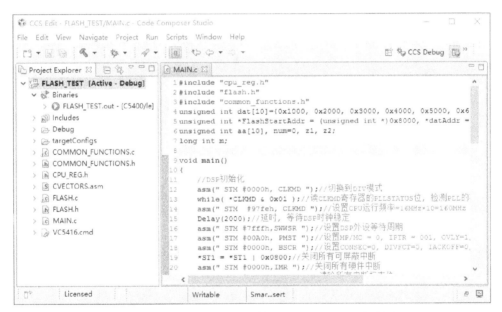

图 4.64 在 CCS 软件中建立的 FLASH_TEST 工程项目

主程序文件 MAIN.c 需要完成 DSP 加电后的初始化操作，然后反复检验 FLASH 器件，直到检测到其正常工作为止。接着对 FLASH 芯片进行擦除操作，进而对 FLASH 器件进行读/写操作，包括：分别向 FLASH 的 0x0245、0x0246 地址单元各写一个字的数据，从 FLASH 的 0 地址单元开始写一块数据（10B 数据），然后读取所有写入的 12B 数据，最后比较 FLASH 写入与读出的数据是否一致，并根据读写结果控制 XF 引脚 LED 指示灯闪烁或常亮。主程序文件 MAIN.c 的程序流程如图 4.65 所示。

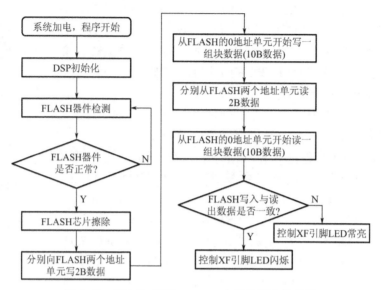

图 4.65　FLASH 工程 MAIN.c 文件的程序流程图

主程序文件 MAIN.c 的程序代码如下。

```
# include "cpu_reg.h"
# include "flash.h"
# include "common_functions.h"
unsigned int dat[10]= {0x1000,0x2000,0x3000,0x4000,0x5000,0x6000,
0x7000,0x8000,0x9000,0xa000};

unsigned int * FlashStartAddr = (unsigned int * )0x8000,* datAddr = dat;
unsigned int aa[10],num= 0,z1,z2;
long int m;
void main()
{
    //DSP初始化
    asm(" STM # 0000h,CLKMD ");//切换到 DIV 模式
    while( * CLKMD & 0x01 );//读 CLKMD 寄存器的 PLLSTATUS 位,检测 PLL 的状态
    asm(" STM  # 97feh,CLKMD ");//设置 CPU 运行频率为 16MHz×10= 160MHz
    Delay(2000);//延时,等待 DSP 时钟稳定
    asm(" STM # 7fffh,SWWSR ");//设置 DSP 外设等待周期
    asm(" STM # 00A0h,PMST ");//设置 MP/MC = 0,IPTR = 001,OVLY= 1,DROM= 0
    asm(" STM # 0000h,BSCR ");//设置 CONSEC= 0,DIVFCT= 0,IACKOFF= 0,HBH= 0
    * ST1 = * ST1 | 0x0800;//关闭所有可屏蔽中断
    asm(" STM # 0000h,IMR ");//关闭所有硬件中断
    asm(" STM # 0ffffh,IFR ");//清除所有中断标志位
    //接收数据变量与数组初始化
    z1= 0;
```

```
z2= 0;
for(m= 0;m< 10;m+ + )
{
    aa[m]= 0;
}
while(! Check_Flash_Inforation(FlashStartAddr));//FLASH 器件检测
//FLASH 烧写
Erase_Flash_AllChip(FlashStartAddr);//芯片擦除
Delay(0x2000);
//向 FLASH 的 0x0245 地址单元写一个字的数据
Write_OneWord_To_Flash(FlashStartAddr,0x0245,0x1234);
Delay(20);
//向 FLASH 的 0x0246 地址单元写一个字的数据
Write_OneWord_To_Flash(FlashStartAddr,0x0246,0x5678);
Delay(20);
//从 FLASH 的 0 地址单元开始写一块数据(10B 数据)
Write_OneBlock_To_Flash(FlashStartAddr,datAddr,0,10);
Delay(20);
//从 FLASH 的 0x0245 地址单元读一个字的数据
z1 = * (FlashStartAddr +  0x245);
//从 FLASH 的 0x0246 地址单元读一个字的数据
z2 = * (FlashStartAddr +  0x246);
for(m= 0;m< 10;m+ + )//从 FLASH 的 0 地址单元开始读一块数据(10B 数据)
{
    aa[m]= * (FlashStartAddr +  m);
}
for(m= 0;m< 10;m+ + )//计算从 FLASH 固定地址读取的数据与写入数据一致的数据
个数
{
  if(aa[m]= = dat[m])
    num+ + ;
}
//根据 DSP 读写 FLASH 存储器数据正确与否控制 LED 闪烁或常亮
while(1)
{
        if(num= = 10)
        {
        for(m= 0; m< 200000; m+ + )
        {
        }
        asm(" RSBX  XF ");
```

```
            for(m= 0;m< 200000;m+ + )
            {
            }
            asm(" SSBX  XF ");
        }
        else
        {
          asm(" RSBX  XF ");
        }
      }
    }
```

上述程序需要说明的是语句"unsigned int ＊ FlashStartAddr ＝ （unsigned int ＊）0x8000;"，该语句定义了 FLASH 器件的首地址在 DSP 数据存储空间的映射地址为 0x8000。FLASH 器件首地址在 DSP 数据存储空间的映射地址不是随便定义的，而是由几个因素决定的，这些因素是：① DSP 处理器寄存器标志位 DROM＝0。这意味着 DSP 数据存储空间 0x8000～0xffff 地址范围全部分配给了 DSP 片外存储器，因此外扩的 FLASH，如果要做数据存储器使用，其地址范围必须在 0x8000～0xffff 内。② 在 FLASH 电路的设计中，Am29LV160D 工作于 16bit 模式，且其存储容量为 1MB，而 DSP 数据存储空间可供外扩存储器使用的存储空间只有 32KB，明显小于 FLASH 存储容量，因此 FLASH 只能有部分存储单元映射到 DSP 数据存储空间。③ CPLD 逻辑电路提供的 FLASH 器件地址控制逻辑，如图 4.54 所示，一方面利用 DSP 的 $\overline{MSTRB}$ 引脚和 $\overline{DS}$ 引脚将 FLASH 器件映射到 DSP 数据存储空间上，另一方面将 FLASH 器件的高位地址总线 A16～A19 均直接设置为低电平，即直接将 FLASH 器件的 32K～64K 地址范围内的 32KB 映射到 DSP 数据存储空间。上述 3 个因素就直接确定了 FLASH 器件在 DSP 数据存储空间中的映射地址。

Am29LV160D 器件驱动程序文件 FLASH.c 定义了 7 个 FLASH 器件驱动函数，包括 FLASH 信息检测操作功能函数、FLASH 复位操作函数、FLASH 写操作状态检测功能函数、FLASH 芯片完全擦除操作状态检测功能函数、FLASH 芯片完全擦除操作功能函数、FLASH 写一个字操作功能函数、FLASH 写数据块操作功能函数。而头文件 FLASH.h 则申明了 FLASH.c 文件中定义的各种函数。这里的 FLASH.c 文件程序代码如下。

```
//FLASH 信息检测操作功能函数
int Check_Flash_Inforation(unsigned int * FlashStartAddr)
{
        //确定 Am29LV160D 是否正常
        unsigned int Temp1,Temp2;
        * (FlashStartAddr +  0x555)= 0x0aa;
        Delay(10);
```

```
        * (FlashStartAddr +  0x2AA)= 0x55;
        Delay(10);
        * (FlashStartAddr +  0x555)= 0x90;
        Delay(10);
        Temp1  =  * (FlashStartAddr +  0x00);//读器件厂家 ID: AMD
        Temp2  =  * (FlashStartAddr +  0x01);//读器件 ID: Am29LV160D
        Delay(10);
        if(Temp1= = 0x04 && Temp2= = 0x2249)
        {
            return(1);
        }
        else
        {
            return(0);
        }
}
//FLASH 复位操作函数
void Flash_reset(unsigned int * FlashStartAddr)
{
        * (FlashStartAddr)= 0x0f0;
        Delay(100);
}
//FLASH 写操作状态检测功能函数
int Check_Flash_Write_Status(unsigned int data,unsigned int * DstAddr)
{
        int return_value;
        unsigned int Loop = 1;
        unsigned int Temp,PreDQ7,CurrDQ7,CurrDQ5;
        PreDQ7 =  data & 0x0080;
        while(Loop)
        {
            Temp =  * DstAddr;
            CurrDQ7 =  Temp & 0x0080;
            CurrDQ5 =  Temp & 0x0020;
            if(PreDQ7 = =  CurrDQ7)
            {
                Loop =  0;
                return_value = 1;
            }
            else if( CurrDQ5 = =  0x020 )
            {
```

```
                        Temp =  * DstAddr;
                        CurrDQ7 =  Temp & 0x0080;
                        if(PreDQ7 = = CurrDQ7)
                        {
                            Loop = 0;
                            return_value = 1;
                        }
                        else
                        {
                            Loop = 0;
                            return_value = 0;
                        }
                    }
                }
        return(return_value);
}
//FLASH芯片完全擦除操作状态检测功能函数
int Check_Flash_Erase_Status(unsigned int * FlashStartAddr)
{
        int return_value;
        unsigned int Loop = 1;
        unsigned int PreDQ6DQ2,CurrDQ6DQ2,CurrDQ5;
        PreDQ6DQ2  = (* FlashStartAddr)&& 0x44;
        CurrDQ6DQ2 = (* FlashStartAddr)&& 0x44;
        while(Loop)
        {
            if(PreDQ6DQ2 = = CurrDQ6DQ2)
            {
                Loop = 0;
                return_value = 1;
            }
            else if( CurrDQ5 = = 0x020 )
            {
                PreDQ6DQ2  = (* FlashStartAddr)&& 0x44;
                CurrDQ6DQ2 = (* FlashStartAddr)&& 0x44;
                if(PreDQ6DQ2 = = CurrDQ6DQ2)
                {
                    Loop = 0;
                    return_value = 1;
                }
                else
```

```
                {
                    Loop = 0;
                    return_value = 0;
                }
            }
        }
        return(return_value);
}
//FLASH写一个字操作功能函数
void Write_OneWord_To_Flash(unsigned int * FlashStartAddr,unsigned int ad-
dress,unsigned int data)
{
    unsigned int * DstAddr;
    unsigned int return_value,loop;
    DstAddr = FlashStartAddr + address;
    loop = 1;
    * (FlashStartAddr + 0x555)= 0x0aa;
    Delay(10);
    * (FlashStartAddr + 0x2AA)= 0x55;
    Delay(10);
    * (FlashStartAddr + 0x555)= 0x0a0;
    Delay(10);
    * (DstAddr)= data;
    Delay(10);
    do
    {
        return_value = Check_Flash_Write_Status(data,DstAddr);
        if(return_value= = 1)
        {
            loop= 0;
        }
    }
    while(loop);
}
//FLASH芯片完全擦除操作功能函数
void Erase_Flash_AllChip(unsigned int * FlashStartAddr)
{
  unsigned int tempt= 1;
  do
  {
        if(tempt= = 0)
```

```
        {
            Flash_reset(FlashStartAddr);
        }
        * (FlashStartAddr + 0x555)= 0x0aa;
        Delay(10);
        * (FlashStartAddr + 0x2AA)= 0x55;
        Delay(10);
        * (FlashStartAddr + 0x555)= 0x080;
        Delay(10);
        * (FlashStartAddr + 0x555)= 0x0aa;
        Delay(10);
        * (FlashStartAddr + 0x2AA)= 0x55;
        Delay(10);
        * (FlashStartAddr + 0x555)= 0x030;
        Delay(10);
        Delay(200);
        tempt =  Check_Flash_Erase_Status(FlashStartAddr);
    }
  while(tempt= = 0);
}
//FLASH写数据块操作功能函数
void Write_OneBlock_To_Flash(unsigned int * FlashStartAddr,unsigned int * Sr-
cAddr,unsigned int DstAddr,int Num)
{
        unsigned int * SourceBuf;
        unsigned int * DestBuf;
        unsigned int return_value,loop= 1,data,* Addr;
        int Index;
        SourceBuf = SrcAddr;
        DestBuf = DstAddr+ FlashStartAddr;
        for(Index = 0; Index < Num; Index+ + )
        {
            * (FlashStartAddr + 0x555)= 0x0aa;
            Delay(10);
            * (FlashStartAddr + 0x2AA)= 0x55;
            Delay(10);
            * (FlashStartAddr + 0x555)= 0x0a0;
            Delay(10);
            * (DestBuf)= * SourceBuf;
            Delay(10);
            do
```

```
                    {
                        data =  * SourceBuf;
                        Addr =  DestBuf;
                        return_value =  Check_Flash_Write_Status(data,Addr);
                        if(return_value= = 1)
                        {
                            loop= 0;
                        }
                    }
                    while(loop);
                    DestBuf+ + ;
                    SourceBuf+ + ;
            }
    }
```

而 FLASH. h 文件程序代码如下。

```
    # ifndef FLASH_H_
    # define FLASH_H_
    # include "common_functions. h"
    //FLASH信息检测操作功能函数
    int Check_Flash_Inforation(unsigned int * FlashStartAddr);
    //FLASH复位操作函数
    void Flash_reset(unsigned int * FlashStartAddr);
    //FLASH写操作状态检测功能函数
    int Check_Flash_Write_Status(unsigned int data,unsigned int * DstAddr);
    //FLASH写一个字操作功能函数
    void Write_OneWord_To_Flash(unsigned int * FlashStartAddr,unsigned int ad-
dress,unsigned int data);
    //FLASH芯片完全擦除操作功能函数
    void Erase_Flash_AllChip(unsigned int * FlashStartAddr);
    //FLASH芯片完全擦除操作状态检测功能函数
    int Check_Flash_Erase_Status(unsigned int * FlashStartAddr);
    //FLASH写数据块操作功能函数
    void Write_OneBlock_To_Flash(unsigned int * FlashStartAddr,unsigned int * Sr-
cAddr,unsigned int DstAddr,int Num);
    # endif
```

3. 功能 (3) 的测试软件设计

液晶电路模块功能测试程序设计思路比较简单，即通过 DSP 并口向液晶指定行列地址写入特定字符，液晶的显示结果便可确认 DSP 是否能通过其并口控制液晶正确显示。另外，仍然通过控制 DSP 的 XF 引脚 LED 指示灯的周期性闪烁来提示测试结束。

【TMS320VC5416
扩展系统功能(3)
的调试视频】

【TMS320VC5416
扩展系统功能(3)
的CCS软件工程
项目文件】

测试程序设计过程如图 4.66 所示，在 CCS 软件工作主界面中，建立名为 LCD＿TEST 的 CCS 工程项目，在该工程项目中包含了主程序文件 MAIN.c，中断矢量文件 CVECTORS.asm，公用函数文件 COMMON＿FUNCTIONS.c，HS12864-15C 型液晶驱动程序文件 LCD.c，链接命令文件 VC5416.cmd，头文件 CPU＿REG.h、LCD.h 和 COMMON＿FUNCTIONS.h。所有这些文件中，VC5416.cmd 文件、CVECTORS.asm 文件、COMMON＿FUNCTIONS.c 文件、COMMON＿FUNCTIONS.h 文件及 CPU＿REG.h 文件均和 4.3.3 节中功能（1）测试项目 LED＿TEST 的对应文件完全一致，而 MAIN.c 文件、LCD.c 文件与 LCD.h 文件则需重新编写，下面重点介绍这 3 个程序文件。

主程序文件 MAIN.c 需要完成 DSP 加电后的初始化操作，然后控制 DSP 利用其并口向液晶进行写显示操作，包括：在液晶 0 行 0 列开始显示字符串"＊＊＊＊LCD TEST＊＊＊＊"，在液晶 1 行 0 列开始显示字符串"LCD 测试开始＞＞＞＞"，在液晶 2 行 2 列开始显示字符串"××××大学"，在液晶 3 行 0 列开始显示字符串"＜＜＜＜LCD 测试结束"。在液晶写显示操作完成后，控制 DSP 的 XF 引脚 LED 指示灯周期性闪烁以提示液晶测试结束。这里需要说明的是，LED 指示灯周期性闪烁功能是借助定时器 0 的定时来实现的。其具体做法是：通过定时器 0 定时溢出使得计数变量 ms 自加 1，而 DSP 则根据变量 ms 是否小于 500 来控制 XF 引脚电平翻转，改变 LED 指示灯显示状态，从而实现 LED 指示灯周期性闪烁功能。主程序文件 MAIN.c 的程序流程如图 4.67 所示。

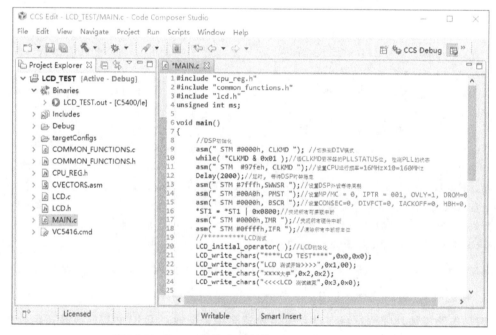

图 4.66　在 CCS 软件中建立的 LCD＿TEST 工程项目

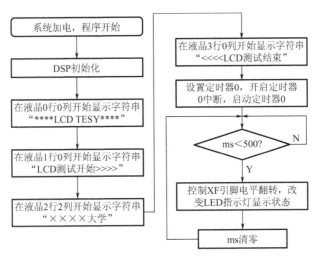

图 4.67　LCD _ TEST 工程 MAIN. c 文件的程序流程图

主程序文件 MAIN. c 的程序代码如下。

```
# include "cpu_reg. h"
# include "lcd. h"
# include "common_functions. h"
unsigned int ms;
void main( )
{
    //DSP 初始化
    asm(" STM # 0000h,CLKMD ");//切换到 DIV 模式
    while( * CLKMD & 0x01 );//读 CLKMD 寄存器的 PLLSTATUS 位,检测 PLL 的状态
    asm(" STM  # 97feh,CLKMD ");//设置 CPU 运行频率为 16MHz×10= 160MHz
    Delay(2000);//延时,等待 DSP 时钟稳定
    asm(" STM # 7fffh,SWWSR ");//设置 DSP 外设等待周期
    asm(" STM # 00A0h,PMST ");//设置 MP/MC= 0,IPTR= 001,OVLY= 1,DROM= 0
    asm(" STM # 0000h,BSCR ");//设置 CONSEC= 0,DIVFCT= 0,IACKOFF= 0,HBH= 0
    * ST1 = * ST1 | 0x0800;//关闭所有可屏蔽中断
    asm(" STM # 0000h, IMR ");//关闭所有硬件中断
    asm(" STM # 0ffffh,IFR ");//清除所有中断标志位
    //LCD 测试
    LCD_initial_operator( );//LCD 初始化
    LCD_write_chars("* * * * LCD TEST* * * * ",0x0,0x0);//设定第 1 行显示内容与
位置
    LCD_write_chars("LCD 测试开始> > > ",0x1,0x0);//设定第 2 行显示内容与位置
    LCD_write_chars("××××大学",0x2,0x2);//设定第 3 行显示内容与位置
    LCD_write_chars("< < < LCD 测试结束",0x3,0x0);//设定第 4 行显示内容与位置
```

159

```
//设置定时器 0,开启定时器 0 中断,启动定时器 0
asm("   STM # 0010h,TCR   ");//关闭定时器 0
asm("   STM # 0270fh,PRD   ");//设定定时 1ms,计算装载初值 270fh
asm("   STM # 0C2fh,TCR   ");//设置 Soft= 1,Free= 1,TRB= 1,TDDR= fh
asm("   STM # 0008h,IFR   ");//清除定时器 0 中断标志位
asm("   ORM # 0008h,* (IMR)");//使能开定时器 0 中断
asm("   RSBX   INTM ");//使能全部非可屏蔽中断
//LED 周期性闪烁控制
ms= 0;
while(1)
{
    while(ms< 500);
    ms= 0;
    asm("   RSBX   XF ");
    while(ms< 500);
    ms= 0;
    asm("   SSBX   XF ");
}
}
interrupt void  timer0( )//定时器 0 中断服务程序
{
    ms+ + ;
}
```

HS12864-15C 型液晶驱动程序文件 LCD.c 定义了 7 个液晶驱动函数，包括 LCD 读指令操作函数、LCD 忙状态检测函数、LCD 写指令操作函数、LCD 初始化操作函数、LCD 写一个汉字（16×16 点）操作函数、LCD 读一个汉字（16×16 点）操作函数、LCD 写一串字符操作函数。而头文件 LCD.h 则申明了 LCD.c 文件中定义的各种函数。这里的 LCD.c 文件程序代码如下。

```
//LCD 指令端口与数据端口定义
# define instructor_port  port0000//指令 IO 端口地址
ioport unsigned int port0000;
# define data_port  port8000//数据 IO 端口地址
ioport unsigned int port8000;
//LCD 读指令操作函数
unsigned char LCD_read_instructor(unsigned char command_number)
{
    unsigned char Value;
    switch(command_number & 0x0f)
    {
```

```
        case 0x00:{Value =  instructor_port;break;}
        //指令 0,读取忙标志和地址 a。
        case 0x01:{Value =  data_port;Delay(10);Value =  data_port;break;}
        //指令 1,读取显示 RAM 数据,其中第一次读为 Dummy Read,第二次读为正确数据。
        default: break;
    }
    return(Value);
}
void LCD_busy_check(void)//LCD 忙状态检测函数
{
    unsigned char Value;
    do
    {
        Delay(10);
        Value =  LCD_read_instructor(0x00)& 0x080;
    }
    while(Value);//检测 LCD 是否空闲
}
void LCD_write_instructor(unsigned char command_number,unsigned char command
_data)//LCD 写指令操作函数
{
    LCD_busy_check();//检测 LCD 是否空闲
    switch(command_number & 0x0f)
    {
        case 0x00:{instructor_port =  0x0001;break;}
        case 0x01:{instructor_port =  0x0002;break;}
        case 0x02:{instructor_port =  command_data & 0x0ff;break;}
        case 0x03:{instructor_port =  command_data & 0x0ff;break;}
        case 0x04:{instructor_port =  command_data & 0x0ff;break;}
        case 0x05:{instructor_port =  command_data & 0x0ff;break;}
        case 0x06:{instructor_port =  command_data & 0x0ff;break;}
        case 0x07:{instructor_port =  command_data & 0x0ff;break;}
        case 0x08:{data_port =  command_data & 0x0ff;break;}
        default: break;
    }
}
void LCD_initial_operator(void)//LCD 初始化操作函数
{
    Delay(60000);//延时> 40ms
    LCD_busy_check();//检测 LCD 是否空闲
    LCD_write_instructor(0x05,0x30);//设置功能设定控制字,设置为基本指令模式
```

```
        Delay(60000);//延时> 100 μs
        LCD_busy_check();//检测 LCD 是否空闲
        //设置功能设定控制字,设置为 8 位并口、基本指令模式
        LCD_write_instructor(0x05,0x30);
        Delay(60000);//延时> 37 μs
        LCD_busy_check();//检测 LCD 是否空闲
        //设置显示设定控制字,设置整体显示、开游标、显示开模式
        LCD_write_instructor(0x03,0x0e);
        Delay(60000);//延时> 100 μs
        LCD_busy_check();//检测 LCD 是否空闲
        LCD_write_instructor(0x00,0x00);//设置清除屏幕控制字,清除屏幕
        Delay(60000); //延时> 10ms
        LCD_busy_check();//检测 LCD 是否空闲
        LCD_write_instructor(0x02,0x06);//设置设定点控制字,设置游标右移模式
        Delay(60000);//延时> 100 μs
        LCD_busy_check();//检测 LCD 是否空闲
}
void LCD_write_one_char(unsigned char data,unsigned char hang_addr,
unsigned char lie_addr)//LCD写一个汉字(16×16 点)操作函数
{
        unsigned char addr;
        switch(hang_addr)
        {
                case 0:{addr =  0x80 +  lie_addr;break;}
                case 1:{addr =  0x90 +  lie_addr;break;}
                case 2:{addr =  0x88 +  lie_addr;break;}
                case 3:{addr =  0x98 +  lie_addr;break;}
                default: break;
        }
        LCD_write_instructor(0x07,addr);
        Delay(20);
        LCD_write_instructor(0x08,(((data & 0xff00)> > 8)& 0x0ff));
        LCD_write_instructor(0x08,(data & 0x0ff));
}
    unsigned char LCD_read_one_char(unsigned char hang_addr,unsigned char lie_ad-
dr)//LCD读一个汉字(16×16 点)操作函数
{
        unsigned char addr,value,tempt1,tempt2;
        switch(hang_addr)
        {
                case 0:{addr =  0x80 +  lie_addr;break;}
```

```
            case 1:{addr =  0x90 +  lie_addr;break;}
            case 2:{addr =  0x88 +  lie_addr;break;}
            case 3:{addr =  0x98 +  lie_addr;break;}
            default: break;
        }
        LCD_write_instructor(0x07,addr);
        Delay(20);
        tempt1 = LCD_read_instructor(0x01)& 0x0ff;
        tempt2 = LCD_read_instructor(0x01)& 0x0ff;
        value = ((tempt1 < < 8)& 0x0ff00)|(tempt2 & 0x0ff);
        return(value);
    }
    void LCD_write_chars(char * data,unsigned char hang_addr,unsigned char lie_
addr)//LCD写一串字符操作函数
    {
        unsigned char addr,tempt;
        switch(hang_addr)
        {
            case 0:{addr =  0x80 +  lie_addr;break;}
            case 1:{addr =  0x90 +  lie_addr;break;}
            case 2:{addr =  0x88 +  lie_addr;break;}
            case 3:{addr =  0x98 +  lie_addr;break;}
            default: break;
        }
        LCD_write_instructor(0x07,addr);
        Delay(20);
        while(* data >  0)
        {
            tempt =  * data;
            LCD_write_instructor(0x08,(tempt & 0x0ff));
            data+ + ;
        }
    }
```

在上述程序中，下列程序语句定义了 DSP 访问液晶的指令端口地址为 port0000，而数据端口地址为 port8000。上述指令 IO 端口地址和数据 IO 端口地址也不是随意指定的，而是由 CPLD 逻辑电路提供的液晶地址控制逻辑决定的。如图 4.54 所示，液晶使能引脚 E，受 DSP 地址引脚 A15 与控制引脚 $\overline{\text{IOSTRB}}$ 组合逻辑的控制，DSP $\overline{\text{IOSTRB}}$ 引脚的控制使得液晶被映射到 DSP 处理器的 IO 空间，而 DSP A15 引脚的控制则使得液晶在 DSP IO 空间的地址可以选择为 port0000 和 port8000。还需要说明的是，上述指令 IO 端口地址和数据 IO 端口地址并不唯一，如 port0001 和 port8001 同样可以作为液晶在

DSP IO 空间的地址。

```
# define instructor_port   port0000          //指令 IO 端口地址
ioport unsigned int port0000;
# define data_port   port8000                //数据 IO 端口地址
ioport unsigned int port8000;
```

FLASH. h 文件程序代码如下。

```
# ifndef COMMON_FUNCITONS_H_
# define COMMON_FUNCITONS_H_
# include "common_functions.h"
//LCD 读指令操作函数
unsigned char LCD_read_instructor(unsigned char command_number);
//LCD 忙状态检测函数
void LCD_busy_check(void);
//LCD 写指令操作函数
void LCD_write_instructor(unsigned char command_number,unsigned char command
_data);
//LCD 初始化操作函数
void LCD_initial_operator(void);
//LCD 写一个汉字(16×16点)操作函数
void LCD_write_one_char(unsigned char data,unsigned char hang_addr,unsigned
char lie_addr);
//LCD 读一个汉字(16×16点)操作函数
unsigned char LCD_read_one_char(unsigned char hang_addr,unsigned char lie_ad-
dr);
//LCD 写一串字符操作函数
void LCD_write_chars(char * data,unsigned char hang_addr,unsigned char lie_
addr);
# endif
```

【TMS320VC5416
扩展系统功能(4)
的CCS软件工程
项目文件】

4. 功能（4）的测试软件设计

为了测试 DSP 是否能通过其 McBSP0 串行接口控制 A/D 与 D/A 电路完成对模拟信号的采样与重构，测试程序设计思路为：将 DSP 的 McBSP0 串行接口配置为 SPI 通信模式，利用 DSP 通用 IO 引脚 XF 分时控制 A/D 器件 TLV2541 与 D/A 器件 TLV5636 分别处于工作状态，当 XF 引脚为高电平时使能 A/D 器件处于工作状态，当 XF 引脚为低电平时则使能 D/A 器件处于工作状态。为了通过一次实验就能验证 DSP 控制 A/D 器件完成采样功能与 D/A 器件完成重构功能，这里先将 A/D 器件与 D/A 器件的转换频率设置为同一数值。其次，将 A/D 器件与 D/A 器件的分时工作流程设计为：DSP 首先控制 A/D

器件处于运行状态，对模拟信号完成一次采样，然后 DSP 再控制 D/A 器件处于运行状态，直接将采样值进行 D/A 转换，这样反复交替工作实现将模拟信号采样后直接重构，当采样与重构 1 000 次后，A/D 采样与 D/A 转换测试完成，关闭 A/D 采样与 D/A 转换。最后，仍然通过控制 DSP 的 XF 引脚 LED 指示灯的周期性闪烁来提示测试结束。测试程序设计过程如下。

如图 4.68 所示，在 CCS 软件工作主界面中，建立名为 AD_DA_TEST 的 CCS 工程项目，在该工程项目中包含了主程序文件 MAIN.c，中断矢量文件 CVECTORS.asm，公用函数文件 COMMON_FUNCTIONS.c，A/D 器件 TLV2541 与 D/A 器件 TLV5636 的驱动程序文件 AD_DA.c，链接命令文件 VC5416.cmd，头文件 CPU_REG.h、AD_DA.h 和 COMMON_FUNCTIONS.h。所有这些文件中，VC5416.cmd 文件、CVECTORS.asm 文件、COMMON_FUNCTIONS.c 文件、COMMON_FUNCTIONS.h 文件均和 4.3.3 节中功能（1）测试项目 LED_TEST 的对应文件完全一致，而 MAIN.c 文件、AD_DA.c 文件、AD_DA.h 文件和 CPU_REG.h 文件则不相同，下面重点介绍这 4 个程序文件。

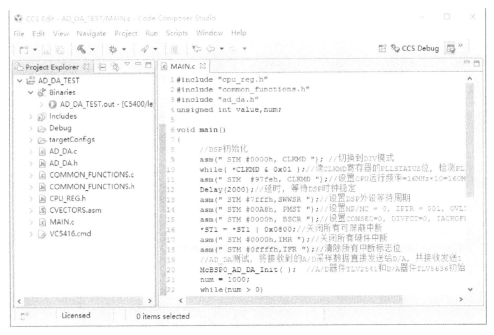

图 4.68 在 CCS 软件中建立的 AD_DA_TEST 工程项目

主程序文件 MAIN.c 需要完成 DSP 加电后的初始化操作，然后配置 McBSP0 串口工作于 SPI 通信模式，接着利用 McBSP0 串口控制 A/D 和 D/A 器件分别使能，即使能 A/D 器件完成对模拟信号的一次采样，进而使能 D/A 器件完成采样值的直接重构，将上述 A/D 采样和 D/A 重构转化 1 000 次后，关闭 A/D 采样和 D/A 转换，并通过 DSP 的 XF 引脚 LED 指示灯的周期性闪烁来提示测试结束。主程序文件 MAIN.c 的程序流程如图 4.69 所示。

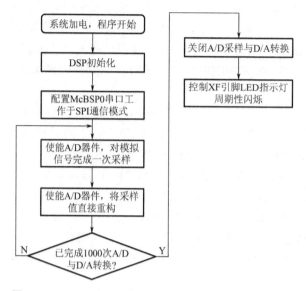

图 4.69　AD ＿ DA ＿ TEST 工程 MAIN. c 文件程序流程图

主程序文件 MAIN. c 的程序代码如下。

```
# include "cpu_reg.h"
# include "ad_da.h"
# include "common_functions.h"
unsigned int value,num;
void main()
{
    //DSP 初始化
    asm(" STM # 0000h,CLKMD ");//切换到 DIV 模式
    while( * CLKMD & 0x01 );//读 CLKMD 寄存器的 PLLSTATUS 位,检测 PLL 的状态
    asm(" STM  # 97feh,CLKMD ");//设置 CPU 运行频率为 16MHz×10= 160MHz
    Delay(2000);//延时,等待 DSP 时钟稳定
    asm(" STM # 7fffh,SWWSR ");//设置 DSP 外设等待周期
    asm(" STM # 00A0h,PMST ");//设置 MP/MC=0,IPTR=001,OVLY=1,DROM=0
    asm(" STM # 0000h,BSCR ");//设置 CONSEC=0,DIVFCT=0,IACKOFF=0,HBH=0
    * ST1 =  * ST1 | 0x0800;//关闭所有可屏蔽中断
    asm(" STM # 0000h,IMR ");//关闭所有硬件中断
    asm(" STM # 0ffffh,IFR ");//清除所有中断标志位
    //AD_DA 测试,将接收到的 A/D 采样数据直接发送给 D/A,共接收发送 1000 点数据
    McBSP0_AD_DA_Init();//A/D 器件 TLV2541 和 D/A 器件 TLV5636 初始化操作函数
    num = 1000;
    while(num >  0)
    {
        value = McBSP0_TLV2541_ReadData();//读 A/D 采样数据
```

```
        McBSP0_TLV5636_WriteData(value);//写采样数据完成 D/A 转换
        Delay(10);
        num- - ;
    }
    McBSP0_AD_DA_Close( );//A/D器件 TLV2541 和 D/A器件 TLV5636 关闭操作函数
    Do//AD_DA测试完毕,利用 LED 闪烁作为 AD_DA 测试完成的提示
    {
        asm(" RSBX  XF ");
        Delay(0x100000);
        asm(" SSBX  XF ");
        Delay(0x100000);
    }
    while(1);
}
```

A/D 器件 TLV2541 与 D/A 器件 TLV5636 驱动程序文件 AD_DA.c 定义了 9 个 A/D 与 D/A 器件驱动函数,包括 McBSP0 初始化操作函数、McBSP0 关闭操作函数、McB-SP0 复位操作函数、McBSP0 启动操作函数、D/A 器件写命令操作函数、D/A 器件写数据操作函数、A/D 器件读数据操作函数、A/D 与 D/A 器件初始化操作函数、A/D 与 D/A 器件关闭操作函数。而头文件 AD_DA.h 则申明了 AD_DA.c 文件中定义的各种函数,其具体程序代码如下。

```
# ifndef AD_DA_H_
# define AD_DA_H_
//McBSP0 初始化函数
void McBSP0_Init();
//McBSP0 关闭操作函数
void McBSP0_Close();
//McBSP0 复位操作函数
void McBSP0_Reset();
//McBSP0 启动操作函数
void McBSP0_Startup();
//通过 McBSP0 向 D/A 器件 TLV5636 的控制寄存器写命令操作函数
void McBSP0_TLV5636_WriteCommand(unsigned int data);
//通过 McBSP0 向 D/A 器件 TLV5636 的 D/A 寄存器写 DA 数据操作函数
void McBSP0_TLV5636_WriteData(unsigned int data);
//通过 McBSP0 向 D/A 器件 TLV2541 的读 DA 数据操作函数
unsigned int McBSP0_TLV2541_ReadData(void);
//D/A 器件 TLV2541 和 D/A 器件 TLV5636 初始化操作函数
void McBSP0_AD_DA_Init(void);
//D/A 器件 TLV2541 和 D/A 器件 TLV5636 关闭操作函数
void McBSP0_AD_DA_Close(void);
# endif
```

这里的 AD_DA.c 文件程序和 4.3.3 节中介绍的 E2PROM.c 文件程序非常类似，限于篇幅，这里只给出了 McBSP0 初始化配置函数 McBSP0_Init（）与 A/D 转换器、D/A 转换器初始化配置函数 AD_DA_Init（）的程序代码，而省略了 AD_DA.c 文件中其他函数的程序代码，并将编写具体代码的任务设计为课后习题，让读者根据 E2PROM.c 文件程序来尝试编写 AD_DA.c 文件程序代码，读者也可通过扫描本章中的相关二维码获取本例中 AD_DA_TEST 工程项目的全部程序代码。

将 McBSP0 初始化为兼容 A/D 转换器、D/A 转换器 SPI 模式的 McBSP0_Init（）函数代码如下。

```c
void McBSP0_Init()
{
    unsigned int tempt;
    //设置 McBSP0 处于复位状态,共 2 步
    //第 1 步:Reset SPCR1
    * McBSP0_SPSA = SPCR1;
    * McBSP0_SPSD = 0x0000;//RRST= 0
    Delay(5);
    //第 2 步:Reset SPCR2
    * McBSP0_SPSA = SPCR2;
    * McBSP0_SPSD = 0x0000;//FRST= 0,GRST= 0,XRST= 0
    Delay(10);
    //配置 McBSP0 各寄存器,共 9 步
    //第 1 步:Set PCR
    * McBSP0_SPSA = PCR;
    * McBSP0_SPSD = 0x0a00; //XIOEN= 0,RIOEN= 0,FSXM= 1,FSRM= 0,CLKXM= 0,
CLKRM= 0,FSXP= 0,FSRP= 0,CLKXP= 0,CLKRP= 0;
    Delay(5);
    //第 2 步:Set RCR1
    * McBSP0_SPSA = RCR1;
    * McBSP0_SPSD = 0x0040;//RFRLEN1= 0000000,RWDLEN1= 010
    Delay(5);
    //第 3 步:Set RCR2
    * McBSP0_SPSA = RCR2;
    * McBSP0_SPSD = 0x0001;//RPHASE= 0,RFRLEN2= 0000000,RCOMPAND= 00,RFIG=
0,RDATDLY= 1
    Delay(5);
    //第 4 步:Set XCR1
    * McBSP0_SPSA = XCR1;
    * McBSP0_SPSD = 0x0040; //XFRLEN1= 0000000,XWDLEN1= 010
```

```
    Delay(5);
    //第 5 步:Set XCR2
    * McBSP0_SPSA = XCR2;
    * McBSP0_SPSD = 0x0001; //XPHASE= 0,XFRLEN2= 0000000,XCOMPAND= 00,XFIG=
0,XDATDLY= 1
    Delay(5);
    //第 6 步:Set SRGR1
    * McBSP0_SPSA = SRGR1;
    * McBSP0_SPSD = 0x000A;//FWID= 00000000,CLKGDV= 00001001
    Delay(5);
    //第 7 步:Set SRGR2
    * McBSP0_SPSA = SRGR2;
    * McBSP0_SPSD = 0x2000; //GSYNC= 0,CLKSM= 1,FSGM= 0,FPER= 000000000
    Delay(5);
    //第 8 步:Set SPCR1
    * McBSP0_SPSA = SPCR1;
    * McBSP0_SPSD = 0x0000; //DLB= 0,RJUST= 00,CLKSTP= 10,DXENA= 0,ABIS= 0,
RINTM= 00,RSYNCERR= 0,RRST= 0
    Delay(5);
    //第 9 步:Set SPCR2
    * McBSP0_SPSA = SPCR2;
    * McBSP0_SPSD = 0x0200; //FREE= 1,SOFT= 0,FRST= 0,GRST= 0,XINTM= 00,XSYN-
CERR= 0,XRST= 0
    Delay(20);
    //结束 McBSP0 复位状态,使能 McBSP0,共 2 步
    //第 1 步:Set SPCR1
    * McBSP0_SPSA = SPCR1;
    tempt = * McBSP0_SPSD;
    tempt = tempt | 0x0001;//RRST= 1
    * McBSP0_SPSD = tempt;
    Delay(6);
    //第 2 步:Set SPCR2
    * McBSP0_SPSA = SPCR2;
    tempt = * McBSP0_SPSD;
    tempt = tempt | 0x00c1;//FRST= 1,GRST= 1,XRST= 1
    * McBSP0_SPSD = tempt;
    Delay(60);
}
```

配置 A/D 转换器与 D/A 转换器工作参数的 AD _ DA _ Init（ ）函数程序代码如下。

```
void McBSP0_AD_DA_Init(void)
{
    McBSP0_Init();//McBSP0 初始化为 SPI 工作模式
    McBSP0_Startup();//McBSP0 启动
    //通过 McBSP0 向 DA 器件 TLV5636 的控制寄存器写命令,启动 DA
    McBSP0_TLV5636_WriteCommand(0xd002);//R1= R0= 1,SPD= 1,PWR= 0,REF1=1 且
REF0= 1
    Delay(2);
}
```

头文件 CPU _ REG. h 定义了程序中将会用到的 TMS320VC5416 处理器的多个寄存器，该文件程序也和 4.3.3 节中介绍的 CPU _ REG. h 文件程序非常类似，区别仅仅在于前者定义的是 McBSP0 相关寄存器，而后者定义的是 McBSP2 相关寄存器。因此，这里将编写 CPU _ REG. h 文件代码的任务也留给读者，读者可通过练习查找 TMS320VC5416 数据手册中 McBSP0 寄存器的相关地址来完成相关程序代码的编写。

4.4.4 TMS320VC5416 扩展系统软硬件联合调试

TMS320VC5416 扩展系统硬件、软件设计完毕，就可以在 CCS 软件开发环境下利用 DSP 仿真器进行软硬件联合仿真调试了。软硬件联合仿真调试的过程与方法在 4.3.4 节已经介绍过，这里主要给出 4.4.3 节中介绍的 TMS320VC5416 扩展系统功能（1）、（2）、（3）、（4）的仿真调试步骤与结果。

1. TMS320VC5416 扩展系统功能（1）仿真调试结果

TMS320VC5416 扩展系统功能（1）仿真调试用于测试 DSP 系统是否能通过其 McBSP1 串行接口控制 UART 电路完成与 PC 的 UART 通信。调试包括下列 4 个步骤。

（1）完成硬件互连。这些硬件包括 TMS320VC5416 最小系统目标板、TMS320VC5416 扩展系统目标板、PC、UART 连接线以及 DSP 仿真器。

（2）在 CCS 软件中配置硬件仿真工作环境。

（3）在 CCS 软件中建立 4.4.3 节中介绍的 UART _ TEST 工程项目以及相关程序文件。

（4）在 CCS 软件中编译、链接 UART _ TEST 工程项目文件，并将 UART _ TEST. out 文件通过 DSP 仿真器下载到 DSP 目标系统开始仿真调试。

在 TMS320VC5416 扩展系统功能（1）的仿真调试中，需要在 PC 端打开图 4.70 所示的串口调试器软件，并按图 4.70 所示设置 PC 端 UART 通信参数（波特率为 9600 波特，数据位为 8 位，校验位为无，停止位为 1 位）。

4.4.3 节中设计的 UART 功能测试程序需要 PC 端串口调试器软件先向 DSP 系统发送字符，DSP 系统再将接收的字符发回 PC 端，当 DSP 系统收到 20 个字符后，UART 功能仿真调试结束。TMS320VC5416 扩展系统功能（1）仿真调试结果如图 4.71 所示，PC

端串口调试器软件向 DSP 系统发送了字符串"ABCDEFGHIJKLMNOPQRST",而 PC 端串口调试器软件又接收到 DSP 系统发送回来的字符串"ABCDEFGHIJKLM-NOPQRST",PC 端串口调试器软件收发的字符串是完全一致的,从而表明设计的 DSP 系统能通过其 McBSP1 串行接口控制 UART 电路完成与 PC 的 UART 通信。

图 4.70　PC 端串口调试器软件工作界面

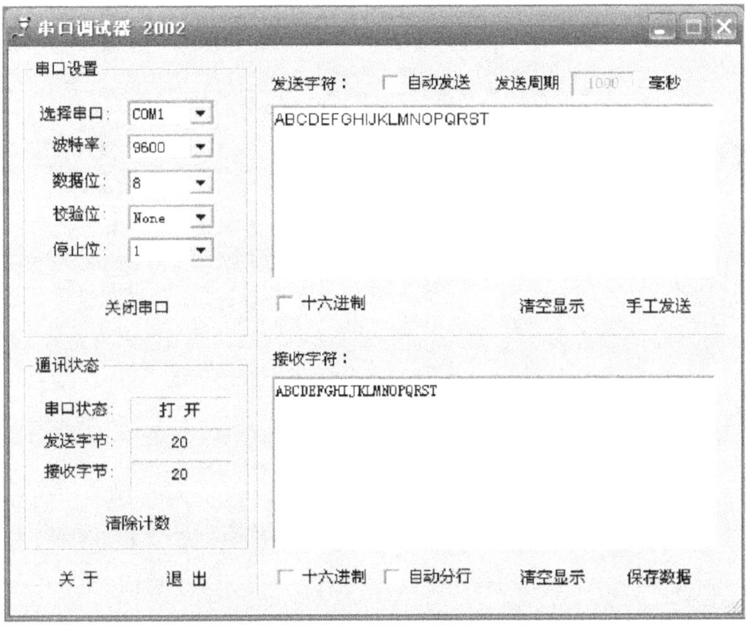

图 4.71　功能(1)仿真调试结果

2. TMS320VC5416 扩展系统功能（2）仿真调试结果

TMS320VC5416 扩展系统功能（2）仿真调试用于测试 DSP 系统是否能通过其并口访问并正确读写 FLASH 存储器，其调试包括下列 4 个步骤。

（1）完成硬件互连。这些硬件包括 TMS320VC5416 最小系统目标板、TMS320VC5416 扩展系统目标板、PC 以及 DSP 仿真器。

（2）在 CCS 软件中配置硬件仿真工作环境。

（3）在 CCS 软件中建立 4.4.3 节介绍的 FLASH_TEST 工程项目以及相关程序文件。

（4）在 CCS 软件中编译、链接 FLASH_TEST 工程项目文件，并将 FLASH_TEST.out 文件通过 DSP 仿真器下载到 DSP 目标系统开始仿真调试。

4.4.3 节中设计的 FLASH 功能测试程序通过两种 FLASH 写操作函数来向 FLASH 写入数据。第一种是调用"Write_oneWord_To_Flash（）"函数，先后向 FLASH 存储器地址 0x245 和 0x246 写入数据 0x1234 和 0x5678；第二种是调用"Write_oneBlock_To_Flash（）"函数，从 FLASH 存储器 0 地址开始一次性写入 10B 数据。在 DSP 完成对 FLASH 存储器指定地址和数据的写操作后，再将这些地址的存储数据读回，其中从 FLASH 存储器地址 0x245 和 0x246 读取的存储数据分别放在变量 z1 和 z2 中，而将从 FLASH 存储器 0 地址开始读出的 10B 数据存放在数组 aa［10］中。图 4.72 所示为 TMS320VC5416 扩展系统功能（2）的仿真调试结果。从图 4.72 所示的 CCS 软件 Expressions 窗口显示的调试结果可以看出，设计的 DSP 系统能通过其并口访问并正确读写 FLASH。

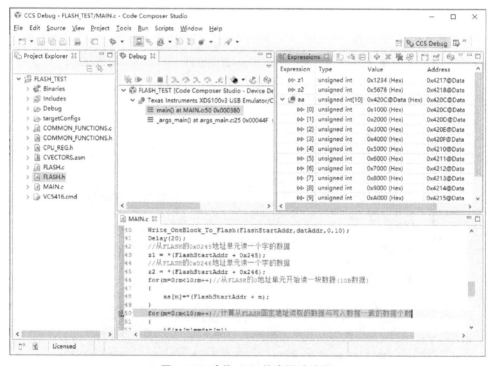

图 4.72　功能（2）仿真调试结果

3. TMS320VC5416 扩展系统功能（3）仿真调试结果

TMS320VC5416 扩展系统功能（3）仿真调试用于测试 DSP 系统是否能通过其并口控制液晶正确显示字符信息，其调试包括下列 4 个步骤。

（1）完成硬件互连。这些硬件包括 TMS320VC5416 最小系统目标板、TMS320VC5416 扩展系统目标板、PC、HS12864-15C 液晶模块及 DSP 仿真器。

（2）在 CCS 软件中配置硬件仿真工作环境。

（3）在 CCS 软件中建立 4.4.3 节介绍的 LCD_TEST 工程项目以及相关程序文件。

（4）在 CCS 软件中编译、链接 LCD_TEST 工程项目文件，并将 LCD_TEST.out 文件通过 DSP 仿真器下载到 DSP 目标系统开始仿真调试。

图 4.73 所示为 TMS320VC5416 扩展系统功能（3）的仿真调试结果，图中液晶显示的字符信息与液晶测试程序设计的液晶显示字符是完全一致的。这个简单的调试结果表明设计的 DSP 系统能通过其并口控制液晶正确显示字符信息。

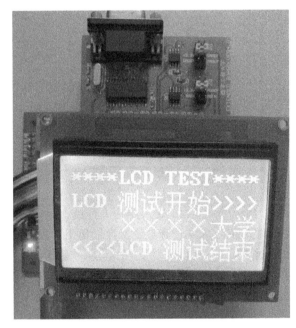

图 4.73　功能（3）仿真调试结果

4. TMS320VC5416 扩展系统功能（4）仿真调试结果

TMS320VC5416 扩展系统功能（4）仿真调试用于测试 DSP 是否能通过其 McBSP0 串行接口控制 A/D 与 D/A 电路完成对模拟信号的采样与重构，其调试包括下列 4 个步骤。

（1）完成硬件互连。这些硬件包括 TMS320VC5416 最小系统目标板、TMS320VC5416 扩展系统目标板、PC 以及 DSP 仿真器。注意 A/D 与 D/A 电路设计了参考电压选择电路，在进行硬件连接时务必完成参考电压的选择与连接，本例中 A/D 和 D/A 器件均选择 3.3V 供电电压作为参考电压。

（2）在 CCS 软件中配置硬件仿真工作环境。

（3）在 CCS 软件中建立 4.4.3 节介绍的 AD ＿ DA ＿ TEST 工程项目以及相关程序文件。

（4）在 CCS 软件中编译、链接 AD ＿ DA ＿ TEST 工程项目文件，并将 AD ＿ DA ＿ TEST.out 文件通过 DSP 仿真器下载到 DSP 目标系统开始仿真调试。

在 TMS320VC5416 扩展系统功能（4）仿真调试中，分别选择频率均为 168kHz，幅度均为 2V 的正弦波、锯齿波、方波作为 A/D 器件的模拟输入，图 4.74（a）、（b）、（c）分别为 D/A 器件利用 A/D 采样值直接重构获得的正弦波、锯齿波、方波信号在示波器上呈现的波形图，从图中可见重构获得的信号与原始模拟信号在频率与波形上完全一致。图 4.74 所示的仿真调试结果表明，设计的 DSP 系统能通过其 McBSP0 串行接口控制 A/D 与 D/A 电路完成对模拟信号的采样与重构。

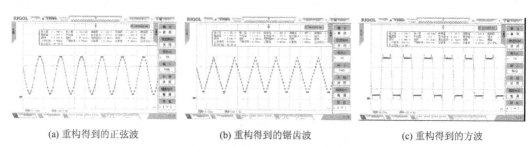

（a）重构得到的正弦波　　　（b）重构得到的锯齿波　　　（c）重构得到的方波

图 4.74　功能（4）仿真调试结果

4.5　TMS320VC5416 串行 E2PROM 自举设计实例

由前面的介绍可知，TMS320VC5416 处理器是一种掩膜 ROM 型 DSP，为开发方便，通常将其视为一种 RAM 型 DSP，其掉电后不能保存任何用户程序信息。因此，对于一个 DSP 系统，当用户程序通过 JTAG 仿真调试完毕后，为使 DSP 目标系统成为可脱离仿真器独立运行的系统，就必须对 DSP 系统进行自举设计。所谓"自举"是指 DSP 系统在满足一定工作条件下，DSP 芯片内的程序引导装载器（Bootloader）在 DSP 系统加电后，将自动地把存储在 DSP 芯片外部非掉电易失存储器内的用户程序代码搬移到 DSP 芯片中高速的片内 RAM 或系统扩展的存储器内，搬移成功后自动执行代码，完成 DSP 系统加电后的自启动。DSP 系统的自举设计有两个突出的优点：一是省去了对 DSP 芯片内 ROM 进行掩膜编程操作，从而避免了掩膜编程的高费用，以及须将程序提交给 DSP 芯片厂家完成掩膜编程的不便；二是 DSP 系统设计时，可将代码灵活地存储和配置在 DSP 片内外不同类型的存储器中。因此，DSP 自举功能给用户进行 DSP 独立运行系统设计带来了极大的方便。

本节将介绍 TMS320VC5416 处理器实现串行 E2PROM 自举的设计实例，包括 TMS320VC5416 处理器串行 E2PROM 自举的设计思路、硬件设计、软件设计、仿真调试等内容。希望通过这个设计实例让读者掌握 DSP 串行 E2PROM 自举的设计方法，也为读者设计 DSP 其他自举方案提供一种参考。

4.5.1　TMS320VC5416 串行 E2PROM 自举的设计思路

DSP 自举方式主要包括 HPI 自举、并行自举、串行 E2PROM 自举、标准串行自举、I/O 自举等。无论那种自举模式，DSP 系统要完成自举都需具备软、硬件两方面的条件。硬件上需要设计非掉电易失存储器，且选择的外部存储器通信接口需要符合 DSP 自举的要求。而串行 E2PROM 自举模式在硬件上与其他模式相比，采用 SPI 接口与 DSP 互连，占用 DSP 硬件资源少（仅仅占用 5 个引脚），且 E2PROM（特别是封装为贴片的）体积小、价格低。软件上需将用户代码按 DSP 自举规定的格式写入外部存储器中。常用的代码写入方式有两种：第一种是用专门的存储器硬件编程器实现。该方式的优点是程序代码烧写容易、可靠，缺点是存储器需烧写完成后，方能焊接到 DSP 系统中，且一旦焊接完成，存储器内的程序就很难改动。第二种是利用 DSP 与存储器的硬件通信接口，通过在仿真环境下编写 DSP 代码移植程序来实现。该方式克服了第一种方法的缺点，可使 DSP 系统在线编程调试，且使用灵活。

综上所述，本节将要介绍的 DSP 自举方法在硬件上采用 SPI 接口的串行 E2PROM 外部程序存储器，软件上采用仿真环境编程实现程序代码移植。由于这种 DSP 自举方法需要首先在仿真环境下编写用户应用程序，然后编写用户程序代码移植程序，因此该方法是在仿真环境下两次编程实现 DSP 的串行 E2PROM 自举。下面详细介绍该方法的软硬件设计和仿真调试情况。

4.5.2　TMS320VC5416 串行 E2PROM 自举的硬件设计

DSP 串行 E2PROM 自举方法的硬件设计比较简单，只需将 E2PROM 的 SPI 接口与 DSP 的 McBSP2 接口互连，如图 4.75 所示。其实在 4.3.2 节中已经介绍过 E2PROM 电路的设计，只是没有提到 E2PROM 电路可用于自举。

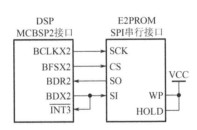

图 4.75　DSP 与 E2PROM 互连原理图

由于 DSP 支持多种自举方式，为避免 DSP 错误地进入其他自举方式，可将 DSP 的 McBSP2 接口的 BDX2 引脚与其外部中断 3 引脚相连，从而保证 DSP 系统加电后，DSP 片上 Bootloader 进入串行 E2PROM 自举方式。还需要说明的是，DSP 外部中断 2 输入引脚 $\overline{INT2}$ 最好接上拉电阻以防止噪声或干扰的影响，因为当 DSP 系统进入自举过程时，DSP 会按照某种特定顺序依次自动检测 DSP 系统所采用的自举方式，此时，DSP 会先检测 $\overline{INT2}$ 引脚是否有 HPI 自举信号，而后检测 $\overline{INT3}$ 引脚是否有串行 E2PROM 自举信号，如果此时干扰或噪声使得 $\overline{INT2}$ 突然有效，则 DSP 自动进入 HPI 自举工作模式，但 DSP

系统又没有 HPI 自举设计，从而最终导致自举失败。另外，SPI 接口 E2PROM 器件的选择须满足几个条件：其一，E2PROM 的一帧数据必须为 32bit，且每帧格式分别为 8bit 指令、16bit 地址、8bit 数据，如图 4.76 所示；其二，E2PROM 须支持 SPI 通信协议的 0（0，0）工作模式；其三，由于 DSP 片上 Bootloader 只能寻址 E2PROM 的 64KB 数据，所以 E2PROM 的容量不要大于 64KB。例如，AT25 系列芯片就完全满足上述要求，而且价格低廉。本例中采用 AT25256 型 E2PROM 器件。

4.5.3 TMS320VC5416 串行 E2PROM 自举的软件设计

【TMS320VC5416
串行 E2PROM 自举
调试视频之 CCS
软件第 1 次编程】

SPI 串行 E2PROM 自举方法的软件设计步骤较多，相对比较烦琐。如图 4.77 所示，软件设计大致分 3 个步骤完成。第 1 步，在 CCS 环境下编写用户 DSP 系统应用程序，仿真调试完毕后，生成 .out 程序代码文件，这是 CCS 环境下的第 1 次编程；第 2 步，将 CCS 环境下生成的 .out 文件通过程序代码中间过渡转换（如图 4.65 点画线框中所示）最终生成 .dat 文件，这一步骤是由多个 .exe 批处理文件在 DOS 环境下完成；第 3 步，第 2 次在 CCS 环境下编程，将第 2 步生成的 .dat 文件中的用户程序代码通过 DSP 的 McBSP2 接口移植到 E2PROM 中。

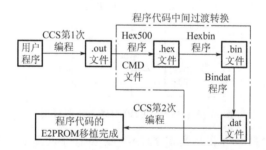

图 4.76　E2PROM 器件 SPI（读操作）通信时序图

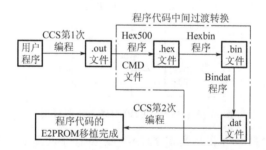

图 4.77　两次编程实现串口 E2PROM 自举的软件设计流程

上述三步过程完成以后，系统可实现在没有仿真器与软件仿真环境的条件下，加电后独立运行。软件设计三步骤的主要设计内容及注意事项分别介绍如下。

1. CCS 环境第 1 次编程

在 CCS 环境下进行第 1 次编程时，CCS 软件会根据用户设置将用户 DSP 系统应用程序生成对应的 .out 程序代码文件。而 .out 文件是一种按照 COFF（公共目标文件格式）

组织形成的文件，包含程序段、初始化数据段以及其他额外的信息数据。这里将以实现模拟信号 A/D 采样、FIR 数字滤波、D/A 重构输出三大功能的 FIR 数字滤波 DSP 应用程序作为本节的 CCS 环境第 1 次编程实例。

该 FIR 数字滤波实例的实现方案如图 4.78 所示。原始模拟信号 $s(t)$ 由信号发生器生产。模拟信号 $s(t)$ 的 A/D 采样、FIR 滤波及 D/A 重构由本章设计的 DSP 系统实现。DSP 系统中 TMS320VC5416 处理器负责 FIR 数字滤波运算，同时通过配置为 SPI 兼容模式的 McBSPo 接口，一方面从 A/D 转换器 TLV2541 接收模拟输入信号 $s(t)$ 的采样信号 $s(n)$，另一方面将 FIR 数字滤波信号 $p(n)$ 传输给 D/A 转换器 TLV5636 进行 D/A 重构。TMS320VC5416 进行 FIR 滤波运算所需的滤波系数 $h(n)$（本例中设定为 16 位带符号整形数）由 MATLAB 软件"Filter Design & Analysis Tool"工具包根据设计指标产生，本例设定的 FIR 滤波器为数字低通滤波器，其主要参数指标为：采样频率 16kHz，通带截止频率为 1kHz，阻带截止频率为 1.2kHz，通带内衰减为 1dB，阻带内衰减为 40dB，同时要求通带与阻带等纹波。DSP 系统输出的滤波信号 $p(t)$ 与信号发生器产生的原始信号 $s(t)$ 通过示波器进行实验结果的直观比较。上述 FIR 数字滤波实例的整个过程由 PC 端的 CCS 软件与 DSP 仿真器配合，利用 JTAG 接口控制 TMS320VC5416 的滤波程序运行实现。

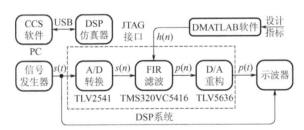

图 4.78 CCS 环境第 1 次编程的 FIR 数字滤波实例实现方案框图

CCS 环境第 1 次编程实例主要由 FIR 数字滤波系数生成、FIR 数字滤波 DSP 实现程序设计两部分构成，下面按步骤说明。

1）基于 MATLAB 的 FIR 数字滤波系数生成

在已知具体滤波参数的条件下，借助 MATLAB 软件的"Filter Design & Analysis Tool"工具包可以快速生成 CCS 软件直接可用的滤波系数数组，具体步骤如下。

在 MATLAB 软件工作主界面上，选择"开始>>Toolboxes>>Filter Design"目录下的 Filter Design & Analysis Tool 工具包，出现如图 4.79 所示 Filter Design & Analysis Tool 工具包的工作界面。

在图 4.79 所示界面中，先选择 Lowpass 低通滤波器与 Equiripple 等纹波设计法，输入采样频率 F_s=16kHz、通带截止频率 Fpass=1kHz、阻带截止频率 Fstop=1.2kHz、通带最大衰减 Apass=1dB、阻带最小衰减 Astop=40dB，然后单击 Design Filter 按钮即可获得最小 114 阶的 FIR 滤波器系数（共 115 个系数）以及所设计滤波器的幅频特性等性能波形图，最后通过选择 Targets \ Generate C Herder…命令，可选择将滤波系数导出为本例设定的 16 位带符号整型 C 语言数组的头文件保存。本例最终生成的 114 阶 FIR 滤波系数数组如图 4.80 所示，生成的滤波系数数组元素呈现明显的偶对称特性，从而保证了 FIR 滤波器的线性相位。生成的 FIR 滤波系数数组可以方便地复制到 CCS 软件中直接使用。

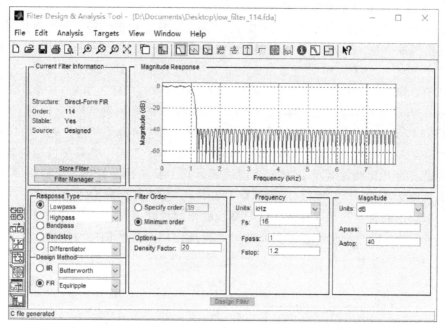

图 4.79　MATLAB 软件 Filter Design & Analysis Tool 工具包的工作界面

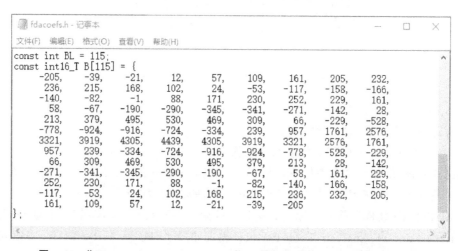

图 4.80　"Filter Design & Analysis Tool" 工具包生成的头文件滤波系数矩阵

【CCS软件第1次编程的FIR数字滤波CCS软件工程项目文件】

2）基于 CCS 的 FIR 数字滤波 DSP 实现程序设计

FIR 数字滤波 DSP 实现程序设计过程如下：如图 4.81 所示，在 CCS 软件工作主界面中，建立名为 FILTERING 的 CCS 工程项目（读者可通过扫描本章中的相关二维码获取本例中 FILTERING 工程项目的全部程序代码），在该工程项目中除了 MAIN.c 外，其他所有文件均与 4.4.3 节中功能（4）测试项目 AD_DA_TEST 的对应文件完全一致。

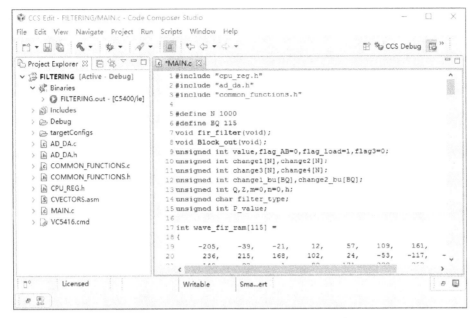

图 4.81　在 CCS 软件中建立的 FILTERING 工程项目

下面给出该工程项目 MAIN.c 文件的程序代码。

```
# include "cpu_reg.h"
# include "ad_da.h"
# include "common_functions.h"
# define N 1000
# define BQ 115
void fir_filter(void);
void Block_out(void);
unsigned int value,flag_AB= 0,flag_load= 1,flag3= 0;
unsigned int change1[N],change2[N];
unsigned int change3[N],change4[N];
unsigned int change1_bu[BQ],change2_bu[BQ];
unsigned int Q,Z,m= 0,n= 0,h;
unsigned char filter_type;
unsigned int P_value;
int wave_fir_ram[115] =
{
    - 205,    - 39,    - 21,     12,      57,     109,     161,     205,     232,
    236,     215,     168,     102,      24,    - 53,    - 117,   - 158,   - 166,
    - 140,    - 82,     - 1,      88,     171,     230,     252,     229,     161,
    58,     - 67,    - 190,    - 290,   - 345,   - 341,   - 271,   - 142,      28,
    213,     379,     495,     530,     469,     309,      66,    - 229,   - 528,
    - 778,   - 924,   - 916,   - 724,   - 334,     239,     957,    1761,    2576,
```

```
    3321,    3919,    4305,    4439,    4305,    3919,    3321,    2576,    1761,
     957,     239,   - 334,   - 724,   - 916,   - 924,   - 778,   - 528,   - 229,
      66,     309,     469,     530,     495,     379,     213,      28,   - 142,
   - 271,   - 341,   - 345,   - 290,   - 190,    - 67,      58,     161,     229,
     252,     230,     171,      88,     - 1,    - 82,   - 140,   - 166,   - 158,
   - 117,    - 53,      24,     102,     168,     215,     236,     232,     205,
     161,     109,      57,      12,    - 21,    - 39,   - 205
};//通道截止频率 1000Hz,阻带截止频率 1200Hz,114 阶
void main()
{
    //DSP 初始化
    asm(" STM # 0000h,CLKMD ");  //切换到 DIV 模式
    while( * CLKMD & 0x01 );//读 CLKMD 寄存器的 PLLSTATUS 位,检测 PLL 的状态
    asm(" STM  # 97feh,CLKMD ");//设置 CPU 运行频率为 16MHz×10= 160MHz
    Delay(2000);//延时,等待 DSP 时钟稳定
    asm(" STM # 7fffh,SWWSR ");//设置 DSP 外设等待周期
    asm(" STM # 00A8h,PMST ");//设置 MP/MC = 0,IPTR = 001,OVLY= 1,DROM= 1
    asm(" STM # 0000h,BSCR ");//设置 CONSEC= 0,DIVFCT= 0,IACKOFF= 0,HBH= 0
    * ST1 = * ST1 | 0x0800;//关闭所有可屏蔽中断
    asm(" STM # 0000h,IMR ");//关闭所有硬件中断
    asm(" STM # 0ffffh,IFR ");//清除所有中断标志位
    asm("  ORM # 0008h,* (IMR)");//开定时器 0 中断
    asm("  RSBX  INTM ");//使能全部非可屏蔽中断
    asm("  STM # 0010h,TCR  ");//关闭定时器 0
    asm("  STM # 270Fh,PRD  ");//设定定时 16kHz,计算装载初值 270fh
    filter_type= 1;//0 为非滤波模式,1 为低通滤波模式,2 为高通滤波模式
    P_value= 115;//滤波系数长度
    while(1)
    {
        McBSP0_AD_DA_Init();
        fir_filter();
        McBSP0_AD_DA_Close();
    }
}
//定时器 0 中断服务程序
interrupt void  timer0()
{
    unsigned int tempt;
    if(filter_type= = 0)//非滤波模式
    {
        tempt = McBSP0_TLV2541_ReadData();
```

```
            McBSP0_TLV5636_WriteData(tempt> > 1);
    }
    else//滤波模式
    {
        if(flag_AB)
        {
            change1[m] = McBSP0_TLV2541_ReadData();
            McBSP0_TLV5636_WriteData(change3[m]);
            if(m> Q)
            {
                change1_bu[n+ + ]= change1[m];
            }
        }
        else
        {
            change2[m] = McBSP0_TLV2541_ReadData();
            McBSP0_TLV5636_WriteData(change4[m]);
            if(m> Q)
            {
                change2_bu[n+ + ]= change2[m];
            }
        }
        m+ + ;
        if(m> = N)
        {
            n= 0;
            m= Z;
            flag_AB= ~ flag_AB;
            flag_load= 0;
        }
    }
}
void fir_filter(void)
{
    Q= N- P_value;
    Z= P_value- 1;
    m= Z;
    h= Z;
    flag3= 0;
    asm("  STM # 0C20h,TCR  ");//设置 Soft= 1,Free= 1,TRB= 1,TDDR= 0
    while(filter_type)//滤波模式
```

```
        {
            Block_out();
        }
        asm("  STM # 0010h,TCR  "); //关闭定时器 0
}
void Block_out(void)
{
    long int change_tempt;
    unsigned int i,j;
    while(flag_load);
    flag_load= 1;
    if(filter_type= = 0x02)
    {
        if(flag_AB)
        {
            for(i= 0;i< Z;i+ + )
            {
                change2[i]= change1_bu[i];
            }
            for(i= Z;i< N;i+ + )
            {
                change_tempt= 0;
                for(j= 0;j< P_value;j+ + )
                {
                    change_tempt+ = (long int)(wave_fir_ram[j])*
                                 (long unsigned int)(change2[i- j]);
                }
                if(flag3)
                {
                    change4[h+ + ]= (change_tempt> > 16)+ 0x800;
                }
                else
                {
                    change3[h+ + ]= (change_tempt> > 16)+ 0x800;
                }
            }
        }
        else
        {
            for(i= 0;i< Z;i+ + )
            {
```

```
                change1[i]= change2_bu[i];
            }
        for(i= Z;i< N;i+ + )
        {
            change_tempt= 0;
            for(j= 0;j< P_value;j+ + )
            {
                change_tempt+ = (long int)(wave_fir_ram[j])*
                            (long unsigned int)(change1[i- j]);
            }
            if(flag3)
            {
                change4[h+ + ]= (change_tempt> > 16)+ 0x800;
            }
            else
            {
                change3[h+ + ]= (change_tempt> > 16)+ 0x800;
            }
        }
    }
    h= Z;
    flag3= ~ flag3;
}
else
{
    if(flag_AB)
    {
        for(i= 0;i< Z;i+ + )
        {
            change2[i]= change1_bu[i];
        }
        for(i= Z;i< N;i+ + )
        {
            change_tempt= 0;
            for(j= 0;j< P_value;j+ + )
            {
                change_tempt+ = (long int)(wave_fir_ram[j])*
                            (long unsigned int)(change2[i- j]);
            }
            if(flag3)
            {
```

```
            change4[h+ + ]= change_tempt> > 16;
        }
        else
        {
            change3[h+ + ]= change_tempt> > 16;
        }
    }
}
else
{
    for(i= 0;i< Z;i+ + )
    {
        change1[i]= change2_bu[i];
    }
    for(i= Z;i< N;i+ + )
    {
        change_tempt= 0;
        for(j= 0;j< P_value;j+ + )
        {
            change_tempt+ = (long int)(wave_fir_ram[j])*
                            (long unsigned int)(change1[i- j]);
        }
        if(flag3)
        {
            change4[h+ + ]= change_tempt> > 16;
        }
        else
        {
            change3[h+ + ]= change_tempt> > 16;
        }
    }
    h= Z;
    flag3= ~ flag3;
    }
}
```

下面就上述 MAIN.c 文件中几个设计要点进行简要说明。

（1）基于"乒乓"制的分段滤波。

由于信号发生器会将原始模拟信号持续不断地送给 DSP 进行滤波，因此，必须采取分段滤波方式，而在分段滤波的同时，原始模拟信号的 A/D 采样与滤波数据的 D/A 重构必须按采样周期不间断进行。为了让分段 FIR 滤波与周期性进行的 A/D 采样与 D/A 重构协调工作，本例采用了图 4.82 所示的"乒乓"制分段滤波，其中 T_W 表示以 T 为周期采样 W 点数据的时间，A、B 为 $W+N-1$ 点长的采样数组，C、D 为 W 点长的滤波数组。

图 4.82 中，从 0 时间开始，A/D 采样在每个 T_W 时间段内分别向 A、B 数组交替地装载周期性采样的 W 个采样数据（从 $N-1$ 点位置开始）；从 T_W 时间开始，FIR 滤波开始在每个 T_W 时间段内分别对 A、B 数组交替地进行滤波（从 $N-1$ 点位置开始）并把滤波数据分别装载到 C、D 数组；从 $2T_W$ 时间开始，D/A 重构在每个 T_W 时间段内分别将 C、D 数组交替地周期性重构 W 个滤波数据。由于 A/D 采样、FIR 滤波与 D/A 重构均开辟了两个数组且每隔 T_W 时间交替进行相应操作，因此，将这种类似"打乒乓"的分段滤波方式称为"乒乓"制分段滤波。另外，从 $2T_W$ 时间开始，每个 T_W 时间段内要进行 A/D 采样、滤波与 D/A 重构三项操作，因此，本例在进行 FIR 滤波的同时，采用 16kHz 的定时器 0 周期性中断触发 A/D 转换，并在定时器 0 中断服务程序中先后完成一次 A/D 采样与一次 D/A 重构，实现 A/D 采样与 D/A 重构的周期性不间断操作。最后，需要强调的是，虽然采用了"乒乓"制分段滤波，但必须保证分段采样时间大于分段滤波时间，否则会出现数据覆盖丢失问题，为此，采样频率 F_s、滤波系数长度 N 不能过大，而分段采样点数 W 不能过小。

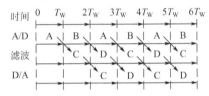

图 4.82 "乒乓"制分段滤波的流水线运行示意图

（2）分段滤波数组的拼接组合。

一般情况下，FIR 滤波器输入信号 $s(n)$ 与输出信号 $p(n)$ 二者的数学关系可用卷积式表示为：

$$p(n) = \sum_{m=-\infty}^{+\infty} h(m)s(n-m) = \sum_{m=0}^{N-1} h(m)s(n-m) \tag{4.1}$$

当每隔 W 点采样数据进行分段滤波时，（4.1）式所示的 FIR 滤波卷积式可改写为：

$$p(n) = \sum_{l=0}^{+\infty} p_l(k) = \sum_{l=0}^{+\infty} \sum_{m=0}^{N-1} h(m)s_l(k-m)$$

$$p_l(k) = \sum_{m=0}^{N-1} h(m)s_l(k-m), 0 \leqslant k \leqslant W-1 \tag{4.2}$$

其中，$s_l(n)$ 与 $p_l(n)$ 分别表示 W 点的第 1 段采样信号与滤波信号。若每段 $p_l(k)$ 都用对应的 $s_l(k-m)$ 代入式（4.2）直接计算，那么当 $k-m<0$ 时，由于 $s_l(k-m)$ 均默认为 0，从而使得每段 $p_l(k)$ 的前 $N-1$ 点滤波数据出现非稳态的情况。为此，在对采样信号进行分段滤波时，须对其进行"拼接"处理。

前面在介绍基于"乒乓"制的分段滤波中，设定 A、B 为 $W+N-1$ 点长的采样数组，对 A、B 数组周期性装载 W 个采样数据与 FIR 滤波均从 $N-1$ 点位置开始，所有这些设置就是为滤波数组的拼接服务的。滤波数组的"拼接"处理也需开辟 E、F 两个长为 $N-1$ 点的数组进行"乒乓"制存储操作。假设 DSP 正在向 A 或 B 数组装载第 l 段采样数据，此时需将该段采样数据的后 $N-1$ 点数据同时也保存至 E 或 F 数组中，当 A 或 B 数组第 l 段采样数据装载完毕且开始滤波前，将在 F 或 E 数组中保存的第 $l-1$ 段采样数据的后 $N-1$ 点数据复制到 A 或 B 数组的前 $N-1$ 点位置，从而完成了长为 $W+N-1$ 点的前后两段采样数据在同一数组的连续拼接，此时只要从 A 或 B 数组的 $N-1$ 点开始对 W 点采样数据进行 FIR 滤波，该段 $p_l(k)$ 的前 $N-1$ 点滤波数据就不会出现非稳态的情况。

（3）不同类型滤波器 D/A 重构时的特殊处理。

本例中采用的 A/D 转换器 TLV2541 与 D/A 转换器 TLV5636 均只能对 0V 以上的电压信号进行输入输出。因此，本例中由信号发生器产生的原始模拟信号须叠加其交流峰-峰值幅度一半大小的直流成分，从而使得整个模拟信号的电平均在 0V 以上，由于信号发生器一般带直流偏置调节功能，因此生成电平均在 0V 以上的模拟信号比较容易。另一方面，常见的分段常数滤波器中，低通与带阻滤波器滤波后可保留信号中的直流成分，而高通与带通滤波器却将直流成分直接过滤了，因此，进行高通与带通滤波处理后的信号是存在负电压的。对于要进行高通与带通滤波处理的 DSP 滤波来讲，如果不进行特殊处理，是不能用 TLV5636 完整输出带有负电压成份的高频模拟信号。

解决的办法是按不同类型滤波器进行分类特殊处理。对于低通与带阻型滤波，DSP 按常规方法对模拟信号进行采样与滤波后，可直接驱动 TLV5636 输出滤波信号。对高通与带通型滤波，DSP 在对模拟信号进行采样与滤波后，还需要对滤波后的数字信号加入直流成分才能实施 D/A 转换。对于本例来讲，由于采用 12 位 D/A 且参考电压为 2.048V，因此，加入的直流偏置应为 1.024V，对应的 12 位数字量为 0x800，即给每个滤波数据加上的直流偏置为 0x800。这样就解决了高通与带通滤波器滤波输出信号存在负电压，不能正确实现 D/A 转换的问题，然而，此时 D/A 输出的模拟信号中含有直流成分，不是真正意义上的高频信号，但可通过在 D/A 转换器后加隔直电容的简单方法获得真正意义上的高频模拟信号。

2. 程序代码中间过渡转换

如前所述，CCS 第 1 次编程生成的 .out 文件是一种 COFF 格式文件，不能将其直接移植到 E2PROM 中，需要去除 .out 文件中非程序代码的冗余数据，并以方便通过 CCS 第 2 次编程实现将程序代码移植到 E2PROM 中的形式组织程序代码数据。因此，第 1 步得到的 .out 文件需要经过程序代码中间过渡转换的第 2 步。第 2 步分 3 个分步骤，全部在 DOS 环境下运行完成。

【Hex500.exe 可执行文件】

第 1 分步需要利用 CCS 软件环境提供的 DOS 批处理文件 Hex500.exe（该文件位于 CCS 软件"ti \ ccsv5 \ tools \ compiler \ c5400 _ 4.2.0 \ bin"安装目录下）将 .out 文件转换为 .hex 文件。需要说明的是，Hex500.exe 在 DOS 环境下运行需要输入大量文件转换配置参数。为了转换方便，可以编写一个 .cmd 文件集中描述文件转换需要的参数信息。例如，需要将名为 DSP_FILTER.out 的文件转换为相应的 DSP_FILTER.hex 文件,.cmd 文件可按如下程序编写。

```
FILTERing.out              //待转换的程序文件
- o FILTERing.hex          //输出文件名
- mapFILTERing.map         //生成存储器映像文件
- boot                     //生成加载表
- i                        //输出文件为 Intel Hex 文件格式
- e 0x058a                 //程序入口地址(_c_int00 标号地址)
- memwidth 8               //标系统的存储器为 8 位
- romwidth 8               //存储器芯片的位宽为 8 位
- bootorg SERIAL           //行装载
- bootorg 0x0000           //加载表在存储器芯片中的起始位置
```

这里需要特别说明的是,上述程序代码第 6 行的程序入口地址不能随便设置,用户可通过 CCS 工程项目编译链接后在 Debug 目录下生成的 .map 文件查询程序入口地址。如图 4.83 所示,本例 FILTERING 工程项目编译链接生成的 .map 文件显示,该工程项目 DSP 程序入口地址也即标号 _c_int00 的地址为 0x0000058a,因此,本例中 .cmd 文件的 "-e" 参量后应填写 "0x058a"。

【hexbin.exe 可执行文件】

第 2 分步需要利用可在网络上方便找到的 DOS 批处理可执行文件 hexbin.exe 将 .hex 文件转换为 .bin 文件。

第 3 分步需要将 .bin 文件转换为 .dat 文件。这里为了方便,将 .dat 文件生成的程序代码数据直接利用 CCS 第 2 次编程移植到 E2PROM 中,

【bin_to_dat.c 文件】

可以编写 bin_to_dat.c 文件,用于将 .bin 文件中的程序代码数据直接转换为数据宽度为 8bit 的数组。限于篇幅,这里将 bin_to_dat.c 文件程序代码的编写任务设计为课后习题,让读者利用 Visual Studio 2013 等软件工具来尝试编写具体的程序代码,读者也可通过扫描本章中的相关二维码获取本例中 bin_to_dat.c 文件的程序代码。

经过上述 3 个分步骤即可实现将 .out 文件转化为数组形式的程序代码 .dat 文件。

3. CCS 环境第 2 次编程

CCS 环境第 2 次编程需要将经过前面两个步骤处理已经生成好的 FILTERING 工程项目可执行代码的数组型 .dat 文件数据移植到 E2PROM 从零地址开始的存储空间。由于 DSP 是通过 McBSP2 接口与 E2PROM 的 SPI 接口互连的,因此 CCS 环境下的第 2 次编程需先将 DSP 片上 McBSP2 的通信时序设置为与 SPI 接口 0 (0, 0) 工作模式相兼容,然后将第 2 步中生成的数组型 .dat 文件数据复制到 E2PROM 从零地址开始的存储空间。下面介绍 CCS 环境第 2 编程所需建立的 FILTERING_E2PROM_BOOTLOADER 工程项目及其相关程序文件。

【TMS320VC5416 串行E2PROM 自举调试视频 之CCS软件 第2次编程】

如图 4.84 所示,在 CCS 软件工作主界面中,建立名为 FILTERING_E2PROM_

图 4.83 本例 FILTERING 工程项目编译链接生成的 .map 文件

BOOTLOADER 的 CCS 工程项目（读者可通过扫描本章中的相关二维码获取本例中 FILTERING _ E2PROM _ BOOTLOADER 工程项目的全部程序代码），在该工程项目中除了 MAIN.c 外，其他所有文件均与 4.3.3 节中功能（2）测试项目 E2PROM _ TEST 的对应文件完全一致。下面给出该工程项目 MAIN.c 文件的程序代码。

【CCS软件第2次编程的CCS软件工程项目文件】

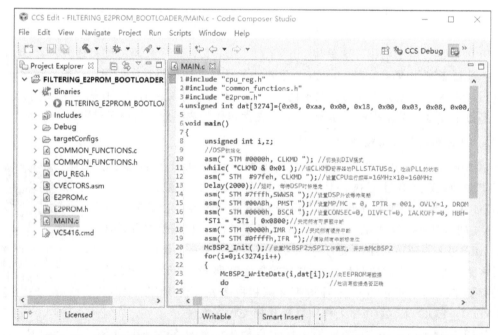

图 4.84 在 CCS 软件中建立的 FILTERING _ E2PROM _ BOOTLOADER 工程项目

```
# include "cpu_reg.h"
# include "common_functions.h"
# include "e2prom.h"
unsigned int dat[3274]= {0x08,0xaa,0x00,0x18,0x00,0x03,0x08,0x00,0x00,0x10,
0x00,0x00,0x05,0x8a,0x00,0x80,0x00,0x00,0x00,0x80,…,0x51,0x07,0x00,0x00,0x00,
0x00,0x00,0x00};//限于篇幅,此处省略了FILTERING工程项目3274字节可执行程序代码的中间
大部分代码
void main()
{
    unsigned int i,z;
    //DSP 初始化
    asm(" STM # 0000h,CLKMD "); //切换到 DIV 模式
    while( * CLKMD & 0x01 );//读 CLKMD 寄存器的 PLLSTATUS 位,检测 PLL 的状态
    asm(" STM  # 97feh,CLKMD ");//设置 CPU 运行频率为 16MHz×10= 160MHz
    Delay(2000);//延时,等待 DSP 时钟稳定
    asm(" STM # 7fffh,SWWSR ");//设置 DSP 外设等待周期
    asm(" STM # 00A8h,PMST ");//设置 MP/MC =  0,IPTR =  001,OVLY= 1,DROM= 1
    asm(" STM # 0000h,BSCR ");//设置 CONSEC= 0,DIVFCT= 0,IACKOFF= 0,HBH= 0
    * ST1 = * ST1 | 0x0800;//关闭所有可屏蔽中断
    asm(" STM # 0000h,IMR ");//关闭所有硬件中断
    asm(" STM # 0ffffh,IFR ");//清除所有中断标志位
    McBSP2_Init( );//设置 McBSP2 为 SPI 工作模式,并开启 McBSP2
    for(i= 0;i< 3274;i+ + )
    {
        McBSP2_WriteData(i,dat[i]);//向 E2PROM 写数据
        do//检测写数据是否正确
        {
            z = McBSP2_ReadData(i);//向 E2PROM 读数据
            if(z! = dat[i])
            {
                McBSP2_WriteData(i,dat[i]);//向 E2PROM 写数据
            }
        }
        while(z! = dat[i]);
    }
    McBSP2_Close();
    do//通过 LED 闪烁提示程序代码复制完成
    {
        asm("  RSBX  XF ");
        Delay(0x100000);
        asm("  SSBX  XF ");
```

```
        Delay(0x100000);
    }
    while(1);
}
```

上述主程序中 dat［3274］数组是从 .dat 文件中直接复制出来的，是需要移植到 E2PROM 中的 3274 字节用户 DSP 可执行程序代码。而 McBSP2 _ Init（）函数需完成 McBSP2 初始化设置，即对 McBSP2 完成 SPI 兼容设置，并启动工作。在这个函数中需要设置 McBSP2 接口的 9 个主要寄存器，设置情况如表 4 - 2 所示。

表 4 - 2　McBSP2 配置为 SPI 兼容模式的寄存器设置

McBSP2 寄存器	设置的十六进制值	McBSP2 寄存器	设置的十六进制值
PCR	0A0C	SRGR1	003B
RCR1	00A0	SRGR2	2000
RCR2	0001	SPCR1	1800
XCR1	00A0	SPCR2	0000
XCR2	0001		

4.5.4　TMS320VC5416 串行 E2PROM 自举的软硬件联合调试

TMS320VC5416 处理器 FIR 数字滤波的串行 E2PROM 自举功能的验证比较容易。在没有 DSP 仿真器以及 CCS 软件配合的情况下，如果由 TMS320VC5416 最小系统目标板与 TMS320VC5416 扩展系统目标板组成的 DSP 系统能在加电后独立运行 FIR 数字滤波程序，且 DSP 系统能对信号发生器输入的不同频率模拟信号实现数字低通滤波并获得正确的滤波信号，则表明 TMS320VC5416 处理器串行 E2PROM 自举成功。

本例实验中，用信号发生器分别产生了多组幅度相同但频率不同的正弦信号作为 DSP 系统的模拟信号输入，并用双踪示波器对模拟输入信号与滤波输出信号进行对比实验，实验结果如图 4.85 与图 4.86 所示。

当信号发生器输出低通滤波器通带频段内 800Hz 正弦信号作为 DSP 系统 A/D 转换器输入时，图 4.85（a）中的示波器显示：A/D 转换器输入原始模拟信号波形与 D/A 转换器输

(a) 输入模拟信号为800Hz的实验结果　　　(b) 输入模拟信号为1200Hz的实验结果

图 4.85　本例 FIR 数字滤波自举实验的整体测试结果

出滤波信号波形的频率与幅度基本一致，由些说明通带内的 800Hz 正弦信号被 DSP 滤波器完整保留；当信号发生器输出低通滤波器阻带频段内 1200Hz 正弦信号作为 DSP 系统 A/D 转换器输入时，图 4.85（b）中的示波器显示：D/A 转换器输出滤波信号基本没有较为明显的波形，由此说明阻带内的 1200Hz 正弦信号被 DSP 滤波器全部滤除。当信号发生器分别输出低通滤波器通带频段内 800Hz 与 1000Hz 正弦信号作为 DSP 系统 A/D 转换器输入时，图 4.86（a）与图 4.86（b）中的示波器截图显示：A/D 转换器输入原始模拟信号波形与 D/A 转换器输出滤波信号波形的频率与幅度基本一致；当信号发生器输出低通滤波器这滤带频段内 1100Hz 正弦信号作为 DSP 系统 A/D 转换器输入时，图 4.86（c）中的示波器截图显示：D/A 转换器输出滤波信号没有被 DSP 滤波器完全滤除，仍有相当部分信号残留；当信号发生器分别输出低通滤波器阻带频段内 1200Hz 与 1400Hz 正弦信号作为 DSP 系统 A/D 转换器输入时，图 4.86（d）与图 4.86（e）中的示波器截图显示：D/A 转换器输出滤波信号基本没有较为明显的波形存在。考虑到所设计的 FIR 低通滤波器通带与阻带截止频率分别为 1kHz 与 1.2kHz，因此，上述实验结果表明：DSP 系统可以完成串行 E2PROM 自举，自举后的 DSP 系统可按设定参数实现 FIR 数字滤波功能。

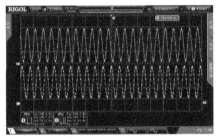

(a) 输入模拟信号为800Hz的实验结果

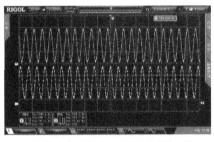

(b) 输入模拟信号为1000Hz的实验结果

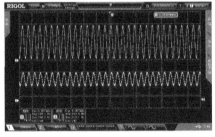

(c) 输入模拟信号为1100Hz的实验结果

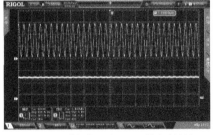

(d) 输入模拟信号为1200Hz的实验结果

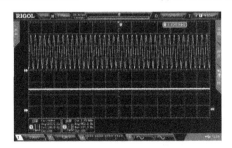

(e) 输入模拟信号为1400Hz的实验结果

图 4.86　本例 FIR 数字滤波自举实验的示波器显示结果

小　　结

　　本章主要以美国德州仪器（TI）公司DSP芯片TMS320VC5416为例，介绍了DSP应用系统的设计方法和多个DSP系统设计实例。本章介绍的内容包括3大部分：其一，介绍了DSP器件的特点，如何合理地选择DSP芯片，DSP应用系统的构成特点以及一般开发设计方法与步骤；其二，介绍了美国德州仪器公司DSP器件的集成开发环境CCS软件的基本知识及硬件仿真；其三，介绍了TMS320VC5416最小系统、以TMS320VC5416最小系统为基础的扩展系统、TMS320VC5416串行E2PROM自举系统的软硬件设计与调试过程，并给出了系统硬件设计的原理图、PCB图、实物图以及完整的测试软件工程项目和相关程序代码。通过本章的学习和动手实践，希望读者能掌握以TMS320VC5416处理器为核心的基本DSP应用系统设计，并为今后设计更为复杂的DSP应用系统打好基础。

小知识：

DSP 之疑难解答

1. 什么是 eXpressDSP

　　eXpressDSP是一种实时DSP软件技术，是一种DSP编程的标准，利用它可以加快DSP软件的开发速度。以往DSP软件的开发没有任何标准，不同的人编写的DSP程序一般无法互连在一起，这使得DSP软件的开发往往滞后于硬件的开发，但eXpressDSP的出现改变了这一切。eXpressDSP集成了CCS开发平台、BIOS实时软件平台、DSP算法标准和第三方支持软件四大部分。利用该技术，可以使软件的调试、进程管理、互通及算法的获得变得更容易，从而加快软件的开发进程。

2. 为什么要使用 BIOS

　　BIOS（是 Basic I/O System 的简称，是基本的输入、输出系统）是TI公司提供的一个可伸缩扩展的实时内核，相当于一个准实时操作系统，具有多线程特性，可以用来完成DSP应用程序的各任务实时调度和同步，主机和目标系统之间的通信，以及实时监测等功能。BIOS 是 eXpressDSP 的标准平台，要使用 eXpress DSP 技术，必须使用 BIOS。

3. 为什么片内 RAM 容量大的 DSP 效率高

　　要设计高效的DSP系统，就应该选择片内RAM容量较大的DSP，这是因为片内RAM同片外存储器相比，有以下优点：片内RAM的速度较快，可以保证DSP无等待运行；对于C2000/C3x/C5000系列，部分片内存储器可以在一个指令周期内访问2次，使得指令运行更加高效；片内RAM运行稳定，不受外部的干扰影响，也不会干扰外部；DSP片内多总线在访问片内RAM时，不会影响其他总线的访问，效率较高。

习　题

一、简答题

1. 说明 DSP 的主要特点及 DSP 的型号如何确定。

2. DSP 应用系统的典型开发过程是怎样的？

3. 讨论一个能独立运行和调试的 TMS320VC5416 最小系统应具备的硬件条件。

4. 请仔细分析本章介绍的 TMS320VC5416 最小系统与扩展系统各电路模块硬件设计原理图，说明 TMS320VC5416 最小系统与扩展系统各个电路模块是如何设计的。

5. 请说明 TMS320VC5416 扩展系统中逻辑电路在 DSP 系统中的特殊作用，以及利用 CPLD 器件设计逻辑电路的优势。

6. 请说明实现 TMS320VC5416 处理器串行 E2PROM 自举的硬件设计要求，以及如何利用 CCS 环境二次编程实现 DSP 串行 E2PROM 自举。

二、程序分析题

1. 请仔细分析本章介绍的液晶 HS12864-15C 的驱动程序文件 LCD.c，并说明 TMS320VC5416 处理器通过映射在 IO 空间的并口控制液晶显示的驱动程序该如何编写。

2. 请仔细分析本章介绍的 FLASH 器件 Am29LV160D 的驱动程序 FLASH.c，并说明 TMS320VC5416 处理器通过并口访问 FLASH 器件的驱动程序该如何编写。

3. 请结合 TMS320VC5416 数据手册中关于 DSP 存储器映射的内容，仔细分析下列程序代码，说明下列程序代码的作用。

```
MEMORY
{
    PAGE 0:
        EXT1:   o = 0x00000   l = 0x00080
        VECT:   o = 0x00080   l = 0x00080
        DARAM0: o = 0x00100   l = 0x01F00
        DARAM1: o = 0x02000   l = 0x01000
        DARAM2: o = 0x04000   l = 0x02000
        DARAM3: o = 0x06000   l = 0x02000
        EXT2:   o = 0x08000   l = 0x04000
        EXT3:   o = 0x0C000   l = 0x03F80
        VECS:   o = 0x0FF80   l = 0x00080
        DARAM4: o = 0x18000   l = 0x02000
        DARAM5: o = 0x1A000   l = 0x02000
        DARAM6: o = 0x1C000   l = 0x02000
        DARAM7: o = 0x1E000   l = 0x02000
        SARAM0: o = 0x28000   l = 0x02000
        SARAM1: o = 0x2A000   l = 0x02000
        SARAM2: o = 0x2C000   l = 0x02000
```

```
        SARAM3:  o = 0x2E000   l = 0x02000
        SARAM4:  o = 0x38000   l = 0x02000
        SARAM5:  o = 0x3A000   l = 0x02000
        SARAM6:  o = 0x3C000   l = 0x02000
        SARAM7:  o = 0x3E000   l = 0x02000
     PAGE 1:
        MMR:     o = 0x00000   l = 0x00060
        SPRAM:   o = 0x00060   l = 0x00020
        DARAM0:  o = 0x00080   l = 0x01F80
        DARAM1:  o = 0x02000   l = 0x02000
        DARAM2:  o = 0x04000   l = 0x02000
        DARAM3:  o = 0x06000   l = 0x02000
        DARAM4:  o = 0x08000   l = 0x02000
        DARAM5:  o = 0x0A000   l = 0x02000
        DARAM6:  o = 0x0C000   l = 0x02000
        DARAM7:  o = 0x0E000   l = 0x02000
   }
   SECTIONS
   {
      .vectors      >  VECT   PAGE 0
      .coefs        >  DARAM2 PAGE 1
      .text         >  DARAM0 PAGE 0
      .switch       >  DARAM0 PAGE 0
      .cinit        >  DARAM0 PAGE 0
      .data         >  DARAM2 PAGE 1
      .bss          >  DARAM2 PAGE 1
      .stack        >  DARAM2 PAGE 1
      .const        >  DARAM2 PAGE 1
      .sysmem       >  DARAM2 PAGE 1
      .cio          >  DARAM2 PAGE 1
   }
```

三、设计题

1. 硬件设计

（1）请查阅相关资料，设计以 TI 公司 TPS73HD318 芯片为基础的 TMS320VC5416 处理器双电源供电电路，并画出其电路原理图。

（2）请查阅相关资料，设计 TI 公司语音编解码芯片 TLV320A23 与 TMS320VC5416 处理器的连接电路，并画出其电路原理图。

2. 程序设计

（1）请先利用 MATLAB 软件设计一个 FIR 带通滤波器，然后在 CCS 软件中建立名为 FIR 的工程项目，接着以在 MATLAB 软件中设计的 FIR 带通滤波器参数为基础，编写 TMS320VC5416 处理器 FIR 带通滤波器 C 语言实现程序，并以本章介绍的 DSP Emu-lator 仿真实例为参考，尝试利用 CCS 软件与 TMS320VC5416 目标板完成对该 FIR 带通滤波器工程项目的 Emulator 仿真。

（2）利用本章介绍的 CCS 环境 2 次编程实现 DSP 串行 E2PROM 自举的方法，编写相关程序，实现 UART 功能测试程序的串行 E2PROM 自举。

（3）仔细分析本章介绍的 E2PROM 器件 AT25256 的驱动程序文件 E2PROM.c，尝试编写 UART 控制器 MAX3111E 的驱动程序文件 UART.c 以及 A/D 器件 TLV5636 与 D/A 器件 TLV2541 的驱动程序 AD＿DA.c，并说明 TMS320VC5416 处理器与 SPI 接口外扩器件互连时，软件如何配置才能将 DSP 的 McBSP 串口配置为 SPI 串口。

（4）本章 4.5 节介绍的 bin＿to＿dat.c 文件，用于将 .bin 文件中的程序代码数据直接转换为数据宽度为 8bit 的数组，请尝试利用 Visual Studio 2013 等软件工具来编写具体的程序代码。

第5章
基于 STM32F1 的 ARM 应用系统设计

【内容要点】

- 嵌入式的概念。
- 嵌入式系统的特点。
- 嵌入式系统应用开发过程。
- STM32F1 系列 ARM 硬件结构的特点。
- STM32F103 最小系统的硬件设计过程。
- MDK412 集成开发环境的使用技巧。
- 启动程序的开发设计方法。

【教学目标与要求】

通过本章学习，可以了解嵌入式应用系统的概念、系统结构及硬件组成；对 ARM 微处理器，特别是 ARM7 微处理器的基本结构、特征及主要指令系统有一个初步了解；熟练掌握 Keil μVision4 MDK 集成开发环境的特点、安装过程、使用方法等；通过具体案例，着重学习 STM32F103 最小系统硬件设计和软件设计的详细开发过程，结合具体实验，了解一个简单的项目开发的整个过程及步骤。通过学习可以在开发环境上或者开发板上分别实现对开发项目进行仿真和验证。同时结合具体例子，学习 STM32F103 启动程序的开发设计和 μC/OS-Ⅱ 移植实验，掌握初步移植 μC/OS-Ⅱ 操作系统的过程，学习简单的嵌入式操作系统开发的基本知识。通过理论学习和实验过程，读者对 ARM 嵌入式系统开发有一个初步的认识，能够完成 ARM 嵌入式系统的初步开发，为今后的进一步的嵌入式项目开发打好基础。

【引言】

什么是嵌入式系统？先看看图 5.1 所示的几幅图片。

图 5.1 所示都是人们常用的几种电子消费品。实际上它们有一个共同点，那就是无一例外的都是利用嵌入式系统设计的产品。另外还有很多领域，如工业、通信、仪器仪表、汽车、航空航天、军事装备等都是嵌入式计算机的应用领域。

可视电话

掌上电脑(PDA)

机器人

机器狗

数码摄像机(DV)

电冰箱

图 5.1 几种常用的电子消费产品

再看一个嵌入式系统在汽车电子中的具体应用。图 5.2 所示为在汽车电子中嵌入式系统较为复杂的应用。整个汽车控制系统由多个完整的嵌入式系统构成，每个嵌入式系统都可以独立地完成自己的任务。除了几个主要控制系统之外，同时汽车还有音响系统、车载电视系统、导航系统、防盗系统、中央控制系统等，以及负责各独立系统之间通信的总线系统，这些全部由嵌入式系统完成。

图 5.2 汽车电子中的嵌入式系统

由此可见，嵌入式系统已经深入人们生活的方方面面，应用领域非常广泛。其应用范围已经远远超过了个人计算机，就像手机、MP5一样，人们已经离不开它了。下面就对嵌入式系统做进一步的介绍。

5.1 嵌入式应用系统设计概述

5.1.1 嵌入式系统概述

1. 嵌入式的概念

随着信息技术和网络技术的高速发展，我们迎来了后PC（Post-PC）时代，嵌入式系统已经广泛地渗透到科学研究、工程设计、军事技术、文化艺术等领域中。

广义地讲，凡是不用于通用目的的可编程计算机设备，都可以算是嵌入式计算机系统。举例来说，个人计算机（PC）不是一种嵌入式系统，因为它是用于通用目的的系统。而一些电子系统就是采用嵌入式计算机技术构成的系统，最典型的嵌入式系统如手机、可视电话等；另外还有一些嵌入式系统采用特殊的微处理器，如传真机、打印机等。

狭义上而言，嵌入式系统是指以应用为核心，以计算机技术为基础，软硬件可裁剪，适用于应用系统，对功能、可靠性、成本、体积和功耗等有严格要求的专用计算机系统。一般嵌入式系统的设计过程：从产品定义开始，接着进行硬件设计，然后将软件或操作系统移植到硬件上，并且进行应用程序的开发，最后经过测试与调试后开始销售或使用。

虽然各种书籍对嵌入式系统的定义稍有差异，但是基本的思想和理解是相同的。这里可以从以下几个方面来理解嵌入式系统的含义。

（1）嵌入式系统是面向用户、面向产品、面向应用的，必须与具体应用相结合才会具有生命力。所以嵌入式系统具有很强的专用性。

（2）嵌入式系统将先进的半导体技术、计算机技术和电子技术，以及各个行业的具体应用相结合，是一个技术密集、学科交叉和不断创新的知识集成系统。

（3）嵌入式系统必须根据应用需要对硬件和软件进行裁剪，以满足应用系统对功能、可靠性、成本、体积和功耗的不同要求。

由上述可以看出，嵌入式系统是一个外延极广的概念，凡是与产品结合在一起的、具有嵌入式系统特点的系统都可以称为嵌入式系统。

2. 嵌入式系统的特点

相比较而言，国内的定义更全面一些，体现了嵌入式系统"嵌入性""专用性""计算机"的基本要素和特征。

嵌入式系统是应用于特定环境下，针对特定用途来设计的系统，所以不同于通用计算机系统。同样是计算机系统，嵌入式系统是针对具体应用设计的"专用系统"。它的硬件和软件都必须高效率地设计，"量体裁衣"，去除冗余，力争在较少的资源上实现更高的性能。

嵌入式系统与通用的计算机系统相比，具有以下显著特点。

（1）系统内核小。由于嵌入式系统一般是应用于小型电子装置的，系统资源相对有限，所以内核较之传统的操作系统要小得多。例如μC/OS系统内核只有5KB，而Windows的内核则要大得多。

（2）目标代码小。嵌入式系统的目标代码通常固化在非易失性存储器（ROM、EPROM、E2PROM、FLASH）芯片中。

（3）专用性强。嵌入式系统的个性化很强，其中的软件和硬件系统结合得非常紧密，一般需要针对硬件进行系统的移植。同时，针对不同的任务，往往需要对系统进行较大更改，程序的编译下载要与系统相结合，这种修改和通用软件的"升级"是完全不同的概念。

（4）系统精简。嵌入式系统一般没有系统软件和应用软件的明显区别，不要求其在功能设计及实现上过于复杂，这样一方面有利于控制系统成本，同时也有利于实现系统安全。

（5）高实时性操作系统（Real－Time Operating System，RTOS）。这是嵌入式软件的基本要求，而且软件要求固态存储，以提高速度。软件代码要求具有高质量、高可靠性和实时性。

（6）嵌入式系统"嵌入"对象的体系中，对对象、环境和嵌入式系统自身具有严格的要求，一般的嵌入式系统具有功耗低、体积小、集成度高、成本低等特点。

（7）嵌入式系统开发需要专门的开发工具和环境。由于嵌入式系统本身不具备自主开发能力，即在设计完成以后，用户通常不能对其中的程序功能进行修改，因此必须有一套开发工具和环境才能对其进行开发。这些工具和环境一般是基于通用计算机的软、硬件设备，以及各种逻辑分析仪、混合信号示波器等。

3. 嵌入式系统的分类

嵌入式系统按表现形式及使用硬件的种类分为以下两种。

（1）芯片级嵌入：系统中使用含程序或算法的处理器的嵌入式系统。

（2）模块级嵌入：系统中使用某个核心模块的嵌入式系统。

嵌入式系统按软件实时性需求分为以下三种。

（1）非实时系统（如PDA）。

（2）软实时系统（如消费类产品）。

（3）硬实时系统（如工业实时控制系统）。

4. 嵌入式系统的应用范围

首先，嵌入式计算机在应用数量上远远超过了各种通用计算机。

一台通用计算机的外围设备中就包含5～10个嵌入式微处理器，如键盘、调制解调器、打印机、数字照相机、USB集线器等均是由嵌入式处理器控制的。

嵌入式控制器因具有体积小、可靠性高、功能强、灵活方便等优点，而应用于工业、农业、教育、国防、科研等领域，对各行各业的技术改造、产品更新换代、加速自动化进程、提高生产率等起到了极其重要的推动作用。

制造工业、过程控制、网络、通信、仪器、仪表、汽车、船舶、航空、航天、军事装备、消费类产品等领域，均是嵌入式计算机的应用领域。

其具体应用按应用范围可分为以下几类。

（1）在工业应用方面，包括机电控制、工业机器人、过程控制、智能传感器以及传统工业改造等。显然，在工业控制中嵌入式微控制器直接位于控制第一线，是工业自动化的关键部件之一。

（2）在仪器仪表方面，有智能仪器、智能仪表、医疗器械、色谱仪、示波器等。

（3）在民用方面，如电子玩具、电子字典、记事簿、游戏机、录像机、TV、VCD、DVD、复读机、照相机、投影仪、空调机、冰箱、洗衣机、防盗控制器、调制解调器、激光驱动器、红外驱动器、汽车点火控制器、变速器控制、防滑刹车、排气控制、避雷控制、节能控制、信息家电（家用电器的网络化）、保安控制系统、农业节水控制系统等。

（4）在电信方面，如智能线路运行控制等。

（5）在导航控制方面，如导弹控制、鱼雷制导、航天导航系统、电子干扰系统等。

（6）在数据处理方面，有图表终端、图文终端、复印机、硬盘驱动器、磁带机等。

（7）在通信及网络方面，有移动计算机、移动电话、电视机顶盒等，还用于上网进行信息交流和邮件传送等服务。

（8）在农业、交通等方面，有智能导航（导航、流量控制、信息监测与汽车服务）、植物工厂（特种植物工厂、无土栽培技术、智能种子工程）、虚拟现实 VR 机器人等。

嵌入式微控制器的出现是计算机工程应用史上的一个里程碑。其主要应用如图 5.3 及图 5.4 所示。

图 5.3　现实中的嵌入式系统

5. 嵌入式技术的发展现状及趋势

自从 1945 年人类历史上第一台现代意义的电子计算机 ENIAC 诞生以来，计算机技术已经发生了翻天覆地的变化。随着技术进步的不断加速，人们有理由相信计算机还将继续快速发展并进一步改变人们的生活，并将变得"无所不能""无处不在"。其中"无所不能"将是人工智能技术和超级计算机的结合，而"无处不在"则是嵌入式技术应用的广阔天地。现在普通消费者已经可以从市场中买到数字照相机（以下简称数码相机）、移动电话、MP3、游戏机等，这些其实都只是嵌入式应用的冰山一角，不远的将来嵌入式设备将会嵌入桌子、椅子、餐具、窗帘等各种日常用品中，全面走入人类的生活，而且会在人类的工业、军事、自然探索等各方面广泛应用。

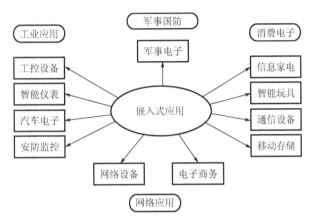

图 5.4　嵌入式系统的应用示意图

目前嵌入式系统除了部分为 32 位处理器外，大量存在的是 8 位和 16 位的嵌入式微控制器（MCU）。随着嵌入式系统应用的进一步发展，采用 32 位处理器的嵌入式系统将会扮演越来越重要的角色。

5.1.2　嵌入式系统的组成结构

嵌入式系统的结构组成如图 5.5 所示，一般由 3 个主要部分组成。

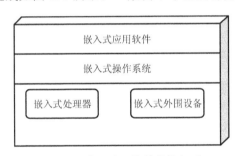

图 5.5　嵌入式系统的结构组成

1. 应用软件

应用软件是完成系统功能的主要软件，它可以由单独的一个任务实现，也可以由多个并行的任务实现。

2. 实时操作系统

实时操作系统（Real-Time Operating System，RTOS）用来管理应用软件，并提供一种机制，使得处理器分时地执行各个任务并完成一定的时限要求。

3. 硬件

图 5.6 所示为嵌入式系统的硬件结构组成。其中，处理器是系统的运算核心；存储器（ROM、RAM）用来保存可执行代码以及中间结果；输入/输出设备用来完成与系统外部

的信息交换；其他部分辅助系统完成相应功能。

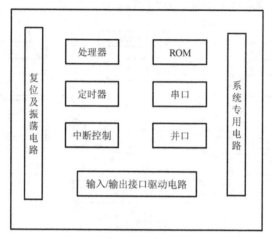

图 5.6　嵌入式系统的硬件结构组成

　　嵌入式系统是"量身定做"的专用计算机应用系统，又不同于普通计算机的组成，在实际应用中的嵌入式系统硬件配置非常精简，除了微处理器和基本的外围电路外，其余的电路都可以根据需要和成本进行"裁剪""定制"，非常经济、可靠。由于硬件电路的可裁减性和嵌入式系统本身的特点，其软件部分也是可裁减的。

5.1.3　嵌入式系统硬件组成

　　1. 嵌入式硬件系统基本组成

　　1）嵌入式处理器

　　嵌入式系统的核心是各种类型的嵌入式处理器。嵌入式处理器的体系结构经历了从 CISC（复杂指令集）到 RISC（精简指令集）和 Compact RISC 的转变，位数则由 4 位、8 位、16 位、32 位逐步发展到 64 位。现在常用的嵌入式处理器可分为低端嵌入式微控制器（Microcontroller Unit，MCU）、中高端嵌入式微处理器（Embedded Microprocessor Unit，EMPU）、嵌入式 DSP（Embedded Digital Signal Processor，EDSP）和高度集成的嵌入式片上系统（System On a Chip，SOC）。目前几乎每个半导体制造商都生产嵌入式处理器，并且越来越多的公司开始拥有自己的处理器设计部门。据不完全统计，全世界嵌入式处理器已经超过 1000 种，流行的体系结构有 30 多个系列，其中以 ARM、PowerPC、MC 68000、MIPS 等使用得最为广泛。

　　2）存储器

　　嵌入式系统有别于一般的通用计算机系统，它不具备像硬盘那样大容量的存储介质，而用静态易失性存储器（RAM、SRAM）、动态存储器（DRAM）和非易失性存储器（ROM、EPROM、E2PROM、FLASH）作为存储介质，其中 FLASH 凭借其可擦写次数多、存储速度快、存储容量大、价格便宜等优点，在嵌入式领域内得到了广泛应用。

　　3）I/O 接口

　　I/O 接口是处理器与 I/O 设备连接的桥梁，与通用 CPU 不同的是嵌入式处理器芯片将通用机中许多由单独芯片或板卡完成的接口功能集成到芯片内部，从而有利于嵌入式系统在设计时趋于小型化，同时还具有很高的效率和可靠性。

4）输入/输出设备

为使嵌入式系统具有友好的界面，方便人机交互，嵌入式系统中需配制输入/输出设备，常用的输入/输出设备有液晶显示器（LCD）、触摸板、键盘等。

嵌入式开发的硬件平台的选择主要是嵌入式处理器的选择。在具体应用中处理器的选择决定了其市场竞争力。在一个系统中使用什么样的嵌入式处理器主要取决于应用领域、用户的需求、成本、开发的难易程度等因素。在开发过程中，选择最适用的硬件平台是一项很复杂的工作，要考虑其他工程的影响以及缺乏完整或准确的信息等。

2. 嵌入式系统软件的层次结构

当设计一个简单的应用程序时，可以不使用操作系统，但是当设计较复杂的程序时，可能就需要一个操作系统（OS）来管理和控制内存、多任务、周边资源等。依据系统所提供的程序界面来编写应用程序，可以大大地减少应用程序员的负担。由于硬件电路的可裁减性和嵌入式系统本身的特点，其软件部分也是可裁减的。

对于功能简单、仅包括应用程序的嵌入式系统一般不使用操作系统，仅有应用程序和设备驱动程序。现代高性能嵌入式系统应用越来越广泛，操作系统使用成为必然发展趋势。

具有操作系统的嵌入式软件可分为 4 个部分：①驱动层程序；②实时操作系统（RTOS）；③操作系统的应用程序接口（API）；④应用程序。

嵌入式系统需要的是一套高度简练、界面友善、质量可靠、应用广泛、易开发、多任务，并且价格低廉的操作系统——实时操作系统（RTOS）。嵌入式操作系统的种类繁多，但大体上可分为两种——商用型和免费型。

商用型的操作系统主要有 VxWorks、Windows CE、Psos、Palm OS、LynxOS、QNX、LYNX 等。

免费型的操作系统主要有 Linux 和μC/OS-Ⅱ。其中μC/OS-Ⅱ对初学者来说，学习起来相对容易一些。下面主要介绍μC/OS-Ⅱ操作系统。

μC/OS-Ⅱ是一个可裁减的、源码开放的、结构小巧、可剥夺型的实时多任务内核，主要面向中小型嵌入式系统，具有执行效率高、占用空间小、可移植性强、实时性能优良和可扩展性强等特点。

μC/OS-Ⅱ中最多可以支持 64 个任务，分别对应优先级 0～63，其中 0 为最高优先级。实时内核在任何时候都是运行就绪了的最高优先级的任务，是真正的实时操作系统。

μC/OS-Ⅱ最大程度上使用 ANSI C 语言开发，现已成功移植到近 40 多种处理器体系上。

μC/OS-Ⅱ结构小巧，最小内核可编译至 2KB（这样的内核没有太大实用性），即使包含全部功能（如信号量、消息邮箱、消息队列及相关函数等），编译后的μC/OS-Ⅱ内核也仅有 6～10KB，所以它比较适用于小型控制系统。

μC/OS-Ⅱ具有良好的扩展性能，如系统本身不支持文件系统，但是如果需要，也可自行加入文件系统的内容。

3. 启动程序 BootLoader 介绍

对于 PC，其开机后的初始化处理器配置、硬件初始化等操作是由 BIOS（Basic Input/Output System）完成的。但对于嵌入式系统来说，出于经济性、价格方面的考虑，一般不配置 BIOS，因此必须自行编写完成这些工作的程序。这就是所需要的开机程序，在嵌入式系统中称为 BootLoader 程序。

嵌入式系统中 BootLoader 程序一般具有如下特点：

（1）系统加电复位后，几乎所有的 CPU 都从复位地址上取指令。

（2）系统加电复位后，处理器将首先执行 BootLoader 程序。

（3）BootLoader 是系统加电后，操作系统内核或用户应用程序运行之前，首先必须运行的一段程序代码。通过这段程序，为最终调用操作系统内核、运行用户应用程序准备正确的环境。

（4）对于嵌入式系统，有的使用操作系统，有的不使用操作系统，但在系统启动时都必须运行 BootLoader，为系统运行准备好软硬件环境。

（5）系统启动代码完成基本软硬件环境初始化后，在有操作系统的情况下，启动操作系统、启动内存管理、进行任务调度、加载驱动程序等，最后执行应用程序或等待用户命令；对于没有操作系统的系统，直接执行应用程序或等待用户命令。

（6）系统的启动通常有两种方式，一种是可以直接从 FLASH 启动；另一种是可以将压缩的内存映像文件从 FLASH（为节省 FLASH 资源、提高速度）中复制、解压到 RAM，再从 RAM 启动。

（7）当电源打开时，一般的系统会去执行 ROM（应用较多的是 FLASH）里面的启动代码。这些代码是用汇编语言编写的，其主要作用在于初始化 CPU 和电路板上的必备硬件，如内存、中断控制器等。

（8）有时候用户必须根据自己电路板的硬件资源情况做适当的调整与修改。

5.2 ARM 微处理器介绍

5.2.1 ARM 微处理器

ARM（Advanced RISC Machines）既可以认为是一个公司的名称，也可以认为是一类微处理器的通称，还可以认为是一种技术的名称。1991 年 ARM 公司成立于英国剑桥，主要出售芯片设计技术的授权。目前，采用 ARM 技术知识产权（IP）核的微处理器，即通常所说的 ARM 微处理器，已广泛应用于工业控制、消费电子、通信系统、网络系统、无线系统等各个领域。

1. ARM 微处理器的应用领域

（1）工业控制领域。作为 32 位的 RISC 架构，基于 ARM 核的微控制器芯片不但占据了高端微控制器市场的大部分市场份额，同时也逐渐向低端微控制器应用领域扩展，ARM 微控制器的低功耗、高性价比，向传统的 8 位/16 位微控制器提出了挑战。

（2）无线通信领域。目前已有超过 85% 的无线通信设备采用了 ARM 技术，ARM 以其高性能和低成本，在该领域的地位日益巩固。

（3）网络应用。随着宽带技术的推广，采用 ARM 技术的 ADSL 芯片正逐步获得竞争优势。此外，ARM 在语音及视频处理上进行了优化，并获得广泛支持，也对 DSP 的应用领域提出了挑战。

（4）消费类电子产品。ARM 技术在目前流行的数字音频播放器、数字机顶盒和游戏机中得到广泛采用。

（5）成像和安全产品。现在流行的数码照相机和打印机中绝大部分采用 ARM 技术。手机中的 32 位 SIM 智能卡也采用 ARM 技术。

2．ARM 微处理器的特点

采用 RISC 架构的 ARM 微处理器一般具有如下特点：

（1）体积小、低功耗、低成本、高性能。

（2）支持 Thumb（16 位）/ARM（32 位）双指令集，能很好地兼容 8 位/16 位器件。

（3）大量使用寄存器，指令执行速度更快。

（4）大多数数据操作都在寄存器中完成。

（5）寻址方式灵活简单，执行效率高。

（6）指令长度固定。

3．ARM 微处理器系列

目前通用的 ARM 微处理器有以下系列：ARM7 系列、ARM9 系列、ARM9E 系列、ARM10E 系列、ARM11 系列、SecurCore 系列、Intel 的 Xscale 系列、Cortex 系列等。

ARM 体系结构的发展：V1～V3 版本、V4T 版本、V5 版本、V6 版本、V7 版本。其中，ARM7、ARM9、ARM9E 和 ARM10E 为 4 个通用处理器系列，每一个系列提供一套相对独特的性能来满足不同应用领域的需求。如 ARM7 系列适用于工业控制、网络设备、移动电话等应用；ARM9、ARM9E 和 ARM10E 系列则更适合无线设备、消费类电子产品的设计。SecurCore 系列专门为安全要求较高的应用而设计。

5.2.2　ARM 微处理器系列简介

1．ARM7 微处理器

ARM7 采用 ARMV4T 冯·诺依曼（Von-Neumann）结构，数据存储器和程序存储器重合在一起。同时，此结构也被大多数计算机所采用。

ARM7 为三级流水线结构（取指、译码、执行），平均功耗为 0.6mW/MHz，时钟速度为 66MHz，每条指令平均执行 1.9 个时钟周期。

ARM7 系列微处理器包括如下类型的核：ARM7TDMI、ARM7TDMI-S、ARM720T、ARM7EJ。

ARM7TMDI 是目前使用最广泛的 32 位嵌入式 RISC 处理器，属低端 ARM 处理器核。TDMI 的基本含义如下：

T：支持 16 位压缩指令集 Thumb。

D：支持片上 Debug。

M：内嵌硬件乘法器（Multiplier）

I：嵌入式 ICE，支持片上断点和调试点。

ARM7 系列微处理器的常用芯片如 SAMSUNG 的 S3C44B0X 等，主要应用领域为工业控制、Internet 设备、网络和调制解调器设备、移动电话等多种多媒体和嵌入式应用。

2. ARM9 微处理器

ARM9 采用 ARMv5 哈佛（Harvard）结构，程序存储器与数据存储器分开，提供了较大的存储器带宽。同时，大多数 DSP 都采用此结构。

ARM9 为五级流水（取指、译码、执行、缓冲/数据、回写），平均功耗为 0.7mW/MHz。时钟速度为 120～200MHz，每条指令平均执行 1.5 个时钟周期。

ARM9 系列微处理器核包含 ARM9TDMI、ARM920T、ARM922T 和 ARM940T MPU 四种类型，以适用于不同的应用场合。

ARM9 系列微处理器主要应用于无线设备、仪器仪表、安全系统、机顶盒、高端打印机、数码照相机和数码摄像机等。

3. ARM9E 微处理器

ARM9E 系列微处理器为可综合处理器，使用单一的处理器内核提供了微控制器、DSP、Java 应用系统的解决方案，极大地减少了芯片的面积和系统的复杂程度。ARM9E 系列微处理器提供了增强的 DSP 处理能力，很适合于那些需要同时使用 DSP 和微控制器的应用场合。

4. ARM10E 微处理器

ARM10E 系列微处理器具有高性能、低功耗的特点，由于采用了新的体系结构（6 级整数流水线，指令执行效率更高），与同等的 ARM9 器件相比较，在同样的时钟频率下，性能提高了近 50%。同时，ARM10E 系列微处理器采用了两种先进的节能方式，使其功耗极低。

5. SecurCore 微处理器

SecurCore 系列微处理器专为安全需要而设计，提供了完善的 32 位 RISC 技术的安全解决方案，因此，SecurCore 系列微处理器除了具有 ARM 体系结构的低功耗、高性能的特点外，还具有其独特的优势，即提供了对安全解决方案的支持。

6. Xscale 微处理器

Xscale 处理器是基于 ARMv5TE 体系结构的解决方案，是一款全性能、高性价比、低功耗的处理器。它支持 16 位的 Thumb 指令和 DSP 指令集，已使用在数字移动电话、个人数字助理和网络产品等场合。

7. ARM Cortex 系列

ARM 公司在经典处理器 ARM7～ARM11 以后的产品改用 Cortex 命名，并分成 A、R 和 M 三类，旨在为各种不同的市场提供服务。

【ARM Cortex应用】

Cortex 系列属于 ARMv7 架构，这是 ARM 公司最新的指令集架构。

ARMv7 架构定义了三大分工明确的系列：

➤ "A" 系列面向尖端的基于虚拟内存的操作系统和用户应用。

➤ "R" 系列针对实时系统，面向实时卓越性能的应用。

➤ "M" 系列针对微控制器及成本敏感型解决方案的应用。

1）ARM Cortex

该处理器是 ARM 公司所开发的基于 ARMv7 架构的首款应用级处理器，其特色是运用了可增加代码密度和加强性能的技术，可支持多媒体以及信号处理能力较强的 NEONTM 技术，以及能够支持 Java 和其他文字代码语言的提前和即时编译的 Jazelle@ RTC 技术。

由于具有众多先进的技术，其适用于家电以及电子行业等各种高端的应用领域。

2）ARM Cortex-R4

该处理器是首款基于 ARMv7 架构的高级嵌入式处理器，其主要应用于产量巨大的高级嵌入式应用系统，如硬盘、喷墨式打印机，以及汽车安全系统等。

3）ARM Cortex-M3

该处理器是首款基于 ARMv7-M 架构的处理器，采用了纯 Thumb2 指令的执行方式，具有极高的运算能力和中断响应能力。

Cortex-M3 主要应用于汽车车身系统、工业控制系统和无线网络等对功耗和成本敏感的嵌入式应用领域。

5.2.3　ARM 微处理器的应用选型

从应用的角度出发，在选择 ARM 微处理器时应考虑的主要问题有以下几个方面。

（1）ARM 微处理器内核的选择。从前面所介绍的内容可知，ARM 微处理器包含一系列的内核结构，以适应不同的应用领域，如果用户希望使用 Windows CE 或标准 Linux 等操作系统以减少软件开发时间，就需要选择 ARM720T 以上带有 MMU（Memory Management Unit）功能的 ARM 芯片，如 ARM720T、ARM920T、ARM922T、ARM946T、Strong-ARM 都带有 MMU 功能。ARM7TDMI 则没有 MMU，不支持 Windows CE 和标准 Linux 系统，但目前有μCLinux、μC/OSvⅡ 等不需要 MMU 支持的操作系统可运行于 ARM7TDMI 硬件平台之上。

另外，近几年新推出的 Cortex 系列 ARM 微处理器，其 Cortex 内核属于 ARMv7 架构，而不同于 ARM7 的 ARMv4 的架构。其中 Cortex-M3 使用 Thumb2 代码，控制能力突出，运算能力一般，性能属于 ARM7 级别的，其一般都是用在工业控制、仪器仪表设备、汽车电子上等。Cortex 内核处理器芯片价格低，功能强大，性价比好，是目前应用非常广泛的一类 ARM 微处理器。

从应用角度上来看，ARM9、ARM 11 需要嵌入操作系统如 Linux 等才能体现出优势，它们更适用于高层次的嵌入式应用，主要是在消费类电子产品上的应用比较多，如智能手机、PDA、数字电视等，重在体现多媒体性能。

（2）系统的工作频率的选择。系统的工作频率在很大程度上决定了 ARM 微处理器的处理能力。ARM7 系列微处理器的典型处理速度为 0.9MIPS/MHz（MIPS 即 Million Instructions Per Second，衡量 CPU 速度的一个指标，意为每秒处理的百万级的机器语言指令数），常见的 ARM7 芯片系统主时钟频率为 20～133MHz，ARM9 系列微处理器的典型处理速度为 1.1MIPS/MHz，常见的 ARM9 的系统主时钟频率为 100～233MHz，ARM10 最高可以达到 700MHz。

（3）芯片内存储器的容量的选择。大多数的 ARM 微处理器片内存储器的容量都不大，需要用户在设计系统时外扩存储器，但也有部分芯片具有相对较大的片内存储空间。用户在设计时可考虑选用具有相对较大的片内存储空间的芯片，以简化系统的设计。

（4）片内外围电路的选择。除 ARM 微处理器核以外，几乎所有的 ARM 芯片均根据各自不同的应用领域扩展了相关功能模块，并集成在芯片之中，称为片内外围电路，如 USB 接口、IIS 接口、LCD 控制器、键盘接口、实时时钟芯片（RTC）、A/D 转换器和 D/A 转换器、DSP 协处理器等。

5.3 Keil μVision 4 MDK 集成开发环境介绍

除了 IAR 开发软件之外，RealView MDK 开发套件则是另外一个常用的嵌入式 ARM 集成开发环境，对用惯 Keil C51 开发环境的使用者来说，后者的使用更加方便。下面重点介绍 RealView MDK 开发套件中的 Keil μVision 4 集成开发软件。

5.3.1 Keil μVision 4 MDK 集成开发软件的特点

RealView MDK 开发套件源自 Keil 公司，是 ARM 公司目前最新推出的针对各种嵌入式处理器的软件开发工具。RealView MDK 集成了业内最领先的技术，包括 μVision 4 集成开发环境与 RealView 编译器，支持 ARM7、ARM9 和最新的 Cortex－M3 核处理器，自动配置启动代码，集成 FLASH 烧写模块，具有强大的 Simulation 设备模拟及性能分析等功能。与 ARM 之前的工具包 ADS 等相比，RealView 编译器的最新版本可将性能改善超过 20%。

1. RealView MDK 的突出特性

（1）具有业界最优秀的 ARM 编译器——RealView 编译器，代码更小，性能更高。

（2）配备 ULINK2 仿真器和 FLASH 编程模块，轻松实现 FLASH 烧写。

2. 启动代码配置向导

μVision 4 IDE 的启动代码配置向导将各个所需配置的功能模块以对话框方式展示，附加的提示说明，可帮助使用者快速轻松地做出选择，生成完善的启动代码，免除手工编写汇编启动程序的麻烦。

3. μVision 4 设备模拟器

μVision 4 设备模拟器的功能强大，能模拟整个 MCU 的行为，使使用者在没有硬件或对目标 MCU 没有更深的了解的情况下，仍然可以立即开始开发软件。

4. ULINK2 仿真器

ULINK2 是 ARM 公司最新推出的配套 RealView MDK 使用的仿真器，是 ULINK 仿真器的升级版本，如图 5.7 所示。ULINK2 不仅具有 ULINK 仿真器的所有功能，还增加了串行调试（SWD）支持，返回时钟支持和实时代理等功能。通过结合使用 RealView MDK 的调试器和 ULINK2，可以方便地在目标硬件上进行片上调试（使用 On-CHIP JTAG、SWD 和 OCDS）和 FLASH 编程。

图 5.7 ULINK2 仿真器

5.3.2 Keil μVision 4 MDK 软件的安装

Keil μVision4 MDK 软件可以从 Keil 网站 www.keil.com 获取安装文件（目前较新安装版本为 MDK4.12.exe 或以上版本）。双击安装文件，然后根据界面安装向导的提示，完成 Keil μVision 4 的安装。

【Keil MDK安装步骤及工程建立过程】

5.3.3 工程创建及调试过程

工程创建及调试一般步骤如下。
（1）启动 Keil μVision 4。
（2）设置编译器。
（3）创建一个工程。
（4）创建文件（添加文件）。
（5）工程设置。
（6）编译链接工程。
（7）程序调试和下载。

【新建库函数工程模板】

5.4 ARM 芯片 STM32F103 介绍

5.4.1 STM32 系列微控制器

1. STM32 简介

意法半导体（ST）公司作为世界较大的半导体公司之一，从 2007 年开始生产出第一款以 Cortex-M3 为内核的 32 位微控制器 STM32，此后近十年不断推出可划分为超低功耗、主流和高性能等几个类别的 STM32 系列产品，每个类别又根据应用领域划分不同的产品线，共有九大家族，目前共有 600 多款产品。STM32 系列 32 位微处理器，不但功能强大、功耗低，而且性价比十分可观，所以在 32 位微控制器市场上得到了快速推广和应用。

STM32 微控制器具有 32 位字长的 CPU，使用精简指令系统（RISC）。精简指令系统的指令字长固定，译码方便，相对于复杂指令系统（CISC），精简指令系统的处理效率更高。具有 32 位字长 CPU 的 STM32 系列微控制器的处理能力远高于 8 位和 16 位单片机，同时集成了与 32 位 CPU 相适应的强大外设（如双通道 A/D 转换器、多功能定时器、7 通道 DMA、SPI 等），能够完成过去一般单片机所无法实现的控制功能。现在，已经形成了以 8 位单片机为主流的低端产品和以 32 位微控制器为主流的高端产品两大市场。

STM32 微控制器的结构与 MCS－51 单片机是相似的，也是用读写寄存器来使用内部的部件。但是，STM32 的规模庞大，远非 51 内核单片机可比，完成一个复杂的功能，可能需要操作多个寄存器的多个位，掌握其使用方法确有一定难度。为了解决这个问题，意法半导体公司提供了固件库。有了固件库，我们就可以调用函数来实现所需要的功能，这比通过操作寄存器实现容易多了。STM32 集成了太多的外设，对于一个控制项目，可能很多外设是用不上的。为了尽量降低功耗，所有外设的时钟在复位后都是关闭的，这样外设就不工作，也不耗电。如果要使用某个外设，首先要打开它的时钟，然后进行一些相关的初始化。

STM32 微处理器基于 ARM 核，所以很多基于 ARM 的嵌入式开发环境都可用于 STM32 开发平台。STM32 采用串行单线调试和 JTAG，通过 JTAG 调试器，可以直接从 CPU 获取调试信息，从而将使产品设计大大简化。

2. STM32 系列

【STM32芯片系列介绍】

意法半导体公司的微控制器产品系列非常广泛，涵盖了从稳定的低成本 8 位 MCU 到带有各种复杂高级外设的 32 位 ARM Cortex™-M0、Cortex™-M3、Cortex™-M4 和 Cortex™-M7 控制器。意法半导体公司还通过推出超低功耗微控制器平台而扩展了产品系列。同时，意法半导体公司具有无可比拟的性价比及品种齐全的 STM32 产品线，在基于行业标准内核的基础上，为用户提供了大量开发工具和软件选项，使该系列产品成为中小型项目和完整平台的理想选择。

意法半导体公司的 Cortex-M 系列是针对成本和功耗敏感的 MCU 和终端应用等设计的，目前共有 ARM Cortex™-M0 入门级系列、Cortex™-M3 主流系列和 Cortex™-M3 高端系列、Cortex™-M7 的超高性能系列等 4 个产品系列。

（1）STM32 F0 系列是意法半导体公司推出的基于 Cortex®-M0 内核的入门级 32 位 MCU 器件，传承了其高端 STM32 系列的重要特性，特别适合成本敏感型应用。STM32 F0 系列 MCU 集实时性能、低功耗运算和 STM32 平台的先进架构及外设于一身，其超值性在传统 8 位和 16 位 MCU 市场极具竞争力，并可使 32 位 MCU 用户免于不同架构平台迁徙和相关开发带来的额外工作。

（2）STM32 F1 系列是基于 Cortex™-M3 内核的主流型 MCU，完全可以满足工业、医疗和消费类市场的各种应用需求。凭借该产品系列，意法半导体公司在全球 ARM Cortex-M 微控制器领域处于领先地位，同时树立了嵌入式应用的里程碑。该系列利用一流的外设和低功耗、低压操作实现了高性能，产品具备竞争力的价格、简单的架构和简便易用的工具及高集成度。

针对低功耗应用的需求，意法半导体公司还推出了基于 Cortex™-M3 内核的超低功耗 STM32 L1 系列 MCU，其在 STM32 F1 系列功能基础上具有创新型自主动态电压调节功能和 5 种低功耗模式，为各种应用提供了无与伦比的平台灵活性。STM32 L1 系列扩展了超低功耗的理念，并且不会牺牲原有性能。

（3）STM32 F4 系列是基于 Cortex®-M3 内核技术的 32 位微处理器，采用了意法半导体公司的 NVM 工艺和 ART 加速器™技术，在高达 180MHz 的工作频率下通过闪存执行时其处理性能达到 225 DMIPS/608 CoreMark，这是迄今所有基于 Cortex－M 内核的微控制器产品所达到的最高基准测试分数。

STM32F4 系列微控制器集成了单周期 DSP 指令和 FPU（floating point unit，浮点单元），提升了计算能力，可以进行一些复杂的计算和控制，是 MCU 实时控制功能与 DSP 信号处理功能的完美结合体。

（4）STM32 F7 系列基于 Cortex®-M7 内核技术，是世界上第一颗 Cortex-M7 内核的 32 位微处理器，同时它充分利用意法半导体公司的 ART Accelerator™加速技术，使其性能得到极大提升和优化。无论是执行内嵌于芯片内部的 FLASH 代码还是片外存储器，在 CPU 主频 200MHz 的情况下，都能达到 1000CoreMark/428DMIPS。

Cortex®-M7 系列的指令系统向后兼容 Cortex®-M3 系列的指令集，这样保证了 M3 芯片到 M7 系列芯片的快速升级或移植。STM32 F7 系列 MCU 在硬件引脚上与 STM32F4 系列 MCU 可以做到引脚到引脚的兼容。

3. STM32 微处理器的优点

STM32 微处理器采用 Cortex®-Mx 内核技术，和传统产品 ARM7 及 16 位高端 MCU 相比，性能有很大的提高。处理器测试性能比较如图 5.8 所示。

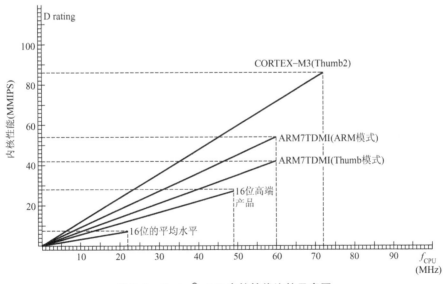

图 5.8　Cortex® - M3 内核性能比较示意图

（1）使用 ARM 最新的、先进架构的 Cortex®-M3 内核，具有优异的实时性能、杰出的功耗控制，实现最大程度的集成整合。

（2）可以选择采用固件库开发，不必接触底层寄存器，从而大大缩短开发周期，降低上手难度。

（3）性价比高，32 位的控制器有着接近于 16 位甚至高端 8 位控制器的价格。

（4）选型简单，从 48 引脚到 144 引脚，F0、F1、F2、F4 四代，从成本到功能均易于选择。

（5）功能丰富，从简单而成本敏感的应用到高端应用均能胜任。

（6）全系列脚对脚、外设及软件的高度兼容性，带来全方位的灵活性。可以很容易将应用升级到需要更多存储空间或不同的封装。

5.4.2　STM32F103 芯片简介

1. STM32F103 简介

【STM32芯片
选型指南】

Cortex®-M3 处理器是由 ARM 专门开发的最新嵌入式处理器，用以满足需要有效且易于使用的控制和简单信号处理功能混合的数字信号控制市场。具有 32 位 Cortex—M3 内核的 STM32 F1 的处理器其最高工作频率可达 72MHz，1.25DMIPS/MHz，单周期乘法和硬件除法。STM32 F1 系列主流 MCU 满足了工业、医疗和消费类市场的各种应用需求。该系列利用一流的外设和低功耗、低压操作实现了高性能，同时还以可接受的价格、简单的架构和简便易用的工具实现了高集成度；可满足专门面向电动机控制、汽车、电源管理、工业自动化市场的新兴类别的灵活解决方案。

STM32 F1 系列具有很好的引脚和软件兼容性，用户可以轻松地从 F1 系列升级到 F2/F4 系列。

STM32 F1 系列目前包含五个产品线，它们之间引脚、外设和软件相互兼容，所有产品均已投入量产。

STM32 F1 系列包括以下系列：

➢ 超值型系列 STM32F100：24MHz 最高主频，集成了电机控制和 CEC 功能。

➢ 基本型系列 STM32F101：36MHz 最高主频，具有高达 1MB 的片上闪存。

➢ USB 基本型系列 STM32F102：48MHz 最高主频，具有全速 USB 模块。

➢ 增强型系列 STM32F103：72MHz 最高主频，具有高达 1MB 的片上闪存，集成电机控制、USB 和 CAN 模块。

➢ 互联型系列 STM32F105/107：72MHz 最高主频，具有以太网 MAC、CAN 以及 USB 2.0 功能。

STM32F103RCT6 作为 STM32F1xx 系列中资源较丰富的一员，具有如下资源：

➢ 48KB 的 SRAM 和 256KB FLASH。

➢ 6 个 16 位定时器。

➢ 2 个 32 位定时器。

➢ 2 个 DMA 控制器（共 16 个通道）。

➢ 3 个 SPI。

- 2 个全双工 I2S。
- 2 个 IIC。
- 6 个 USART 串口。
- 1 个 USB（支持 HOST /SLAVE）。
- 1 个 CAN。
- 1 个 SDIO 接口。
- 3 个 16 通道 12 位 A/D 转换器。
- 2 个 2 通道 12 位 D/A 转换器。
- CPU 主时钟 72MHz。
- 51 个通用 IO 口等。
- 工作电压 2.0～3.6V。

2. STM32F103 特性

【STM32F103C8T6
中文资料】

STM32F103RCT6 的主要特性如下：

（1）工作频率：可达 72MHz。

有 4～16MHz 的外部晶振。

有内嵌出厂前调校的 8MHz RC 振荡电路。

内部有 40kHz 的 RC 振荡电路。

有用于 CPU 时钟的 PLL。

有带校准用于 RTC 的 32kHz 的晶振。

（2）存储器：片上集成 256KB 的 FLASH 存储器和 48KB 的 SRAM 存储器。

（3）时钟、复位和电源管理：2.0～3.6V 的电源供电和 I/O 接口的驱动电压。具有 POR、PDR 和可编程的电压探测器（PVD）。

（4）低功耗：3 种低功耗模式（休眠、停止、待机模式），具有为 RTC 和备份寄存器供电的 VBAT。

（5）调试模式：串行调试（SWD）和 JTAG 接口。

（6）DMA：12 通道 DMA 控制器。

（7）支持的外设：定时器、A/D 转换器、D/A 转换器、SPI、IIC 和 UART 等。

- A/D 转换器：3 个 12 位的 μs 级的 A/D 转换器（16 通道），A/D 测量范围为 0～3.6 V。双采样和保持能力。片上集成一个温度传感器。
- D/A 转换器：2 通道 12 位 D/A 转换器。
- 通用 I/O 端口：具有 51 个快速 I/O 端口，所有的端口都可以映射到 16 个外部中断向量。除了模拟输入，所有的都可以接受 5V 以内的输入。
- 8 个定时器：4 个 16 位定时器，每个定时器有 4 个 IC/OC/PWM 或者脉冲计数器；2 个 16 位的 6 通道高级控制定时器，2 个通道可用于 PWM 输出；2 个看门狗定时器（独立看门狗和窗口看门狗）。Systick 定时器：24 位倒计数器。2 个 16 位基本定时器用于驱动 D/A 转换器。

> ➤ 13个通信接口：包括2个 IIC 接口（SMBus/PMBus）；5个 USART 接口（ISO7816 接口、LIN、IrDA 兼容，调试控制）；3个 SPI 接口（18Mb/s），其中2个和 IIS 复用；1个 CAN 接口（2.0B）；1个 USB 2.0 全速接口；1个 SDIO 接口等。

（8）封装形式：提供 LQFP100、BGA100 共两种封装形式。

5.4.3 STM32F103 芯片的系统架构

ARM Cortex-M3 处理器具有高效的信号处理功能与 Cortex－M 处理器系列的低功耗、低成本和易于使用的优点，具有出色的计算性能以及高级的中断响应能力。

STM32F10x 系列内核结构框图如图 5.9 所示。

ARM Cortex-M3 内核 32 位 RISC 处理器具有优异的代码效率，和传统的8位、16位 ARM 内核器件相比，具有更佳优良的存储容量和性能。

STM32F103 系列兼容所有 ARM 开发工具及开发软件。Cortex－M3 与 Cortex－M0 及 Cortex－M4 代码兼容。

5.4.4 STM32F103 芯片的片上外设

1. 嵌入式 FLASH

STM32F103xx 系列增强型器件内置一个存储空间不超过 1MB 的 FLASH，用于存储程序和数据。

2. 嵌入式 SRAM

STM32F103xx 系列增强型器件均内置多达 96KB 的系统 SRAM。RAM 存储器可在 CPU 时钟速度下以0等待周期访问（读/写）。

3. 嵌套向量中断控制器（NVIC）

STM32F103xx 增强型内置嵌套的向量式中断控制器。该中断控制器可以管理 16 个不同的中断优先级，并处理多达 43 个可屏蔽中断通道。

> ➤ 紧耦合的 NVIC 使得中断响应更快。
> ➤ 直接向内核传递中断入口向量表地址。
> ➤ 允许对中断进行早期处理。
> ➤ 处理后到优先级较高的中断。
> ➤ 支持中断咬尾功能。
> ➤ 自动保存处理器状态。
> ➤ 退出中断时自动恢复现场，无须指令开销。

此硬件模块以最短的中断延迟提供了灵活的中断管理功能。

4. 外部中断/事件控制器（EXTI）

STM32F103xx 增强型器件内含外部中断/事件控制器，包含 19 根用于产生中断/事件请求的边沿检测中断线。每根中断线都可以独立配置以选择触发事件（上升沿触发、下降沿触发或边沿触发），并且可以单独屏蔽。

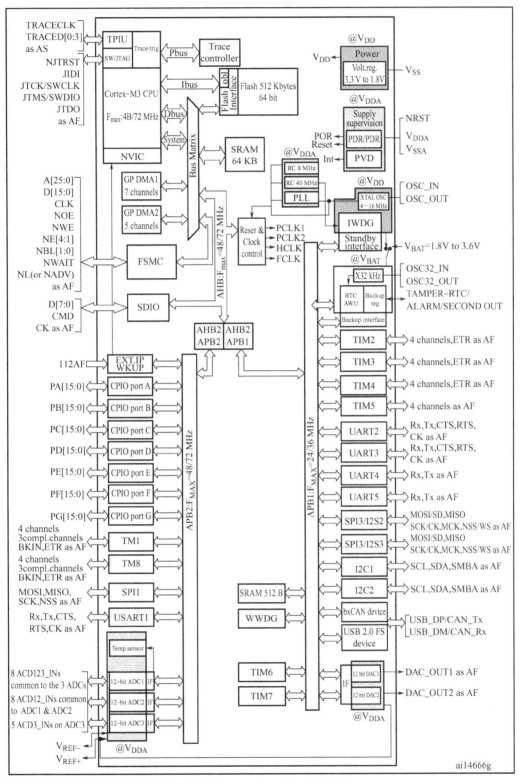

图5.9　STM32F10x 内核结构框图

挂起寄存器用于保持中断请求的状态。EXTI可检测到脉冲宽度小于内部APB2时钟周期的外部中断信号。外部中断线最多有16根，可从最多51个GPIO中选择连接。

5. 时钟和启动

在系统启动时，首先要进行系统时钟源的选择。复位时，选择8MHz内部RC振荡器作为默认CPU时钟。该8MHz内部RC振荡器经工厂调校，可在整个温度范围内提供1%的精度。启动应用时可以选择RC振荡器或外部4～16MHz时钟源作为系统时钟，同时可以监视外部时钟是否失效。如果检测到外部时钟失效，系统将自动切换回内部RC振荡器，并生成一个软件中断（如果已使能）。此时钟源可以作为PLL的输入，因此允许将频率提高到72MHz。

可通过多个预分频器配置三根AHB总线、高速APB（APB2）和低速APB（APB1）区域。AHB总线和高速APB的最大频率为72MHz。低速APB域的最大允许频率为36MHz。

6. 实时时钟（RTC）和备份寄存器

STM32F103xx的备份域包括实时时钟（RTC）和10个16位备份寄存器。

实时时钟具有一组连续运行的计数器，可以通过适当的软件提供日历时钟功能，还具有闹钟中断和阶段性中断功能。RTC的驱动时钟可以是一个使用外部晶体的32.768kHz的振荡器、内部低功耗RC振荡器或高速的外部时钟经128分频。内部低功耗RC振荡器的典型频率为32kHz。为补偿天然晶体的偏差，RTC的校准是通过输出一个512Hz的信号进行的。RTC具有一个32位的可编程计数器，使用比较寄存器可以产生闹钟信号。有一个20位的预分频器用于时基时钟，默认情况下时钟频率为32.768kHz时它将产生一个1s长的时间基准。

7. 低功耗模式

STM32F103xx增强型支持如下3种低功耗模式，可在低功耗、短启动时间和可用唤醒源之间取得最佳平衡。

1）睡眠模式

在睡眠模式下，只有CPU停止工作。所有外设继续运行并可在发生中断/事件时唤醒CPU。

2）停机模式

停机模式下可以实现最低功耗，同时保持SRAM和寄存器的内容。在停机模式下，停止所有内部1.8V部分的供电，PLL、HSI和HSE的RC振荡器被关闭，调压器可以被置于普通模式或低功耗模式。

可以通过任一配置成EXTI的信号把微控制器从停机模式中唤醒，EXTI信号可以是16个外部I/O口之一、PVD的输出、RTC闹钟或USB的唤醒信号。

3）待机模式

待机模式下可达到最低功耗。内部的电压调压器被关闭，因此所有内部1.8V部分的供电被切断；PLL、HSI和HSE的RC振荡器也被关闭；进入待机模式后，SRAM和寄存器的内容将消失，但后备寄存器的内容仍然保留，待机电路仍工作。

从待机模式退出的条件：NRST 上的外部复位信号、IWDG 复位、WKUP 引脚上的一个上升边沿或 RTC 的闹钟到时。

8. 定时器和"看门狗"

STM32F103xx 增强型器件包含 2 个高级控制定时器、4 个通用定时器、2 个基本定时器、2 个"看门狗"定时器及 1 个系统时基计时器。高级控制定时器、通用定时器和基本定时器的特性比较如表 5-1 所示。

在调试模式下，所有定时器计数器均可冻结。

表 5-1　高级控制定时器、通用定时器和基本定时器的特性比较

定时器类型	定时器	计数器分辨率	计数器类型	预分频系数	DMA 请求生成	捕捉/比较通道	互补输出
高级	TM1 TM8	16 位	递增、递减、递增/递减	1~65536	有	4	有
通用	TM2 TM3 TM4 TM5	16 位	递增、递减、递增/递减	1~65536	有	4	无
基本	TM6 TM7	16 位	递增	1~65536	有	0	无

1）高级控制定时器（TIM1 和 TIM8）

高级控制定时器（TIM1 和 TIM8）可以看作在 6 个通道上复用的三相 PWM 发生器。它们具有带可编程插入死区的互补 PWM 输出。也可以将它们看作一个完整的通用定时器。其 4 个独立通道可以用于：输入捕捉、输出比较、PWM 生成（边沿或中心对齐模式）、单脉冲模式输出。

如果配置为标准 16 位定时器，则功能与通用 TIMx 定时器相同。如果配置为 16 位 PWM 发生器，则具有完整的调制能力（0~100%）。

2）通用定时器（TIMx）

STM32F103x 包含 4 个全功能通用定时器：TIM2、TIM3、TIM4 和 TIM5。这些定时器基于 16 位自动重载递增/递减计数器和 16 位预分频器。它们都具有 4 个独立通道，可用于输入捕捉/输出比较、PWM 或单脉冲模式输出。

TIM2、TIM3、TIM4 和 TIM5 都有独立的 DMA 请求生成机制。这些定时器能够处理正交（增量）编码器信号，也能处理 1~4 个霍尔效应传感器的数字输出。

3）基本定时器 TIM6 和 TIM7

这两个定时器主要用于生成 D/A 转换器 触发信号和波形，也可用作通用 16 位时基。

4）独立看门狗

独立看门狗基于 12 位递减计数器和 8 位预分频器。它由独立的 32kHz 内部 RC 振荡电路提供时钟振荡电路；由于内部 RC 独立于主时钟，因此它可在停机和待机模式下工作。它既可用作看门狗，以在发生问题时复位器件，也可用作自由运行的定时器，以便为应用程序提供超时管理。通过选项字节，可对其进行硬件或软件配置。

5）窗口看门狗

窗口看门狗基于可设置为自由运行的 7 位递减计数器。它可以作为看门狗，以在发生问题时复位器件，它由主时钟驱动。具有早期警告中断功能，并且计数器可在调试模式下被冻结。

6）SysTick 定时器

此定时器专用于实时操作系统，但也可用作标准递减计数器。它具有以下特性：具有 24 位递减计数器；具有自动重载功能；当计数器计为 0 时，产生可屏蔽的系统中断；可编程时钟源。

9. 内部集成电路接口（I^2C）

多达 2 个 I^2C 总线接口可以在多主模式或从模式下工作。它们既可支持标准和快速模式；又支持 7/10 位寻址模式和 7 位双寻址模式（从模式下）。其中内置了硬件 CRC 生成/校验功能。

10. 通用同步/异步收发器（USART）

STM32F103xx 内置 3 个通用同步/异步收发器（USART1、USART2、USART3）和 2 个通用异步收发器（UART4 和 UART5）。

这 5 个接口可支持异步通信、IrDA SIR ENDEC 支持、多处理器通信模式和单线半双工通信模式，并具有 LIN 主/从功能。USART1 接口能够以高达 4.5Mb/s 的速度进行通信。其他可用接口的通信速度高达 2.25Mb/s。

USART1、USART2、USART3 还提供了 CTS 和 RTS 信号的硬件管理、智能卡模式（符合 ISO 7816）和与 SPI 类似的通信功能。除 UART5 外，所有其他端口均可使用 DMA 控制器。

11. 串行外设接口（SPI）

STM32F103xx 提供多达 3 个 SPI，它们在从模式和主模式下以全双工和单工通信模式工作。SPI 的通信速度可达 18Mb/s，3 个 SPI 均可使用 DMA 控制器。

12. 安全数字输入/输出接口（SDIO）

STM32F103xx 器件提供了 SD/SDIO/MMC 主机接口，该接口支持多媒体卡系统规范版本 4.2 中三种不同的数据总线模式：1 位（默认）、4 位和 8 位。

该接口的数据传输速率可达 48MHz，符合 SD 存储卡规范版本 2.0。

13. 控制器区域网络（bxCAN）

两个 CAN 均符合 2.0A 和 2.0B（active）规范，比特率高达 1Mb/s。它们可接收和发送包含 11 位标识符的标准帧和包含 29 位标识符的扩展帧。每个 CAN 均提供三个发送邮箱、两个具有 3 级深度的接收 FIFO 和 14 个可调整的共用滤波器组。

14. USB 接口

STM32F103xx 器件内置了全速 12Mb/s 的 USB 设备外设。它具有可由软件配置的端点设置，并支持挂起/恢复功能。USB 全速控制器需要一个专用的 48MHz 时钟，该时钟由连接到 HSE 振荡器的 PLL 生成。

15. 通用输入/输出接口 （GPIO）

每个 GPIO 引脚都可以由软件配置为输出（推挽或开漏、带或不带上拉/下拉）、输入（悬空、带或不带上拉/下拉）或外设复用功能。大多数 GPIO 引脚都具有数字或模拟复用功能。

所有 GPIO 均可承载高电流，并且可以选择不同的速度以更好地管理内部噪声、功耗和电磁辐射。

如果需要，可在特定序列后锁定 I/O 配置，以避免对 I/O 寄存器执行意外写操作。

16. 模数转换器

器件内置 3 个 12 位模数转换器（A/D 转换器），每个 A/D 转换器 可共享多达 21 个外部通道，在单发或扫描模式下执行转换；在扫描模式下，将对一组选定的模拟输入执行自动转换。

A/D 转换器接口内置的其他逻辑功能允许：同步采样和保持、交叉采样和保持。

A/D 转换器可以使用 DMA 控制器。利用模拟看门狗功能，可以非常精确地监视一路、多路或所有选定通道的转换电压。当转换电压超出编程的阈值时，将产生中断。

要同步 A/D 转换和定时器，可通过 TIM1、TIM2、TIM3、TIM4、TIM5 或 TIM8定时器中的任意一个触发 A/D 转换器。

17. 数模转换器

两个 12 位缓冲数模转换器（D/A 转换器）通道可用于将两路数字信号转换为两路模拟电压信号输出。

该双数字接口支持以下功能：

➢ 两个 D/A 转换器：各对应一个输出通道。

➢ 8 位或 12 位单调输出。

➢ 12 位模式下数据采用的对齐方式为左对齐或右对齐。

➢ 同步更新功能。

➢ 生成噪声波。

➢ 生成三角波。

➢ D/A 转换器双通道单独或同时转换。

➢ 每个通道都具有 DMA 功能。

➢ 通过外部触发信号进行转换。

➢ 输入参考电压 VREF＋。

器件中使用 8 个 D/A 转换器 触发输入。D/A 转换器 通道通过定时器更新输出来触发，这些输出也连接到不同的 DMA 数据流。

18. 温度传感器

温度传感器产生随温度线性变化的电压。转换电压范围为 2.0 ～3.6 V。温度传感器内部连接到 A/D 转换器 1 _ IN16 输入通道，该通道用于将传感器输出电压转换为数字值。

19. 串行线 JTAG 调试端口（SWJ-DP）

内置的 ARM SWJ-DP 接口由 JTAG 和串行线调试端口结合而成，可以连接到目标的串行线调试探头或 JTAG 探头。

执行调试时，只需使用 2 个引脚，而不像 JTAG 一样需要 5 个引脚（JTAG 引脚可通过复用功能重用为 GPIO 引脚）：JTAG TMS 和 TCK 引脚分别与 SWDIO 和 SWCLK 共用，TMS 引脚上的特定序列可用于在 JTAG-DP 和 SW-DP 之间切换。

20. 灵活的静态存储控制器

STM32F103xx 系列中内置了灵活的静态存储控制器（FSMC）。它具有 4 个片选输出，支持以下模式：PC 卡/CF 卡、SRAM、PSRAM、NOR Flash 和 NAND Flash。

其功能如下：

（1）写 FIFO。

（2）用于同步访问的最大 FSMC _ CLK 频率为 36MHz。

（3）LCD 并行接口。

FSMC 可以和大多数图形 LCD 控制器无缝连接。它支持 Intel 8080 和 Motorola 6800 模式，并且可以灵活适应特定的 LCD 接口。凭借这种 LCD 并行接口功能，可使用带嵌入式控制器的 LCD 模块轻松构建经济、高效的图形应用，也可使用带专用加速功能的外部控制器轻松构建高性能解决方案。

21. DMA

灵活的 12 路通用 DMA（Direct Memory Access）可以管理存储器到存储器、设备到存储器和存储器到设备的数据传输；DMA 控制器支持环形缓冲区的管理，避免了控制器传输到达缓冲区结尾时所产生的中断。

每个通道都有专门的硬件 DMA 请求逻辑，同时可以由软件触发每个通道；传输的长度、传输的源地址和目标地址都可以通过软件单独设置。

DMA 可以用于主要的外设：SPI、I2C、USART、通用和高级定时器 TIMx、D/A 转换器、I^2S、SDIO 和 A/D 转换器。

5.5 STM32F103 最小系统硬件设计

嵌入式最小系统是由保证微处理器可靠工作所必需的基本电路组成的。STM32F103 的最小系统由 STM32F103 微处理器、电源电路、晶振电路、复位电路和 JTAG 接口电路等组成。如果微处理器芯片没有片内程序存储器，则还要加上存储器系统，嵌入式处理器芯片才可能工作。这些提供嵌入式处理器运行所必需条件的外围电路与嵌入式处理器共同构成了这个嵌入式处理器的最小系统。它们的连接关系如图 5.10 所示。下面介绍

STM32F103 最小系统的设计过程。

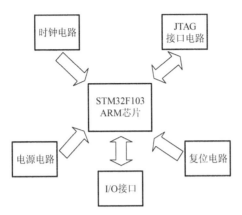

图 5.10　STM32F103 最小系统框图

5.5.1　最小系统设计

1. 电源设计

最小系统设计中首先要考虑的是电源设计。电源系统为整个系统提供能量，是整个系统工作的基础，具有极其重要的地位。电源系统处理得好，整个系统的工作才可靠稳定。

【STM32F103最小应用系统电路原理图】

在最小系统中，STM32F103 及部分外围器件需 3.3V 电源。如果使用芯片的 A/D 或者 D/A 转换功能，还需要用到模拟电源。所以需要考虑将数字电源和模拟电源分开。使用 A/D 或者 D/A 转换时，还需考虑参考电源的设计。另外，部分器件需要 5V 电源，为满足较宽输入电压范围需求，要求整个系统的输入电压为 12V 直流稳压电源。

经过分析，STM32F103 最小系统所需 3.3V 电源的最大电流为 600mA，其功耗不是很大，可以用低压差模拟电源（LDO）输出。Sipex 公司 SPX1117 是一款较常用的 LDO 芯片。它的输入电压为 5V，输出电压为 3.3V，稳定输出电流可达 0.8A，具有过电流保护及温度保护。

本设计首先采用 MP2359 降压转换芯片把输入的 12V 直流电压转化为 5V 直流电压。MP2359 为 MPS 公司生产的降压 DC/DC 电源转换电路，输入直流电压范围 4.5～24V，输出直流电压在 0.81～15V 范围内可调，可输出电流最大为 1.2A。输出 5V 电压后再经 SPX1117M3－3.3 稳压后的 3.3V 作为数字电源输出，VDD 3.3V 再经 LC 滤波隔离后为模拟电源 VA 3.3V 输出。

电源电路原理图如图 5.11 所示。

2. 晶振电路设计

STM32F103 和其他微控制器一样均为时序电路，需要一个时钟信号才能工作。其可以使用内部的晶振产生时钟信号，也可以使用外部振荡源提供时钟信号。

STM32F103 时钟电路两种接法如图 5.12 所示。

本设计中使用外部 8MHz 晶振，电路如图 5.13 所示。

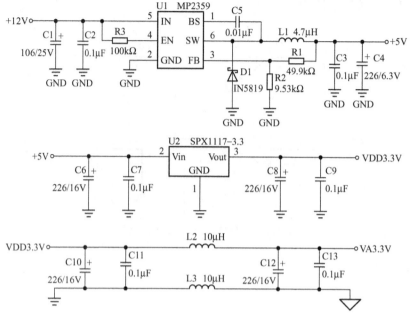

图 5.11　电源电路原理图

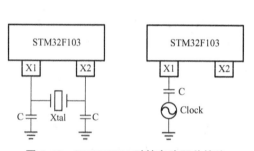

图 5.12　STM32F103 时钟电路两种接法

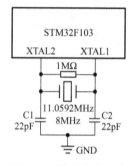

图 5.13　外部晶振电路

3. 复位电路设计

　　该电路主要完成系统的加电复位和系统运行时用户的按键复位功能，有助于用户调试程序。复位电路可以使用简单的阻容复位电路，这种电路简单，成本低廉，但不能保证任何情况下产生稳定、可靠的复位信号，所以一般场合需要使用专门的复位芯片。

　　ARM 芯片的高速、低功耗和低工作电压导致其噪声容限低，在选用复位芯片时，复位芯片的复位门槛的选择至关重要，一般应当选择微控制器的 I/O 口供电电压范围下限值的 95% 为标准。STM32F103 I/O 口供电电压范围为 3.0～3.6V，所以选择复位门槛电压为 2.93V，即电源电压低于 2.93V 时将产生复位信号。

　　此处选用 Catalyst 半导体公司生产的 CAT1025JI-30 复位电路，它的工作电压范围为 2.7～5.4V；具有 1 个手动复位输入引脚和 2 个复位输出引脚（高电平有效引脚和低电平有效引脚各 1 个），可以满足不同复位信号的要求。复位电路如图 5.14 所示。

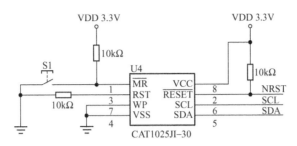

图 5.14 复位电路

图 5.14 中 nRST 连接到 STM32F103 芯片的复位脚$\overline{\text{RESET}}$。当复位键 S1 按下时，CAT1025JI-30 的$\overline{\text{RESET}}$引脚立即输出复位信号，使 STM32F103 芯片复位。电路中$\overline{\text{RST}}$引脚需要接一 10kΩ 的下拉电阻，$\overline{\text{RESET}}$引脚需要接一 10kΩ 的上拉电阻。

微控制器在复位后可能有多种初始状态，具体复位到哪种初始状态是在复位的过程中决定的。复位逻辑可能通过片内只读存储器中的数据决定具体的初始状态，但更多的是通过复位期间的引脚状态决定，也可能由两者共同决定。用引脚状态配置复位后的初始状态没有统一的方法，不同的芯片有不同的规定。

4. 启动模式设置电路

STM32 系列芯片中 BOOT0 和 BOOT1 引脚用于设置 STM32 的启动方式，其对应启动模式如表 5-2 所示。

表 5-2 STM32F103 引导状态引脚设置

BOOT0	BOOT1	启动模式	说　明
0	X	用户闪存	从用户闪存 FLASH 启动
1	0	系统存储器	系统存储器启动，用于串口下载
1	1	SRAM 启动	SRAM 启动，用于在 SRAM 中调试代码

按照表 5-2，一般情况下如果要用串口下载代码，则必须配置 BOOT0 为 1，BOOT1 为 0，而如果要让 STM32 一按下复位键就开始直接执行代码，则需要配置 BOOT0 为 0，BOOT1 任意设置都可以。

按图 5.15 所示，当 STM32 芯片上电时，若 R12 接 0Ω 电阻，即 BOOT1＝0，则选择闪存 FLASH 启动；若 R12 电阻断开，即 BOOT1＝1，此时若 R13 接 0Ω 电阻，则 BOOT1＝0，选择系统存储器启动，可用于串口下载；若 R13 电阻断开，BOOT1＝1，用于在 SRAM 中调试代码。

5. JTAG 接口电路设计

JTAG（Joint Test Action Group，联合测试行动小组）是一种国际标准测试协议，主要用于芯片内部测试及对系统进行仿真、调试。通过 JTAG 接口可对芯片内部的所有部件进行访问，是开发、调试嵌入式系统的一种简捷高效的手段。

调试与测试接口不是系统运行必须的，但现代系统越来越强调可测性，调试、测试接口的设计也不可忽视。STM32F103 有一个内置 JTAG 调试接口，通过这个接口可以控制芯片的运行并获取内部信息。它有 2 种连接标准，即 14 针接口和 20 针接口。本设计选择 20 针接口的标准，JTAG 调试接口电路如图 5.16 所示。

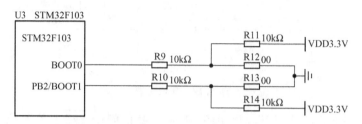

图 5.15　启动模式设置电路

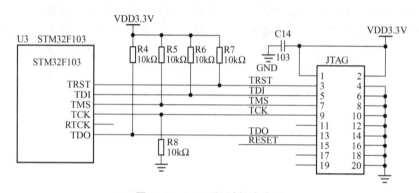

图 5.16　JTAG 调试接口电路

在完成以上 4 部分电路设计之后，STM32F103 就具备了安全、可靠工作的基本条件，这就构成了 STM32F103 最小系统。

6. STM32F103 最小系统电路

STM32F103 最小系统电路原理图如图 5.17 及图 5.18 所示。

在图 5.17 中，电阻 R20 和电容 C25 组成上电自动复位电路，S1 为手动复位按钮。JP1 跳线设置短接 1、2 时 BOOT0＝1，短接 2、3 时 BOOT0＝0。R7 为 BOOT1 设置用，R7 接上 0Ω 电阻时 BOOT1＝0，不接 0Ω 电阻时 BOOT1＝1。

图 5.17 中二极管 D3、D4 及电池 B1 组成后备电源电路，在 STM32F103 断电后为 RTC 单元提供电源。

设计好最小系统后，最好先用 ISP 下载软件对最小系统进行测试，如果能进行 ISP 连接操作（如读取 ID），才能进行下一步的工作，如 JTAG 调试。如果 ISP 测试不能工作，则需要先检查最小系统硬件电路是否正常。

5.5.2　存储器接口设计

在最小系统中，如果微控制器没有片内存储器，就必须设计存储器系统，这一般是通过微控制器的外部总线接口实现的。STM32F103 芯片有片内 RAM 和 FLASH，可以不必再设计额外的存储器，组成的最小系统即可正常工作。但 STM32F103 芯片片内只有

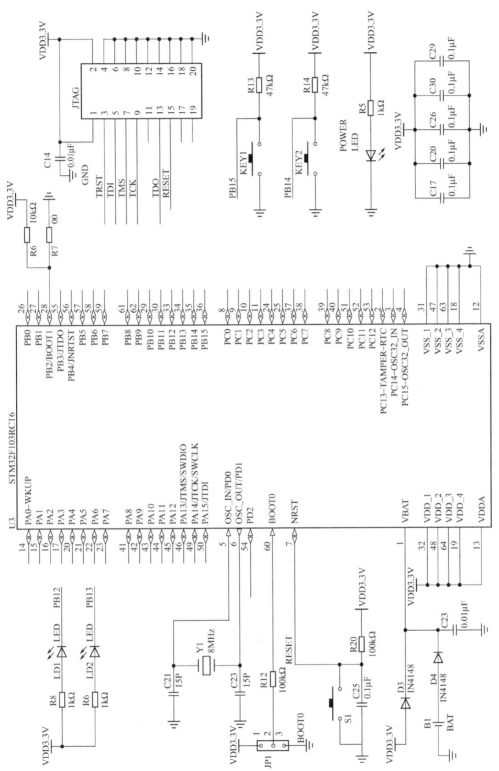

图5.17　STM32F103最小系统电路原理图

192KB 片内静态 RAM 和最多 1MB 片内 FLASH 程序存储器，本设计为支持其他较大存储器的应用需求，对 RAM 和 FLASH 进行了外部扩展。

如果需要外扩存储系统，需要考虑总线宽度和总线速度问题。在嵌入式 ARM 系统中尽量避免使用 8 位总线，推荐使用 16 位和 32 位总线，器件选型尽量选择高速存储器。因为如果使用 16 位总线，使用 Thumb 指令集可获得更高的性能。

1. RAM 存储器接口电路设计

大容量 STM32F103 且引脚数在 100 以上的芯片都带有 FSMC 接口。FSMC 是灵活的静态存储控制器，能够与同步或异步存储器和 16 位 PC 存储器接口相连，STM32 的 FSMC 接口支持包括 SRAM、NAND FLASH、NOR FLASH 和 PSRAM 等存储器。因此，对 100 脚以上大容量 STM32F103 芯片，在进行外部 RAM 存储器扩展设计时就非常方便了。

如图 5.18 所示，采用 IS62WV51216 对 STM32F103 芯片的 SRAM 进行扩展。IS62WV51216 为 1MB 的 SRAM 芯片，其主要特性如下：①容量为 1MB；②数据宽度为 16 位；③工作电压为 1.65～3.6V；④数据保持电压为 1.5V。

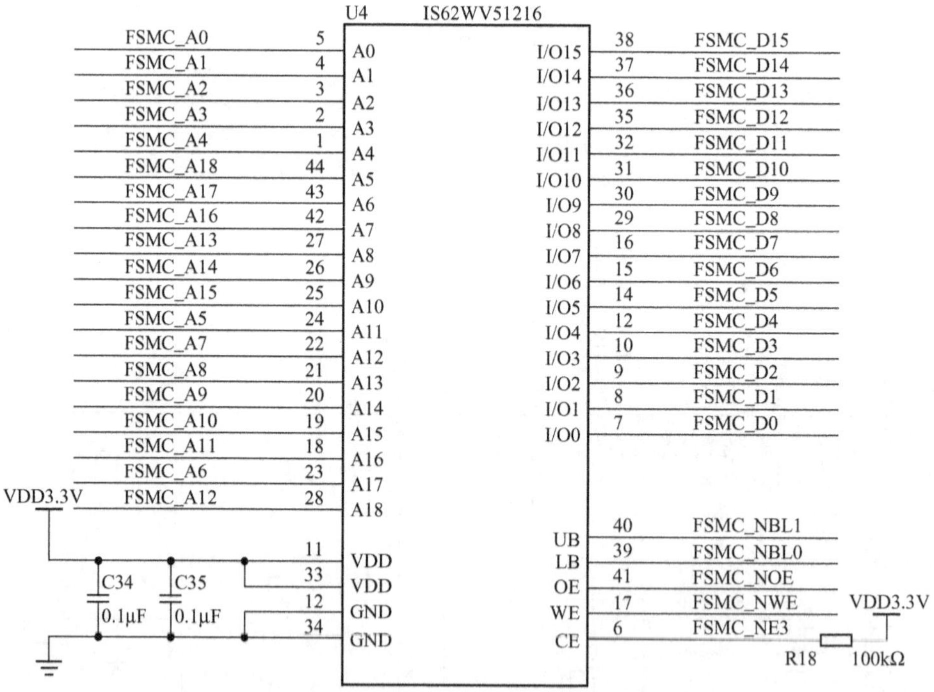

图 5.18　STM32F103 和 IS62WV51216 SRAM 芯片的接口电路图

2. FLASH 存储器接口设计

FLASH 存储器简称闪存，常用 FLASH 表示，是一种可在线多次擦除的非易失性存储器，即掉电后数据不会丢失。FLASH 还具有体积小、功耗低、抗扰性强等优点，是嵌入式系统的首选存储设备。FLASH 主要分为两种：NAND 型 FLASH 和 NOR 型 FLASH。

NAND 型 FLASH 的特点是内部数据以块为单位进行存储，地址线和数据线共用，使用控制信号进行选择；具有极高的单元密度，可以达到高存储密度，并且写入和擦除的速度也很快。应用 NAND 型 FLASH 的困难在于 FLASH 的管理和需要特殊的系统接口。

NOR 型 FLASH 的特点是可以直接读取芯片内存储器中的数据，速度比较快，但价格较高。应用程序可以直接在 FLASH 上运行，不必把代码读到系统 RAM 中。NOR 型 FLASH 接口与 SRAM 接口相似，线性寻址，可以很容易地存取其内部的每一个字节。

NOR 型 FLASH 根据接口形式可分为 SPI FLASH 和 CFI FLASH。SPI FLASH 通过串行接口来实现数据操作，而 CFI FLASH 则以并行接口进行数据操作，但 SPI FLASH 容量不是很大，市场上 CFI FLASH 最大可以做到 128Mb 以上，而且读写速度慢，但是价格便宜，操作简单。而 CFI FLASH 并行接口速度快，容量可达 1Gb 以上，但价格昂贵。

SPI FLASH W25Q128 接口电路如图 5.19 所示，该芯片的容量为 128Mb，也就是 16MB。图中 F_CS 为片选信号，SPI1_SCK、SPI1_MOSI、SPI1_MISO 则分别连接在 MCU 的 SPI1 接口上，接口较为简单，只需要 4 根线就可以实现 128Mb 数据的读写。

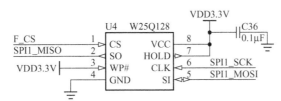

图 5.19　SPI FLASH W25Q128 接口电路

5.5.3　其他接口设计

1. I²C 接口模块

I²C 总线是由数据线 SDA 和时钟 SCL 构成的串行总线，可发送和接收数据。I²C 总线在微控制器与被控 IC 之间、IC 与 IC 之间进行双向传送，最高传送速率 100kb/s。

如图 5.20 所示，本设计中外扩 1 个 Catalyst 半导体公司生产的 CAT1025JI-30 复位管理芯片，该电路具有 I²C 接口的存储器模块，可提供 2KB CMOS E2PROM 存储空间，其工作电压为 3～5.4V，I²C 总线传送速率可达 400kHz，用于存放少量在系统掉电时需要保存的数据。

2. 键盘模块

键盘模块设计采用 16 个按键，使用 I/O 口进行行列式键盘扫描；工作电压为 3.3V，4 个行信号 KA0～KA3 扫描输出，并对 4 个列信号 KB0～KB3 进行扫描输入，用于判断 16 个按键的当前状态。KB0～KB3 列输入信号全部加上拉电阻以减少干扰影响，如图 5.21 所示。

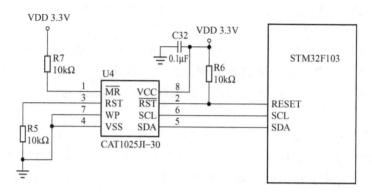

图 5. 20　I²C 总线接口

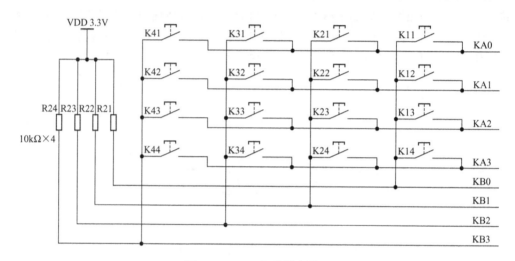

图 5. 21　4×4 矩阵键盘接口

3. UART 接口电路

UART 是通用异步收发器的简称。STM32F103 包含 5 个 UART 串行接口。其中 USART1～USART3 提供一个完全的调制解调器控制握手接口，而 UART4～ UART5 只有发送和接收数据线。为便于和 PC 及其他外围设备进行串口通信，同时 STM32F103 的 ISP 功能也要求必须与 PC 的串口通过 UART 通信来实现，因此 ARM 系统中可以没有 JTAG 调试电路，但 UART 接口必不可少。

由于系统电源为 3.3V，所以使用 SP3232EEA 对 UART0 口进行 RS-232 电平转换，SP3232EEA 利用 3.3V 工作电源把 STM32F103 的 3.3V 输入输出电平转换为能符合 RS-232 标准的电平。采用 SP3232EEA 的双串口接口电路如图 5.22 所示。

4. 液晶接口电路

STM32F103 开发系统具有黑白图形液晶模块接口电路，可以直接与 TG12864 点阵图形液晶模块（图 5.23）或其他兼容液晶模块连接使用，接口电路如图 5.24 所示。

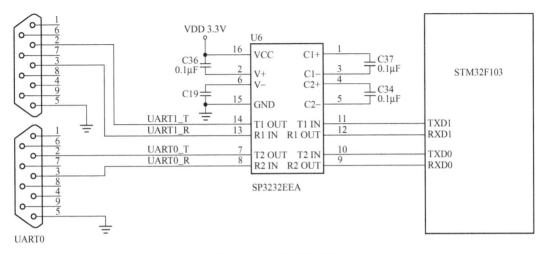

图 5.22 UART 接口电路

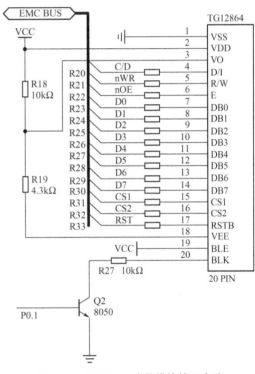

图 5.23 128×64 点阵图形液晶模块　　**图 5.24 TG12864 液晶模块接口电路**

　　TG12864 液晶模块的特性：①采用 STN 液晶屏；②128×64 像素；③黑色字/白色底显示；④控制器为内嵌东芝 T6963C；⑤外部显存为 32KB。

　　5. LED 及蜂鸣器电路

　　为便于流水灯演示实验和调试方便，可以根据需要设计 8 个 LED 和一个蜂鸣器，与 LED 连接的端口为普通 I/O 口，和蜂鸣器连接的端口应选择具有 PWM 输出功能的端口

PD2。LED 及蜂鸣器电路如图 5.25 所示。

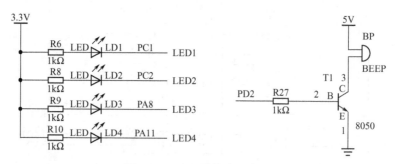

图 5.25 LED 及蜂鸣器电路

5.6 STM32F103 最小系统的软件开发及基础实验

基于 STM32F103 的嵌入式最小系统的电路设计已经全部介绍完毕，但还需要进行相应的嵌入式软件开发设计才能使嵌入式系统实现其丰富的功能。

目前，在嵌入式系统开发过程中使用的高级编程语言种类很多，但仅有少数几种语言得到了比较广泛的应用，如 C/C++、Java 等。嵌入式 C 语言符合标准 C 语言的基本语法，它是面向嵌入式软件开发实际应用、进行程序设计的语言。掌握嵌入式 C 语言编程是嵌入式系统开发的关键。在这里重点介绍利用 C 语言编程来进行基于 ARM 嵌入式系统的软件开发。

在学习下面的内容之前，读者需要先自行学习一些有关标准 C 语言的编程方法。

5.6.1 创建流水灯工程项目

为了对嵌入式程序开发有一个直观的认识，在此将通过一个简单的例子直接进入嵌入式编程。该例子是使 8 个 LED 以 1Hz 频率闪烁变换的流水灯。

【建立跑马灯实验工程】

下面将利用 Keil μVision 4 MDK 集成开发软件创建流水灯工程项目。

（1）打开 Keil μVision 4 V4.12 软件，如图 5.26 所示。

（2）如图 5.27 所示，新建一个名为 LED _ BLINK 的工程，并保存在 F：\ LED _ BLINK 文件夹中。

（3）选择芯片型号为 ST Microelectronics 公司的 STM32F103，如图 5.28 所示。

（4）右击 OK 按钮，在弹出的自动添加 Startup Code 文件选择菜单中选择 No（因为使用标准外设库里已经有的启动代码。若选 Yes，则自动添加 STM32F10x. S），如图 5.29 所示。

（5）右击 Target 选项，在弹出的快捷菜单中选择 Options for Target 'Target1' 命令进行工程参数设置，如图 5.30 所示。

① 进入 Target 选项卡，进行分散加载地址的设定，如图 5.31 所示。其中 IROM1 设置的是代码定位的起始地址和空间分配。IRAM1 设置的是数据的起始地址与空间分配。

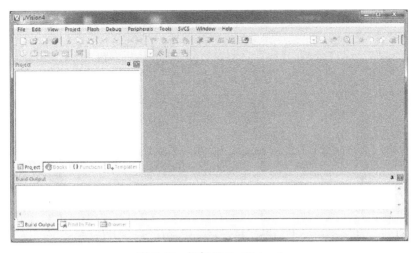

图 5.26　运行 Keil μVision 4

图 5.27　新建工程

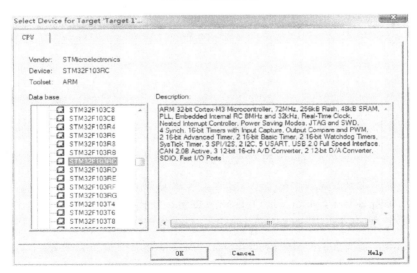

图 5.28　选择器件

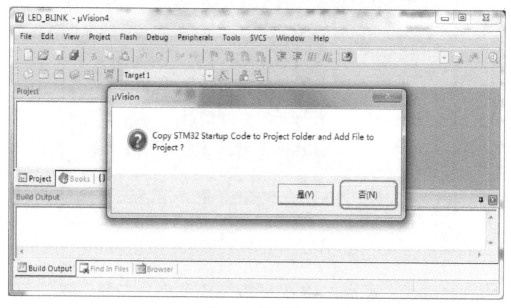

图 5.29　选择器件

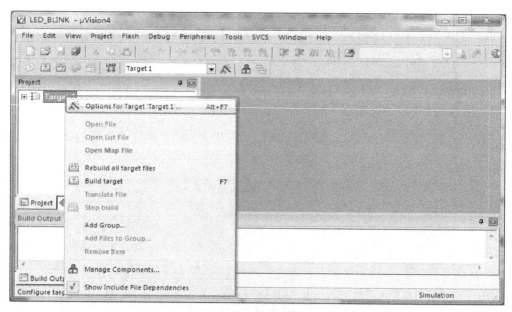

图 5.30　工程参数设置

② 在 Output 选项卡中选中 Create HEX File 复选框，以便编译后自动生成 HEX 编程文件；然后单击 Select Folder for Objects…按钮，新建一个 OBJ 文件夹，并设置输出文件保存路径为 F：\ LED _ BLINK \ OBJ \，如图 5.32 所示。

③ 在 Listing 选项卡下单击 Select Folder for Listings…按钮，新建一个 LIST 文件夹，并设置输出文件的保存路径为 F：\ LED _ BLINK \ LIST \，如图 5.33 所示。

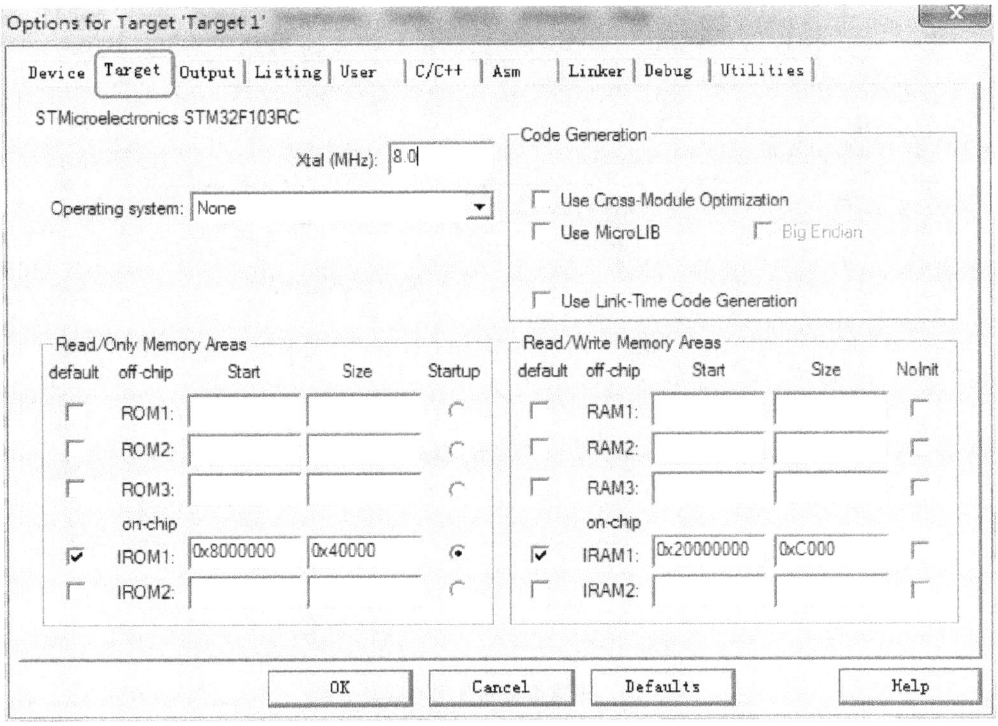

图 5.31 分散加载地址设置

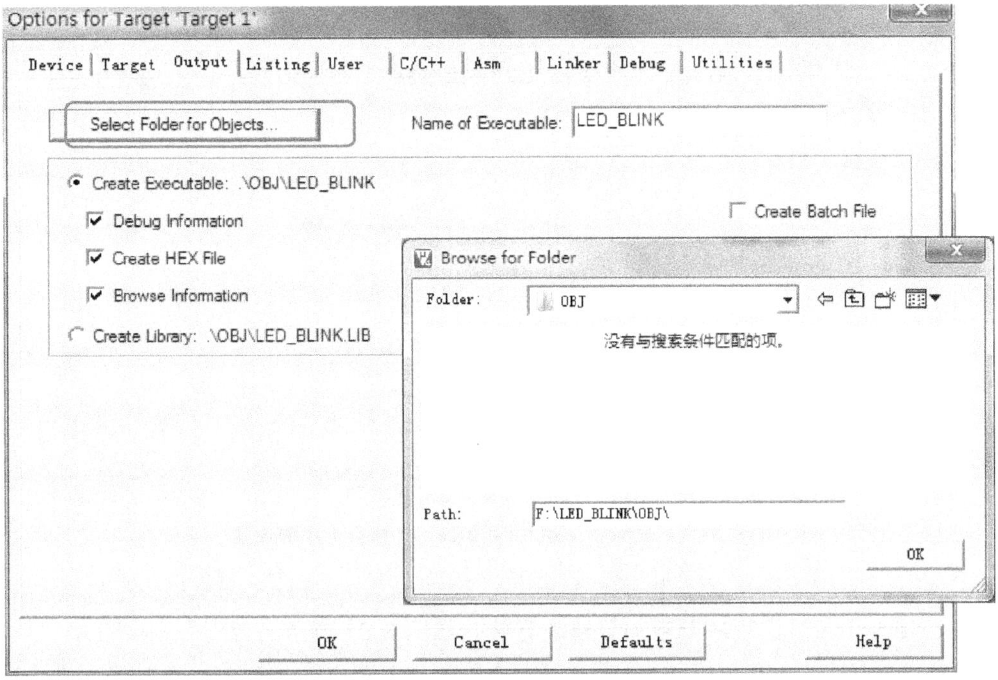

图 5.32 新建工程输出文件 OBJ 文件夹

图 5.33　工程清单输出文件存放目录

图 5.34　设置分散加载地址为 Target 选项卡中的设置

④ 在 Linker 选项卡中选中 Use Memory Layout from Target Dialog 复选框，则在 Target 选项卡中设置的程序分散加载地址有效，如图 5.34 所示。否则 Scatter File 文本框中 LED＿BLINK. sct 变为有效，LED＿BLINK. sct 文件包含了程序分散加载地址信息。该文件的路径或内容可以通过右边的 ▒ 和 ▒Edit...▒ 按钮进行修改，如图 5.35 所示。

图 5.35 设置用分散加载文件规定加载地址

⑤ 在 Debug 选项卡中选中左边的 Use Simulator 单选按钮及 Limit Speed to Real-Time 复选框，以便在没有硬件环境情况下软件模拟器来进行模拟调试；若想把程序下载到硬件目标板中进行调试，则选择右边的 Use: ULINK ARM Debugger Settings ，如图 5.36 所示。其中下拉列表框内的选项可以根据所用编程器来选择，图中所示为选用 ULINK 编程器，若采用 J-LINK 编程器，则应选择 J-LINK/J-TRACE 选项，如图 5.37 所示。

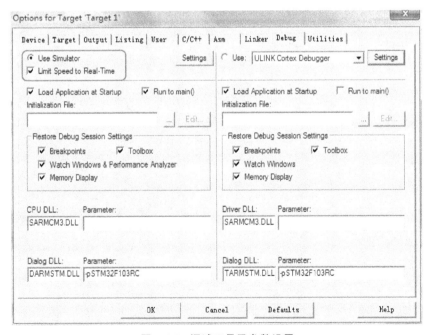

图 5.36 调试工具及参数设置

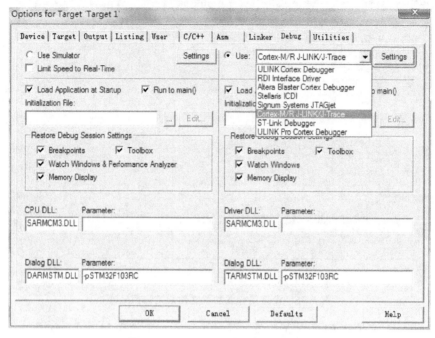

图 5.37　用 JLINK 编程器调试设置

另外，无论是软件模拟调试还是硬件环境调试，都可以通过右边的 Settings 按钮进行进一步的参数设定。

（6）添加工程文件。

① 为了修改 Source Group 1 文件夹名，可右击工程工作区的 Source Group 1 并在弹出的快捷菜单中选择 Manage Components 命令，如图 5.38 所示。

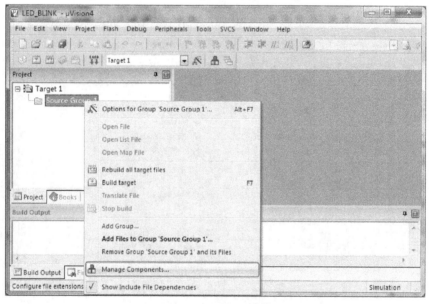

图 5.38　管理文件夹

② 在弹出的对话框中，将如图 5.39 中的 Groups 框下的 Source Group 1 选中并修改为 StartUp，之后单击 OK 铵钮退出。

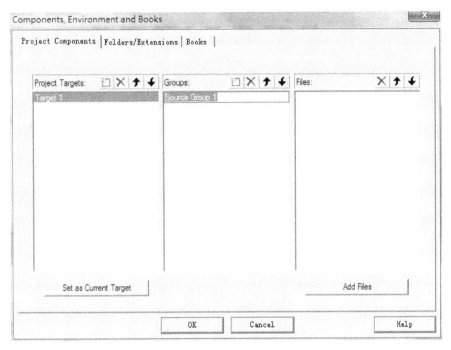

图 5.39　修改文件夹名

③ 右击工程工作区的 Source Group 1 并在弹出的快捷菜单中选择 Add Group 命令建立一个新的文件夹，如图 5.40 所示。

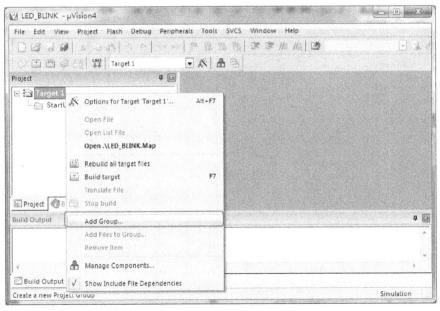

图 5.40　建立一个新的文件夹

④ 新建了一个文件夹，并更名为 User，同样再建立一个文件夹并更名为 Library，如图 5.41 所示。

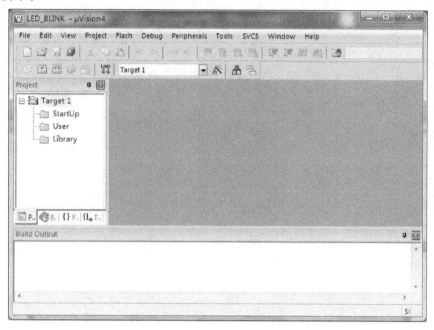

图 5.41　新建立的工程文件夹

⑤ 右击 User 文件夹，在弹出的快捷菜单中选择 Add Files to Group 'User' 命令，如图 5.42 所示。

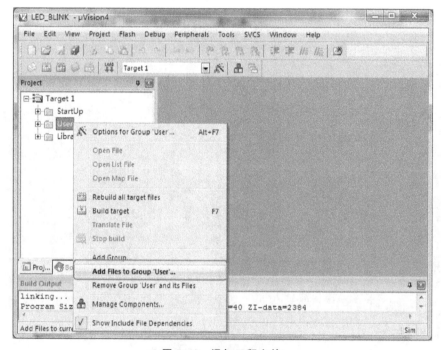

图 5.42　添加工程文件

此后在弹出的界面中，选择需要添加的工程文件路径。本例中文件路径为 F：\ LED＿BLINK \ SRC \ Led＿Blink.c。然后单击 Add 按钮将所选文件添加进工程。（本例所用源程序代码可从本书网上资料中相应 ARM 文件夹下复制到例示的 F：\ LED＿BLINK \ SRC \ 文件夹中。）使用同样方法将 F：\ LED＿BLINK \ LIB \ cortexm3＿macro.s 和 stm32f10x＿vector.s 添加进工程中的 StartUp 文件夹。然后还需要添加 F：\ LED＿BLINK \ LIB \ src \ 目录下的所有库文件到工程中的 Library 文件中。添加完文件后的文件结构如图 5.43 所示。

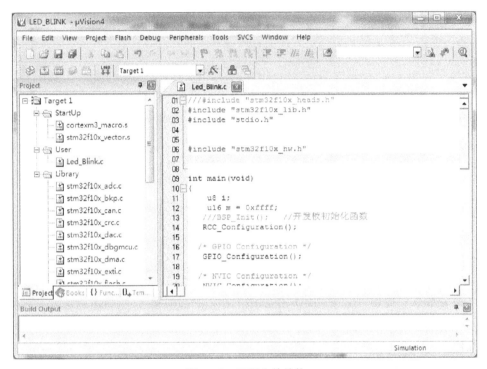

图 5.43　工程文件结构

至此工程创建完成并保存。可以在任一文件名上双击，打开该文件进行查看或进行编辑。

【LED＿BLINK 工程文件包】

5.6.2　编译链接工程

工程建立完成并保存后，可以开始对所建工程进行编译链接。方法是选择 Project＞＞Build target…命令或按快捷键，启动编译链接器工作，编译链接过程及结果会在图 5.44 下方所示的 Build Output 窗口显示。

在图 5.44 所示的 Build Output 窗口显示编译链接成功。若工程文件有错误，则会在编译结果中显示错误原因，在提示内容上双击，则光标会自动跳至出错代码位置，以方便用户进行错误检查和修改。

在编译链接完成的同时，Output 窗口显示 FromELF：creating hex file…，表示已经生成名为 LED＿BLINK.Hex 的输出文件，以供向目标板编程使用烧写文件。

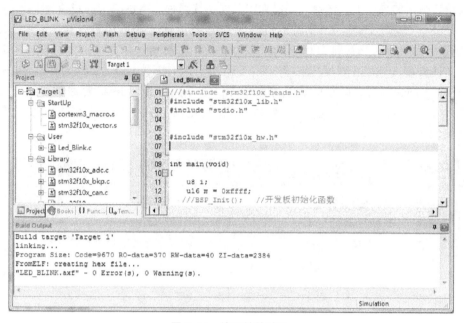

图 5.44 编译链接结果

5.6.3 调试仿真

1. 软件仿真

工程编译成功后，可以启动仿真工作。方法是选择 Debug＞＞Start/Stop Debug Session 命令或按快捷键，启动调试模拟器工作，会出现图 5.45 所示错误提示对话框。

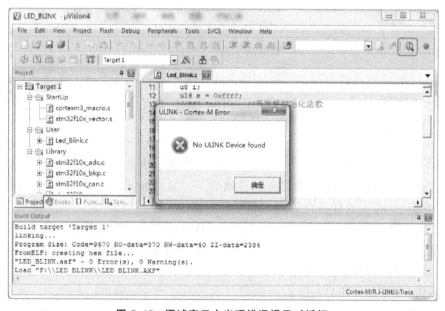

图 5.45 调试窗口中出现错误提示对话框

出现这个错误是由于在仿真界面设置中选择了采用 ULINK ARM Debugger 进行调试，该选项要求 ULINK 仿真器连接到目标板进行硬件调试，当 ULINK 仿真器没有连接时则会出现此类错误。此时，可以在仿真界面中将调试模拟器改为 Use Simulator，即改用软件模拟调试器调试，如图 5.46 所示。

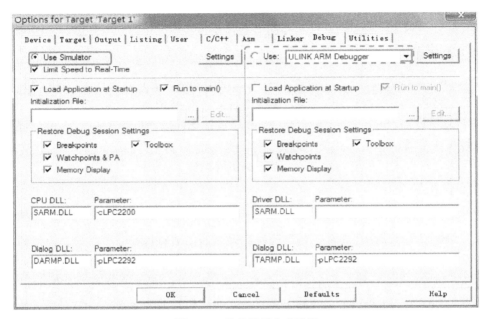

图 5.46　软件模拟方式设置

重新按快捷键 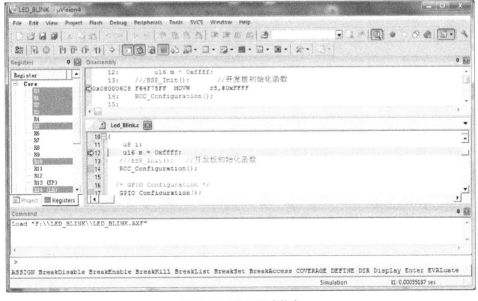，进入调试状态，观察窗口上半部（汇编代码窗口），如图 5.47 所示。

图 5.47　进入调试状态

【利用MDK4中的逻辑分析仪查看IO口输出波形的方法】

　　错误提示对话框不再出现。接下来就可以进行单步、全速、跨步等调试。具体调试方法请参考 Keil 操作参考手册。

　　若要对程序运行后 STM32 芯片中不同 IO 端口的输出波形或时序关系进行观察，可打开 MDK4 中逻辑分析仪来观察输出模拟波形。逻辑分析仪只需在调试模式下单击按钮■▾即可启用。MDK4 中的逻辑分析仪具体使用过程请参照 Keil 操作参考手册。

　　2. 加载调试

　　μVision 4 调试器提供了软件仿真和 GDI 驱动两种调试模式，采用 ULINK2 仿真器调试时，首先将集成环境与 ULINK2 仿真器连接，在对要调试的工程进行配置后，选择 Flash＞＞Download 命令可将目标文件下载到目标系统的指定存储区中，文件下载后即可进行在线仿真调试。

　　接下来也可以进行单步、断点、全速、跨步等调试。

　　3. 调试窗口

　　1）反汇编窗口

　　反汇编窗口用于显示反汇编二进制代码后得到的汇编级代码，可以混合源代码显示，也可以混合二进制代码显示。反汇编窗口可以设置和清除汇编级别断点，并可按照 ARM 或 THUMB 的格式反汇编二进制代码。如图 5.48 所示，反汇编窗口可用于将源程序和反汇编程序一起显示，也可以只显示反汇编程序。通过选择 Debug＞＞View Trace Records 命令可以查看前面指令的执行记录。为了实现这一功能，需要设置 Debug＞＞Enable/Disable Trace Recording。

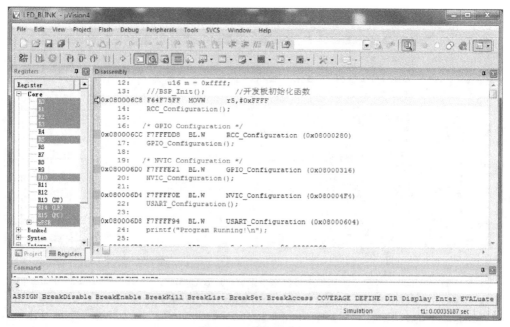

图 5.48　反汇编窗口

若选择反汇编窗口作为当前窗口，那么程序的执行是以 CPU 指令为单位的，而不是以源程序中的行为单位的。可以用工具条上的按钮或快捷菜单命令为选中的行设置断点或对断点进行修改。

2）寄存器窗口

在 Project Workspace-Register 列表框中列出了 CPU 的所有寄存器和系统寄存器，按模式排列共有 4 组，分别为 Core 模式寄存器组、Banked 模式寄存器组、System 模式寄存器组以及 Internal 模式寄存器组，如图 5.49 所示。在每个寄存器组中又分别有相应的寄存器。

在调试过程中，每当程序中执行到对某个寄存器的操作时，值发生变化的寄存器将会以蓝色显示。选中指定寄存器后在寄存器值上连续单击两次或按 F2 键便可以出现一个编辑框，从而可以改变此寄存器的值。

3）存储区窗口

通过选择 View＞＞Memory Window 命令可以打开存储区窗口，如图 5.50 所示。通过内存窗口可以查看与显示高达 4GB 的存储空间的存储情况。从图 5.50 中可看出，内存窗口有 4 个 Memory 选项卡，分别为 Memory1、Memory2、Memory3、Memory4，即可同时显示 4 个指定存储区域的内容。在左上角 Address 文本框内，输入地址即可显示相应地址中的内容。

需要说明的是，它支持表达式输入，只要这个表达式代表某个区域的地址即可，例如图 5.50 中所示的 main。双击指定地址处会出现编辑框，可以改变相应地址处的值。在存储区内右击可以打开图 5.50 所示的快捷菜单，在此可以选择输出格式。通过选择 View＞＞Periodic Window Update 命令，可以在运行时实时更新此内存窗口中的值。在运行过程中，若某些地址处的值发生变化，将会以红色显示。

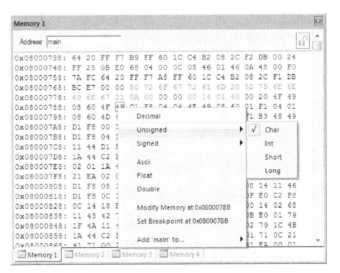

图 5.49　寄存器窗口　　　　　　　　图 5.50　存储区窗口

4）观测窗口

观测窗口（Watch Windows）用于查看和修改程序中变量的值，并列出了当前的函数调用关系。在程序运行结束之后，观测窗口中的内容将自动更新。也可通过选择 View>>Periodic Window Update 命令来实现程序运行时实时更新变量的值。观测窗口共包含 4 个选项卡：Locals、Watch ♯1、Watch ♯2、Call Stack，如图 5.51 所示。

Locals 选项卡：列出了程序中当前函数中全部的局部变量。要修改某个变量的值，只需选中变量的值，然后单击或按 F2 键即可弹出一个文本框来修改该变量的值。

Watch 选项卡：观测窗口有 2 个 Watch 选项卡，Watch ♯1 选项卡和 Watch ♯2 选项卡列出了用户指定的程序变量。有 3 种方式可以把程序变量加到 Watch 选项卡中。

（1）在 Watch 选项卡中，选中 type F2 to edit 选项，然后按 F2 键，会出现一个文本框，在此输入要添加的变量名即可，用同样的方法可以修改已存在的变量。

（2）在 Workspace 工作空间中，选中要添加到 Watch 选项卡中的变量，右击，在快捷菜单中选择 Add to Watch Window 命令，即可把选定的变量添加到 Watch 选项卡中。

（3）在 Build Output 窗口的 Command 选项卡中，用 WS（WatchSet）命令将所要添加的变量添入 Watch 选项卡中。

若要修改某个变量的值，只需选中变量的值，再单击或按 F2 键即可出现一个文本框修改该变量的值。若要删除变量，只需选中变量，按 Delete 键或在 Output Window 窗口的 Command 选项卡中用 WK（WatchKill）命令就可以删除变量。

Call Stack 选项卡：此选项卡显示了函数的调用关系。双击此选项卡中的某行，将会在工作区中显示该行对应的调用函数以及相应的运行地址，如图 5.52 所示，双击后光标会跳至反汇编窗口中的 Delay（ ）语句。

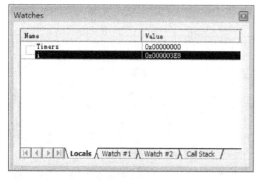

图 5.51　观测窗口

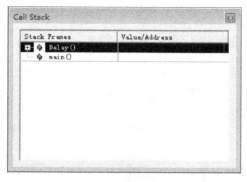

图 5.52　Call Stack 窗口

5）执行剖析器窗口

μVision ARM 仿真器包含一个执行剖析器，它可以记录执行全部程序代码所需的时间。可以通过选择 Debug>>Execution Profiling 命令来使能此功能。它具有两种显示方式：Call（显示执行次数）和 Time（显示执行时间）。将鼠标指针放在指定的入口处，即可显示有关执行时间及次数的详细信息，如图 5.53 所示。对 C 源文件，可使用编辑器的源文件的大纲视图特性，用此特性可以将几行源文件代码收缩为一行，以此可查看某源文件块的执行时间。

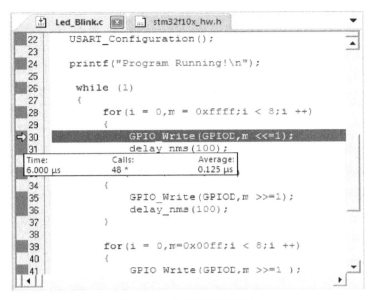

图 5.53　执行剖析器窗口

6）符号窗口

在符号窗口（通过选择 View＞＞Symbol Window 命令打开）中显示了定义在当前被载入的应用程序中的公有符号、局部符号及行号信息。CPU 特殊功能寄存器 SFR 符号也显示在此窗口中，如图 5.54 所示。

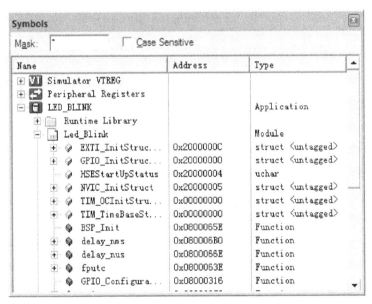

图 5.54　符号窗口

以上窗口均可以在集成环境中固定和浮动，只需要双击窗口标题栏就可以使所选窗口在固定和浮动状态之间转换。

5.6.4　FLASH 编程

μVision 4 集成了 FLASH 编程工具，所有的相关配置将被保存在当前工程中。在菜单项 Project＞＞Options＞＞Utilities 下可配置当前工程所使用的 FLASH 编程工具，开发人员可使用 Keil ULINK USB-JTAG 适配器等工具。用户可通过 FLASH 菜单启动 FLASH 编程器，若设置了 Project＞＞Options＞＞Utilities＞＞Update，那么在调试器启动之前 FLASH 编程器也将启动。

μVision 4 为 FLASH 编程工具提供了一个命令接口，在 Project＞＞Option for Target 对话框的 Utilities 选项卡中可配置 FLASH 编程器，通过选择 Flash＞＞Configure Flash Tools 命令也可进入此对话框，如图 5.55 所示。一旦配置好命令接口方式，就可以通过 Flash 菜单下载（Download）或擦除（Erase）目标板中 FLASH 存储器的内容。

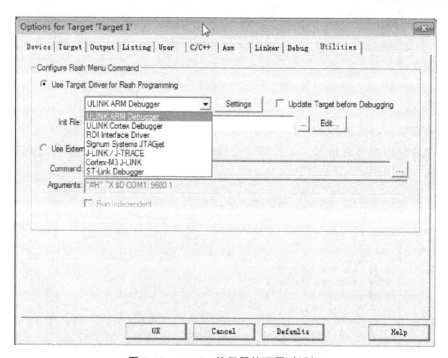

图 5.55　FLASH 编程器的配置对话框

μVision4 提供了两种 FLASH 编程的方法：目标板驱动和外部工具。

μVision 4 提供了多种 FLASH 编程驱动程序：ULINK ARM Debugger、ULINK Cortex-M3 Debugger、RDI Interface Driver 及 J－LINK/J－TRACE 等。这里选择编程驱动程序，单击右边的 Settings 按钮，弹出图 5.56 所示的对话框。Settings 按钮右边复选框 ☑ Update Target before Debugging 决定是否在调试前更新目标板中 FLASH 的内容。Init File 文本框中的初始化文件，包括总线的配置、附加程序的下载及调试函数。对大多数 FLASH 芯片而言，μVision 4 的设备数据库已经提供了片上 FLASH ROM 的正确配置。例如，图 5.56 所示为 STM32F103RC 的 FLASH 下载的配置。

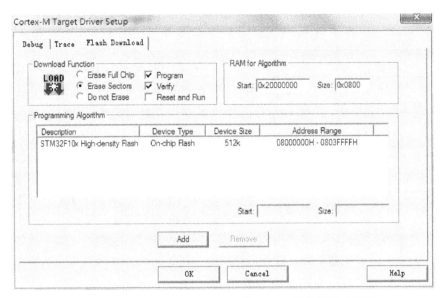

图 5.56　ULINK ARM Debugger 的 FLASH 下载设置对话框

5.6.5　目标板验证

选择 Flash＞＞Download 命令将工程文件 LED ＿ BLINK. hex 下载固化到片载 FLASH 中，也可以单击工具栏中的 按钮下载，下载过程将依次进行擦除、下载、校验等。下载完成后，将提示下载成功，如图 5.57 所示。

```
*  JLink Info: TPIU fitted.
*  JLink Info: ETM fitted.
*  JLink Info:    FPUnit: 6 code (BP) slots and 2 literal slots
Erase Done.
Programming Done.
Verify OK.
```

图 5.57　下载固化成功

然后关掉目标板电源，再打开电源开关，即可观察到目标板上 LED1～LED7 的灯光闪烁变化，表明程序运行正常。如想调整 LED 灯变化的快慢，可以回到源程序中对 Delay 延时函数的参数进行调整，然后重复以上步骤进行编译、链接和编程下载过程，然后进行实际验证。

5.7　STM32F103 的嵌入 μC/OS-Ⅱ 移植试验

5.7.1　μC/OS-Ⅱ 简介

μC/OS-Ⅱ 是一款源码开放的实时操作系统内核，具有良好的可移植性，大部分源代码都是用 ANSIC 编写的。μC/OS-Ⅱ 是一个完全抢占式内核，它总是运行最高优先级的就绪任务，但不支持时间片轮转法任务调度。μC/OS-Ⅱ 提供了许多系统服务，如邮箱、信号量、消息队列、内存管理及时间管理等。μC/OS-Ⅱ可以移植到很多处理器上，它能运行在大部分的 8～64 位微处理器和数字信号处理器（DSP）上。当然也非常适合在 STM32F10x 系列 ARM 微处理器上运行。

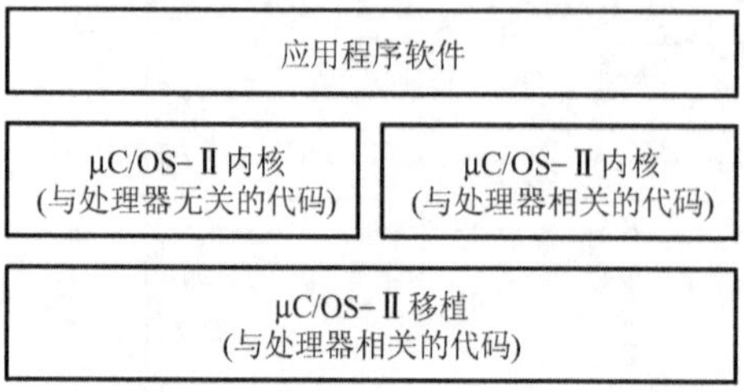

应用程序软件	
μC/OS-Ⅱ内核 （与处理器无关的代码）	μC/OS-Ⅱ内核 （与处理器相关的代码）
μC/OS-Ⅱ移植 （与处理器相关的代码）	

图 5.58　μC/OS-Ⅱ的软件体系结构

μC/OS-Ⅱ的软件体系结构如图 5.58 所示。应用程序软件是用户根据需求编写与应用相关的代码定制合适的内核服务功能，实现对 μC/OS-Ⅱ 的裁剪。μC/OS-Ⅱ内核提供所有的系统服务，操作系统内核的代码与处理器无关。这部分代码完全公开，这里采用 μC/OS-Ⅱ（v2.86）版本。内核将应用程序与底层硬件有机地结合成一个实时系统。

与处理器相关的代码可以看作内核与硬件之间的中间层，它实现了同一内核应用于不同硬件体系的目标。处理器不同，这部分代码也不同，由用户自行编写。移植就是编写与处理器相关的代码和进行一些μC/OS-Ⅱ的设置。

5.7.2　μC/OS-Ⅱ在STM32F103上的移植

1. μC/OS-Ⅱ移植内容

【μC/OS-Ⅱ移植例程→μC/OSⅡ-F103文件包】

μC/OS-Ⅱ 内核基本可以分为任务调度、任务同步和内存管理三部分。

μC/OS-Ⅱ 代码组成如下。

os＿core.c：ucosii 的核心，它包含了内核初始化、任务切换、事件块管理等代码。

os＿task.c：任务管理代码。

os＿flag.c：事件标志管理代码。

os＿mbox.c：消息邮箱管理代码。

os＿mutex.c：互斥型信号量管理代码。

os＿q.c：消息队列管理代码。

os＿sem.c：同步量管理代码。

os＿mem.c：内存管理代码。

os＿time.c：时间管理代码，主要做各种延时。

os＿tmr.c：定时器管理代码。

移植相关文件如下。

os＿cpu.h：进行数据类型定义，包含处理器相关代码和几个函数原型。

os＿cpu＿c.c：定义一些用户 hook 函数。

os＿cpu＿a.asm：移植需要用汇编代码完成的函数，主要就是任务切换函数。

os＿dbg.c：内核调试相关数据和函数。

移植工作主要集中在与处理器相关的 4 个文件，即 OS＿CPU.H、OS＿CPU＿C.C、OS＿CPU＿A.S 和 OS＿DBG.C。

其中 OS_CPU.H 移植代码头文件，文件中主要包含与编译器相关的数据类型定义、堆栈类型定义、两个宏定义和几个函数说明。

OS_CPU_C.C 是移植代码 C 语言部分，其中包含与移植有关的 6 个 C 函数，它们为 OSTaskStkInit（）、OSTaskCreateHook（）、OSTaskDelHook（）、OSTask-SwHook（）、TaskStatHook（）、OSTimeTickHook（）。除第一个任务堆栈初始化函数外的 5 个函数为钩子函数，它们需要声明，没有实际内容；由系统函数调用，以便用户能在操作系统中加入自己需要的功能。

OS_CPU_A.S 是移植代码汇编部分，其中包含与移植有关的 4 个汇编语言函数，它们是 OSStartHighRdy（）、OSCtxSw（）、OSIntCtxSw（）、OSTickISR（）。

OS_DBG.C 内核调试相关数据和函数，移植时可以不做修改。

2. 移植过程

1）OS_CPU.H 的移植

该文件包含了和处理器及编译器相关的定义及一些全局函数声明。由于 CM3 处理器字长为 32 位，半字长为 16 位，字节为 8 位，因此在 OS_CPU.H 文件中修改与编译器相关的定义如下。

【μC/OS-Ⅱ在STM32F103上的移植】

```
OS_CPU.H 文件

    /* 全局变量*／
    # ifdef  OS_CPU_GLOBALS
    # define OS_CPU_EXT
    # else
    # define OS_CPU_EXT  extern
    # endif
    //所有全局变量使用 OS_CPU_EXT 来定义，根据预编译方式能自动识别，即自动加 extern
关键字，或者不加


    /* 数据类型*／
    typedef unsigned char   BOOLEAN;       //布尔变量
    typedef unsigned char   INT8U;         //无符号 8 位整型变量
    typedef signed   char   INT8S;         //有符号 8 位整型变量
    typedef unsigned short INT16U;         //无符号 16 位整型变量
    typedef signed   short INT16S;         //有符号 16 位整型变量
    typedef unsigned int    INT32U;        //无符号 32 位整型变量
    typedef signed   int    INT32S;        //有符号 32 位整型变量
    typedef float           FP32;          //单精度浮点数 (32 位长度)
    typedef double          FP64;          //双精度浮点数 (64 位长度)
    typedefunsigned int OS_STK;            // CM3 是 32 位宽度，堆栈也是 32 位宽度
    typedef unsigned int OS_CPU_SR;        // CM3 的状态寄存器 (xPSR) 是 32 位宽度
```

下面是与处理器相关的代码。

```
/* 临界段* /
# define OS_CRITICAL_METHOD 3//进入临界段的三种模式,一般选择第 3 种
# defineOS_ENTER_CRITICAL(){cpu_sr = OS_CPU_SR_Save();}
# define OS_EXIT_CRITICAL(){OS_CPU_SR_Restore(cpu_sr);}
```

为了实现资源共享，一个操作系统必须提供临界段操作的功能。

μC/OS-Ⅱ为了处理临界段代码需要关中断，处理完毕后再开中断。这使得μC/OS-Ⅱ能够避免同时有其他任务或中断服务进入临界段代码。

```
/* 栈方向* /
# define OS_STK_GROWTH  1
//Cotex- M3 的栈生长方向是由高地址向低地址增长的,因此 OS_STK_GROWTH 定义为 1

/* 任务切换宏* /
# define OS_TASK_SW()OSCtxSw()

/* 开中断 关中断* /
# if OS_CRITICAL_METHOD = = 3
  OS_CPU_SR  OS_CPU_SR_Save(void);
  void OS_CPU_SR_Restore(OS_CPU_SR cpu_sr);
# endif
```

```
/* 任务切换的函数* /
void OSCtxSw(void);    //用户任务切换
void OSIntCtxSw(void);      //中断任务切换函数
void OSStartHighRdy(void); //在操作系统第一次启动的时候调用的任务切换
void OS_CPU_PendSVHandler(void);//中断处理函数
//void PendSV_Handler(void);  //可替换 PendSV_Handler(),见 os_cpu_c. c
//void OS_CPU_SysTickHandler(void); //系统定时中断处理函数,时钟节拍函数
//void OS_CPU_SysTickInit(void);     //系统 SysTick 定时器初始化
//INT32U OS_CPU_SysTickClkFreq(void);//返回 SysTick 定时器的时钟频率
```

这里注意最后三个函数需要注释掉。

OS_CPU_SysTickHandler（）定义在 os_cpu_c.c 中，是 SysTick 中断的中断处理函数，而 stm32f10x_it.c 中已经有该中断函数的定义 SysTick_Handler（），此处不需要。

OS_CPU_SysTickInit（）定义在 os_cpu_c.c 中，用于初始化 SysTick 定时器，它依赖于 OS_CPU_SysTickClkFreq（），需要注释掉。

OS_CPU_SysTickClkFreq（）定义在 BSP.C（Micrium \ Software \ EvalBoards）中，而本节移植中并未用到 BSP.C，因此也需要把它注释掉。

2）OS＿CPU＿C.C 的移植

此文件需要由我们来写 10 个相当简单的 C 函数：

➢ OSInitHookBegin（）；

➢ OSInitHookEnd（）；

➢ OSTaskCreateHook（）；

➢ OSTaskDelHook（）；

➢ OSTaskIdleHook（）；

➢ OSTaskStatHook（）；

➢ OSTaskStkInit（）；

➢ OSTaskSwHook（）；

➢ OSTCBInitHook（）；

➢ OSTimeTickHook（）。

其中包括 9 个钩子函数和 1 个负责建立任务堆栈的函数 OSTaskStkInit（）。

钩子函数是指那些插入某些函数中为扩展这些函数的功能而存在的函数。一般来说，钩子函数是进行软件功能扩充的入口点。不仅如此，μC/OS-Ⅱ中还提供大量的钩子函数，用户不需要修改μC/OS-Ⅱ的内核代码程序，而只需要向钩子函数添加代码即可拓展μC/OS-Ⅱ的功能。如果要用到这些钩子函数，需要在 OS＿CFG.H 中使能 OS＿CPU＿HOOKS＿EN 为1，即

```
# define OS_CPU_HOOKS_EN 1
```

同时 OSTaskStkInit、OSTaskCreate 和 OSTaskCreateExt 通过调用 OSTaskStkInt 来初始化任务的堆栈结构，因此，堆栈看起来就像刚发生过中断并将所有的寄存器保存到堆栈中的情形一样。一旦用户初始化了堆栈，OSTaskStkInit 就需要返回堆栈指针所指的地址，OSTaskCreate 和 OSTaskCreateExt 会获得该地址并将它保存到任务控制块（OS＿TCB）中。处理器的文档会告诉用户堆栈指针会指向下一个堆栈空闲位置，还是会指向最后存入数据的堆栈单元位置。

SysTick 作为 OS 的"心跳"，可称为滴答时钟，本质上来说就是一个定时器，和PendSV 中断一样，在 startup＿stm32f10x＿hd.s 中 SysTick 的中断向量名为 SysTick＿Handler，且因为 ST 标准库已经有相关库函数，所以我们只需作如下修改：

打开 os＿cpu＿c.c 文件，找到 void OS＿CPU＿SysTickHandler（void）的内容代码

```
OS_CPU_SR cpu_sr;
OS_ENTER_CRITICAL();
OSIntNesting+ + ;
OS_EXIT_CRITICAL();
OSTimeTick();
OSIntExit();
```

复制到 stm32f10x _ it. c 文件中的 SysTick _ Handler（void）函数内；

```
void SysTick_Handler(void)
{
OS_CPU_SR cpu_sr;
OS_ENTER_CRITICAL();
OSIntNesting+ + ;
OS_EXIT_CRITICAL();
OSTimeTick();
OSIntExit();
}
```

并且需要在 stm32f10x _ it. c 文件头部添加：♯include＜ucos _ ii. h＞。

另外，os _ cpu _ c. c 中关于 SysTick 系统滴答的宏定义和函数体，由于我们使用 ST 库里面的 SysTick 系统滴答函数接口，所以需要屏蔽掉 os _ cpu _ c. c 中 SysTick 相关定义。

```
//# define  OS_CPU_CM3_NVIC_ST_CTRL    (* ((volatile INT32U * )0xE000E010))
/* SysTick Ctrl & Status Reg. * /
//# define  OS_CPU_CM3_NVIC_ST_RELOAD  (* ((volatile INT32U * )0xE000E014))
/* SysTick Reload  Value Reg. * /
//# define  OS_CPU_CM3_NVIC_ST_CURRENT(* ((volatile INT32U * )0xE000E018))
/* SysTick Current Value Reg. * /
//# define  OS_CPU_CM3_NVIC_ST_CAL (* ((volatile INT32U * )0xE000E01C))   /*
SysTick Cal  Value Reg. * /
//# define OS_CPU_CM3_NVIC_ST_CTRL_COUNT 0x00010000 /* Count flag. * /
//# define  OS_CPU_CM3_NVIC_ST_CTRL_CLK_SRC 0x00000004 /* Clock Source. * /
//# define  OS_CPU_CM3_NVIC_ST_CTRL_INTEN 0x00000002 /* Interrupt enable. * /
//# define  OS_CPU_CM3_NVIC_ST_CTRL_ENABLE 0x00000001 /* Counter mode. * /
```

3）OS _ CPU _ A. S 文件的移植

若使用 ST 库中的 startup _ stm32f10x _ hd. s 作为启动代码，需要修改的地方如下：

➢ 用 OS _ CPU _ PendSVHandler 替换 startup _ stm32f10x _ hd. s 中所有的 PendSV _ Handler；

➢ 用 OS _ CPU _ SysTickHandler 替换 startup _ stm32f10x _ hd. s 中所有的 SysTick _ Handler。

4）OS _ CFG. H 的移植

OS _ CFG. H 文件为配置内核的头文件，在这个文件中，我们可以禁用信号量、互斥信号量、邮箱、队列、信号量集、定时器、内存管理、调试模式：

```
# define OS_FLAG_EN      0 //禁用信号量集
# define OS_MBOX_EN      0 //禁用邮箱
# define OS_MEM_EN       0 //禁用内存管理
# define OS_MUTEX_EN     0 //禁用互斥信号量
# define OS_Q_EN         0 //禁用队列
# define OS_SEM_EN       0 //禁用信号量
# define OS_TMR_EN       0 //禁用定时器
# define OS_DEBUG_EN     0 //禁用调试
```

也可以禁用应用软件的钩子函数和多重事件控制。

```
# define OS_APP_HOOKS_EN      0
# define OS_EVENT_MULTI_EN    0
```

这些所做的修改主要是把一些功能去掉，以减少内核大小，也利于编译调试。等用到的时候，再开启相应的功能。

3. 内核编译与下载

完成以上移植工作后，将 μC/OS-Ⅱ 免费提供的 2.86 版的源代码移植到项目的相关目录下，使内核将应用程序与底层硬件有机结合成一个实时系统，完成 μC/OS-Ⅱ 系统在 STM32F103 上的移植工作。

为了测试移植代码的运行情况，可以根据实际情况建立 μC/OS-Ⅱ 任务。这里编写了一个两任务的简单测试程序，一个任务用于检测按键输入，另一个任务用于控制蜂鸣器蜂鸣。程序中设置蜂鸣器控制任务的优先级高于按键检测任务的优先级。蜂鸣器控制任务平时处于等待状态，当按键检测任务检测到有效按键输入时，立即执行蜂鸣器控制任务。

本次实验利用 MDK412 进行 JTAG 仿真调试，以测试测试板运行是否正确。主程序代码如下。具体的任务程序，用户可根据实际功能自行编译，可参照以下例程。

```
# include "config.h"
# define TASK_STK_SIZE  64
OS_STK TaskStartStk[TASK_STK_SIZE];
OS_STK TaskStk[TASK_STK_SIZE];
# define KEY1(1 < < 14)              // P0.14 为 KEY1
# define BEE(1 < < 7)                // P0.07 为蜂鸣器
void  TaskStart(void * data);
void  Task(void * data);
int main(void)
{
  OSInit();
  OSTaskCreate(TaskStart,(void * )0,&TaskStartStk[TASK_STK_SIZE - 1],0);
  OSStart();
```

```
    return 0;
}
void  TaskStart(void * pdata)
{
  pdata = pdata;                      // 避免编译警告
  TargetInit( );                      // 目标板初始化
  IODIR &= ~KEY1;                     // 设置 KEY1 为输入
  IOSET = BEE;
  IODIR |= BEE;                       // 设置蜂鸣器为输出
  PINSEL0 = (PINSEL0 & 0xcffff3ff);   // 引脚选择模块初始化
OSTaskCreate(Task,(void * )0,&TaskStk[TASK_STK_SIZE- 1],10);   //创建任务
for(;;)
    {
    OSTaskSuspend(OS_PRIO_SELF);     // 挂起自己,此时任务优先级最高的就绪任务将运行
    //0 若被唤醒,则继续执行下面语句
    IOCLR = BEE;
    OSTimeDly(OS_TICKS_PER_SEC / 8);
    IOSET = BEE;
    OSTimeDly(OS_TICKS_PER_SEC / 4);
    IOCLR = BEE;
    OSTimeDly(OS_TICKS_PER_SEC / 8);
    IOSET = BEE;
    OSTimeDly(OS_TICKS_PER_SEC / 4);
    }
  }
void  Task(void * pdata)
{
  pdata = pdata;                      // 避免编译警告
  for(;;)
  {
    OSTimeDly(OS_TICKS_PER_SEC / 50); // 延时 20ms
    if((IOPIN & KEY1)! = 0)
    {
      continue;                       // 其作用为结束本次循环,接着进行下一次是
                                      //    否执行循环的判定
    }
    OSTimeDly(OS_TICKS_PER_SEC / 50); // 延时 20ms
    if((IOPIN & KEY1)! = 0)
    {
      continue;
    }
```

```
        OSTaskResume(0);
        //此时表示两次防抖确认是低电平,即确定按键按下,唤醒0级任务,去处理完0级任务后
0级任务在for(;;)循环中又挂起,10又得到优先权,返回此处执行下列while语句…
        while((IOPIN & KEY1)= = 0)
        //唤醒0后,处理完0中任务后,0又被挂起,10得到了优先权,从断点(即唤醒语句后)处继
续执行这个while语句是为了等待按键弹起…
        {
            OSTimeDly(OS_TICKS_PER_SEC / 50);// 延时20ms
        }
    }
}
```

4. 移植过程总结

移植中和处理器相关的3个文件为OS_CPU.H、OS_CPU_A.ASM、OS_CPU_C.C。

(1) 移植的第一步。OS_CPU.H 中包括了♯define 语句定义的、与处理器相关的常数、宏以及类型的移植。

(2) 移植的第二步。OS_CPU_C.C要求用户编写10个简单的C函数：OSTaskStkInit ( )、OSTaskCreateHook ( )、OSTaskDelHook ( )、OSTaskSwHook ( )、OSTaskIdleHook ( )、OSTaskStatHook ( )、OSTimeTickHook ( )、OSInitHookBegin ( )、OSInitHookEnd ( )、OSTCBInitHook ( )。

唯一必要函数是OSTaskStkInit ( )，其他9个函数必须声明，但不一定要包含任何代码。

(3) 移植的第三步。OS_CPU_A.S中要求用户编写4个简单的汇编语言函数：OSStartHighRdy ( )、OSCtxSw ( )、OSIntCtxSw ( )、OSTickISR ( )。

如果编译器支持插入行汇编代码，就可以将所有与处理器相关的代码放到OS_CPU_C.C中，而不必保留单独的汇编语言文件。

(4) 移植的第4步，测试移植代码。可以通过下面的4个步骤测试移植代码，主要测试移植和CPU相关的添加的代码：

第一步，确保C编译器、汇编器及连接器正常工作；

第二步，验证OSTaskStkInit ( ) 和OSStartHighRdy ( ) 函数；

第三步，验证OSCtxSw ( ) 函数；

第四步，验证OSIntCtxSw ( ) 和OSTickISR ( ) 函数。

5.7.3 μC/OS-Ⅱ移植试验

1. 移植准备工作

准备完μC/OS-Ⅱ移植文件后，就可以进行移植试验了。为方便初学者学习，在本书网上资料中有μC/OS-Ⅱ移植例程。所附例程都有较详细的注释，以便读者对程序进行初步理解。如果想要进一步了解μC/OS-Ⅱ程序，可阅读有关μC/OS-Ⅱ实时操作系统方面的书。

图5.59　μC/OS-Ⅱ移植程序文件夹结构

2. 移植程序介绍

首先建立一个工程文件夹，如 D：\ KEIL _ μCOS，然后将随书资料中的 KEIL _ μCOS-Ⅱ文件夹中的文件包含了移植所需的全部模版资料复制到其中。

本试验所需文件共含 CMSIS、STARTUP、USER、HWLIB、UCOSII _ PORTS 和 UCOSII _ CORE 6 个文件夹。其中 6 个文件夹中包括本试验所需要的全部源文件、工程设置文件和输出文件等。

μC/OS-Ⅱ移植程序文件的结构如图 5.59 所示，其具体介绍如下。

CMSIS 文件夹内放的是提供 CM3 内核与外设、实时操作系统和中间设备之间的通用接口的驱动文件。

STARTUP 文件夹内放的是和 STM32F103 启动有关的代码。

USER 文件夹内放的是项目有关的文件，为用户开发的外部应用文件。

UCOSII _ PORTS 文件夹内放的是与μC/OS 有关的代码，是μC/OS-Ⅱ 2.86 的源文件中和硬件相关的驱动文件，也是移植过程中需要做移植修改的部分。

UCOSII _ CORE 文件夹内放的是与μC/OS 有关的代码，是μC/OS-Ⅱ 2.86 的源文件，移植过程中不需要做任何改动。

HWLIB 文件夹内放的是 STM32 标准外设库的驱动文件，包括目标板的硬件驱动代码及应用层代码。

3. 试验过程

1）新建工程

打开 Keil μVision4 V4.12 软件，选择 Project＞＞Open Project 命令打开前面所建的 D：\ KEIL _ μCOS 文件夹中的名为 ucosii _ test. uvproj 的工程文件。在图 5.60 中，UCOSII _ CORE 文件夹中的文件是由μC/OS-Ⅱ 2.86 的源文件包中 Source 文件夹内的文件添加而来的，这里面的文件是μC/OSII 的核心代码，不用修改。UCOSII _ PORTS 文件夹中是由μC/OS-Ⅱ 2.86 的源文件包中 Port 文件夹内的文件添加而来的，这将是移植的核心部分，需要进行重点修改移植。其他 4 个文件夹中的文件应和移植μCOS 前的工程文件内容一致。

需要说明的是，建立图 5.59 所示这些文件夹只是为了工程管理的方便，文件夹中的文件并不是必须直接复制进来，只需要用户将 D：\ KEIL _ μCOS 文件夹中的相关文件加入进来即可，即指定每个文件的所在路径。

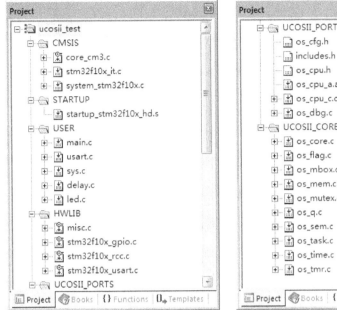
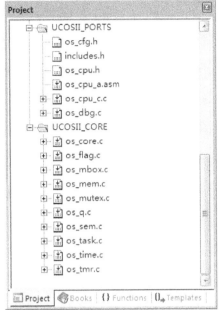

图 5.60 KEIL_μCOS 工程文件

2）Main 函数编写

按照前面介绍的移植过程，在建立好μC/OS-Ⅱ移植文件之后，重点需要对 UCOSII_PORTS 文件夹中几个文件进行修改。接下来的工作便是验证移植是否正常以及如何在移植好的μC/OSⅡ系统上开发应用程序。

我们一般会在 Main（）函数中先创建两个简单的任务，看看任务切换是否成功来验证移植是否正常，因为任务切换可以说是μC/OSⅡ最核心的功能。

```
//Main()函数

# include "stm32_config.h"
# include "led.h"
# include "includes.h"   //ucos


/* 起始任务相关设置 * /
//任务优先级
# define Start_Task_PRIO          10   //优先级最低
//任务堆栈大小
# define Start_STK_Size           64
//任务堆栈空间
OS_STK Start_Task_STK[Start_STK_Size];
//任务接口函数
void start_task(void * pdata);
```

```
/*  LED0 任务 0 */
//任务优先级
# define LED0_Task_PRIO          7    //优先级最低
//任务堆栈大小
# define LED0_STK_Size           64
//任务堆栈空间
OS_STK LED0_Task_STK[LED0_STK_Size];
//任务接口函数
void LED0_task(void * pdata);


/*  LED1 任务 1 */
//任务优先级
# define LED1_Task_PRIO          6    //优先级最低
//任务堆栈大小
# define LED1_STK_Size           64
//任务堆栈空间
OS_STK LED1_Task_STK[LED1_STK_Size];
//任务接口函数
void LED1_task(void * pdata);


int main(void)
{
    OS_Heart_Init();          //初始化 ucos 心跳
    MY_NVIC_PriorityGroup_Config(NVIC_PriorityGroup_2);//初始化中断优先级
    USART1_Init(9600);    //初始化 USART1 串口
    LED_Init();               //初始化 LED 硬件接口
    printf("\r\n system init OK! enter os...\r\n");
    OSInit();                 //初始化 ucos
    OSTaskCreate(start_task,(void * )0,(OS_STK* )&Start_Task_STK
 [Start_STK_Size-1],Start_Task_PRIO);   //创建起始任务
    OSStart();   //ucos 启动
}


/*********************************************************************
* Function Name - - > 开始任务
* Description    - - > none
* Input          - - > * pdata:任务指针
* Output         - - > none
* Reaturn        - - > none
*********************************************************************/
void start_task(void *  pdata)
```

```
{
    OS_CPU_SR cpu_sr= 0;
    pdata = pdata;
    OS_ENTER_CRITICAL();    //进入临界区,无法被中断打断
    printf("\r\n start task\r\n");
    OSTaskCreate(LED0_task,(void * )0,(OS_STK * )&LED0_Task_STK
[LED0_STK_Size- 1],LED0_Task_PRIO);
    OSTaskCreate(LED1_task,(void * )0,(OS_STK * )&LED1_Task_STK
[LED1_STK_Size- 1],LED1_Task_PRIO);
    OSTaskSuspend(Start_Task_PRIO);   //挂起起始任务
    OS_EXIT_CRITICAL();    //退出临界区,可以被中断打断
}

/*******************************************************************
* Function Name - - > 任务 0
* Description   - - > none
* Input         - - > * pdata:任务指针
* Output        - - > none
* Reature       - - > none
*******************************************************************/
void LED0_task(void *  pdata)
{
    while(1)
    {
        LED0 =  0;
        delay_ms(800);
        LED0 =  1;
        delay_ms(800);
    };
}
/*******************************************************************
* Function Name - - > 任务 1
* Description   - - > none
* Input         - - > * pdata:任务指针
* Output        - - > none
* Reature       - - > none
*******************************************************************/
void LED1_task(void *  pdata)
{
    while(1)
    {
```

```
        LED1 = 0;
        delay_ms(300);
        LED1 = 1;
        delay_ms(300);
    };
  }
```

至此，在 main（）函数中加入任务函数后，μC/OS-Ⅱ向 STM32F103 的移植工作也就完成了。

3）编译链接

通过上述过程完成移植工作后，即开始工程参数设置，之后即可进入编译链接工作。编译目标代码，可以选择 Project＞Build target …命令或单击按钮🔲或按 F7 键。编译链接结果显示编译链接如果有错误，则根据提示信息进行反复修改，直至编译链接全部成功。

4）仿真调试

工程编译成功后，可以启动仿真工作。方法是选择 Debug＞＞Start /Stop Debug Session 命令或单击按钮🔍，启动调试模拟器工作，验证运行结果。

5）使用 ULINK 下载

ULINK 仿真器允许用户进行程序调试，并且下载到目标板的 FLASH 存储器中，使用过程如下：

（1）连接 ULINK 到目标板的 JTAG 接口。

（2）上电目标板。

（3）在 Project Options for Target Utilities 对话框中配置 FLASH 编程。

（4）将应用程序下载到 FLASH。使用 Download to Flash 按钮🔳来下载应用程序到 STM32F103 器件。下载成功后断电，然后断开 ULINK 编程器。

（5）重新加电，目标板独立工作，进行功能验证和调试。至此，基于 STM32F103 嵌入式开发试验全部完成。

5.8　嵌入式项目开发过程总结

通过以上学习及试验过程，嵌入式开发过程的步骤及注意事项概括如下。

1. 硬件系统的准备

对于初学者来说，学习 ARM 开发需要先选择好自己想要学习的嵌入式芯片厂家，然后准备相应的合适的硬件开发系统。

对于缺乏硬件开发经验的初学者来说，购买一套成熟的开发硬件环境应该是不错的选择。本书中选择的 ARM 芯片是 ST 公司的 STM32F103 系列。开发套件可选用 ALIEN-TEK STM32F103RC 实验开发平台，该产品的资料较为详尽，适合于初学者入门学习。这样可以使初学者避开硬件开发中的很多麻烦，只是了解一些 ARM 的基础硬件知识就可以利用教学实验开发平台快速学习嵌入式的入门开发，尽快实现自己的第一个工程目标。

对于有一定硬件开发基础和经验的初学者来说，另外一种方法是自己做个最小系统板。对于从没有做过 ARM 开发的读者，建议一开始不要贪大求全，把所有的应用都做好，因为 ARM 的启动方式和 DSP 或单片机有所不同，往往会遇到各种问题，所以建议先做一个仅有 FLASH、SRAM 或 SDRAM、CPU、JTAG 和复位信号的小系统板，留出扩展接口。最小系统如果能够正常运行，任务就完成了一半，好在 ARM 的外围接口基本都是标准接口，如果读者已有这些硬件的布线经验，这是一件很容易的事情。通过最小系统板的开发设计过程，可以加深对 ARM 芯片的结构和接口应用的理解，同时加深对最小系统资源的理解，有利于后面在嵌入式开发过程中启动程序等代码的开发。

本章兼顾了不同程度学习者的情况，讲述了最小系统板的原理及开发过程，同时又照顾直接使用 ALIENTEK STM32F103 实验开发平台学习的初学者，书中的例程在两者上均可运行。

2. C/C++、ARM 汇编语言知识的学习

目前嵌入式开发的大多数开发环境都支持对 C/C++语言编程或者 C/C++、ARM 汇编混合编程的编译。实际上嵌入式开发过程是以 C/C++语言为主，而汇编程序也必不可少，特别是μC/OS-Ⅱ移植中的几个源文件如 Startup. s、IRQ. s、Os_cpu_a. s 等，全部是用 ARM 汇编语言编写的。

3. 仔细研究所用芯片的资料

尽管 ARM 在内核上兼容，但每家芯片都有自己的特色，编写程序时必须考虑这些问题。充分了解所选芯片的性能、片上资源和 I/O 特性，以及对不同嵌入式操作系统的支持能力，使得在使用该芯片进行嵌入式开发时能够充分发挥其性能，并有利于调试工作的顺利进行。

4. 熟练使用开发软件环境

嵌入式 ARM 项目的开发必须有一个优秀的开发软件环境的支持。Keil μVision 4 是一款使用较为方便的软件，它支持众多厂家的芯片，应用时都会自动生成启动文件 Startup. s 等，减少用户编写该文件的难度。同时对于使用过 Keil μVision2 开发 51 单片机的用户来说，Keil μVision4 和 Keil μVision2 的调试平台十分相似，使用起来非常方便。在 Keil μVision4 中主要学习目标及环境各种参数的设定及熟练使用编程调试工具对程序的下载和调试验证。

5. 编写启动代码

根据硬件地址先写一个能够启动的小代码，包括以下部分：初始化端口，屏蔽中断，把程序复制到 SRAM 中；配置中断句柄，连接到 C 语言入口等。其目的就是编写一段小程序，让目标板在加电后引导应用程序继续运行下去。Keil μVision4 会自动生成启动文件 Startup. s，方便用户在该模板基础上根据需要进行修改。

6. 编写用户代码

用户代码为用户实现各种各样功能的一段或多段用户程序，用户可以根据目标需求的

不同对其进行编写和修改，所使用的语言视开发环境的支持情况而定，目前使用最多的语言就是 C/C++程序。随着嵌入式应用的发展，ARM 应用的开放源代码的程序很多，要想提高自己，就要多看别人的程序，学习别人的编程经验，以尽快提高自己的编程技巧。

7. 其他文件的编写

除了启动代码、用户代码、操作系统移植代码外，嵌入式开发过程中还需要另外两种文件：扩展名为 .scf 的分散加载文件和扩展名为 .ini 的初始化文件。

.scf 文件是提供给链接器的，在程序编译好后链接的时候使用。而 .ini 文件通常是硬件初始化文件，当使用硬件仿真器对目标板进行仿真时，如果目标板的硬件没有初始化好，那么可以载入 *.ini 文件通过仿真器对目标板硬件进行配置，如 SDRAM 的初始化等，再将仿真代码装入目标板的 SDRAM 中进行在线仿真调试。

8. 工程板的开发与调试

嵌入式项目的开发过程，大的方面可以分为两个阶段。第一阶段为在实验开发平台上的开发调试阶段，要完成项目的主要指标；第二阶段是在第一阶段实现目标的基础上"量体裁衣"，再根据项目的需求剪裁或扩展，设计适合该项目的硬件工程板。设计好的工程板资源既要满足目标的需求，同时要考虑产品的集成性、低成本、小型化等，更重要的是可靠性等因素，另外要考虑设计的可升级性和兼容性等。对于初学者来说，重点应放在第一阶段的学习，第二阶段适合于有一定经验的开发人员。

工程板的设计、加工、焊接并检查完成后，就可以以将第一阶段调试后生成的代码下载到该工程板中，利用 ULINK 编程调试器进行在线调试，也可以下载到板上 FLASH 中，然后脱机运行调试，直至全部满足设计要求。

图 5.61 所示为战舰 V3 STM32F1 试验开发平台照片，图 5.62 所示为工程核心板 PCB 实物正反面照片，图 5.63 所示为工程核心板实物正反面照片。

图 5.61 战舰 V3 STM32F1 试验开发平台

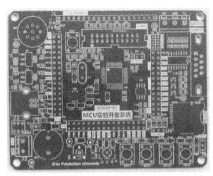
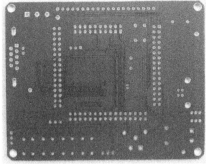

图 5.62　工程核心板 PCB 实物正反面照片

图 5.63　工程核心板实物正反面照片

小　结

　　本章主要讲述了利用 ST 公司嵌入式 ARM 芯片 STM32F103 进行 ARM 应用系统的硬件和软件设计的方法；同时介绍了嵌入式的基本概念、嵌入式系统的特点和应用环境，还介绍了 STM32F1xx 系列 ARM 硬件结构知识；重点介绍 ARM 嵌入式系统应用开发过程，包括 STM32F103xx 最小系统的硬件设计、软件设计过程；通过具体工程项目详细讲述了利用 MDK412 集成开发环境的开发、调试步骤和注意事项；最后介绍 ARM 启动程序的开发设计和 μC/OS-Ⅱ 移植试验，为 ARM 系统的开发提供较为完整的参考。

 小知识：

ARM、FPGA 和 DSP 的区别

　　嵌入式是嵌入式系统的简称，嵌入式系统是指嵌入应用对象中的专用计算机系统。这里的对象就是指产品，如日常使用的冰箱、空调、洗衣机，或者手机、游戏机等。这些产品中都有计算机系统，这类计算机系统就是嵌入式计算机系统。至于单片机、ARM、FPGA、DSP 等都是实现嵌入式系统的硬件平台。根据对象体系的功能复杂性和计算处理复杂性，提供不同的选择。对于简单的家电控制嵌入式系统，采用简单的 8 位单片机就足够了，价廉物美；对于手机和游戏机等，就必须采用 32 位的 ARM 和 DSP 等芯片。FPGA 是一种更偏向硬件的实现方式。

　　ARM 具有比较强的事务管理功能，可以用来管理界面以及应用程序等，其优势主要体现在控制方面，而 DSP 主要是用来计算的，如进行加密解密、调制解调等；其优势是强大的数据处理能力和较高的运行速度。FPGA 可以用 VHDL 或 verilogHDL 来编程，灵活性强，由于能够进行编程、除错、再编程和重复操作，因此可以充分地进行设计开发和验证。当电路有少量改动时，更能显示出 FPGA 的优势，其现场编程能力可以延长产品在市场上的寿命，还可以用来进行系统升级或除错。

习　题

1. 什么是嵌入式？目前主要有哪些硬件平台？
2. 嵌入式操作系统有哪些？Linux 操作系统适用于 CM3 内核的 ARM 平台吗？
3. 嵌入式系统有哪些特点？简述嵌入式芯片的选择原则。
4. 嵌入式系统应用开发过程包含哪些步骤？其中操作系统的移植步骤是必要的吗？
5. STM32F103 系列 ARM 的硬件结构有何特点？
6. STM32 系列 ARM 都可支持那些操作系统？

7. 在 MDK412 集成开发环境中，若要达到以下要求，如何进行设置？

(1) 项目编译链接后可以生成 HEX 格式的编程文件；

(2) 项目编译链接后自动进入软件仿真模式；

(3) 文件中包含的头文件不在工程文件夹内时引导路径的设置；

(4) 项目编译链接后通过 JLINK 编程器自动下载程序至 ARM 芯片上的 FLASH 中；

(5) 项目编译链接后通过 JLINK 编程器自动下载程序至 ARM 芯片上的 RAM 中并运行；

(6) 在软件模拟仿真过程中能够观察程序中各语句的执行时间。

8. 在 MDK412 中如何进行 STM32F103 系统启动程序的开发设计？

9. MDK412 可以利用 JLINK 编程调试器进行编程下载和调试的步骤是什么？

10. 写出最小系统的定义，并画出最小系统原理框图。

11. 嵌入式 ARM 项目开发过程及要点有哪些？

12. μC/OS-Ⅱ 操作系统移植文件有哪些？其中哪几个文件需要用户进行修改？

13. 设计一 GPIO 独立式按键输入电路及使用 GPIO 直接驱动 LED 电路，并编写通过按键控制 LED 点亮的程序。按键按下时 LED 灯亮，按键松开时 LED 灯灭。

14. 设计一个具有按键选择状态功能的 16 位流水灯项目，演示状态不少于 8 个，并能够实现脱机独立运行。

15. STM32F103 微控制器的 UART 有何特点？若要和 PC RS-232 串口进行通信，应该如何连接？并试设计 UART 串口收发程序。

第**6**章

电子系统的设计与实现

【内容要点】

- 电子系统的实现过程。
- 电子系统的制作要求。
- 电子系统的调试过程。
- 电子系统的抗干扰设计。
- 电子系统的可靠性设计。

【教学目标与要求】

通过本章学习，学生可以了解电子系统设计和实现的完整过程。本章介绍了电子系统设计制作过程中一些工程制作要求、一般的调试过程和调试方法，以及产品的一般测试内容。同时重点介绍电子系统的抗干扰设计和可靠性设计的注意事项，使学生了解和掌握电子系统的原理性设计和工程性设计之间的差别，积累相关的电子系统工程设计经验，为今后设计出抗干扰能力强、可靠性高的电子系统打好基础。

【引言】

电子系统设计是电子信息类课程体系中层次最高、综合性最强的实践性课程。需要大家除了具有较为系统的理论知识体系外，更应该掌握电子开发的实践技能。特别是 EDA 技术的不断推新，为大家快速、高效开发电子系统提供了有力手段。开发者必须熟练使用各种 EDA 开发软件，充分考虑电子系统的抗干扰性设计和可靠性设计，才可能成为一个优秀的电子工程师。在开发过程中，开发者必须综合运用模拟电路、数字电路、微机原理、单片机、嵌入式系统等多门课程知识及 EDA 开发技术知识，同时具有综合应用知识的能力、系统分析与设计能力、工程实践能力、自主学习思维与创新能力、表达沟通与团队合作等多方面能力与素质，才能成为一名合格的电子系统开发工程师。

6.1　电子系统的实现步骤

电子系统的设计实现过程一般包括 3 个方面：第 1 个方面为硬件设计，含数字部分、模拟部分、PLD 设计等内容；第 2 个方面为软件设计，含汇编程序、系统管理软件、数据库管理、操作界面与打印设计等内容；第 3 个方面为通信问题，包含通信方式、网络选择、通信软件等。

设计阶段完成后便可进行制作、安装、调试、测试等方面的工作。

以下为电子系统的设计与实现过程的主要步骤。

6.1.1　系统硬件的设计与实现

一般电子系统可分为模拟系统、数字系统或者模数混合系统。若按软硬件划分，可分为纯硬件系统和软硬件结合系统。现代电子系统硬件设计使用的器件包括中大规模或超大规模集成电路、专用集成电路、可编程器件、少量分立元件和机电元件等。

【电子电路的设计基本知识及步骤】

对于现代电子系统的设计，其核心器件离不开嵌入式微处理器的应用。在设计初期就需要做出对处理器的类型选择、总线的方式选择等。另外，还有存储器的设计、接口器件的选择与 I/O 通道的设计、输入/输出方式（包括模拟输入、模拟输出、开关量输入、开关量输出）等的设计，传感器、变送器、执行机构的接口设计，中断系统的设计等诸多硬件设计因素需要考虑。这些因素对电子系统的性能质量有着举足轻重的影响，所以在设计过程中应全面考虑，以免产生不良的设计。

6.1.2　系统软件的设计与实现

一个包含微处理器的电子系统的正常运行离不开一套能正常运转的软件系统的支持。系统软件的设计应包括硬件驱动程序设计、功能模块设计和软件抗干扰设计等。其中硬件驱动程序、功能模块是实现系统功能必不可少的部分，而软件抗干扰则是系统的稳定性、可靠性设计的需求。

6.1.3　系统的调试与运行

当系统的硬件设计完成并实现之后，下一步就进入系统的调试阶段。本阶段包括硬件系统的功能仿真、软件系统的仿真、软硬件在线联合调试及系统运行调试等部分。在系统的不同开发阶段将会进行不同环境的调试。例如在硬件系统没有实现之前，对于软件功能的仿真完全可以在相应的软件仿真环境上进行，或者也可以在开发试验台上先进行仿真。最后，待硬件系统完备后方可进行在线联合调试及系统运行调试工作。

系统的调试工作是整个电子系统设计过程中相当重要的步骤。在电子系统的设计过程中，调试工作起着举足轻重的作用。一般来说，调试工作和设计过程密不可分，往往需要交叉反复进行，反复修改验证，才可以达到设计的最佳要求。

6.1.4　系统的综合测试

系统测试作为电子系统开发的最后一个步骤，主要包括以下测试项目。

（1）系统功能测试，分为硬件测试和软件测试。

① 硬件测试：主要测试功能实现和技术指标。

② 软件测试：主要测试操作的方便性、容错性，模块功能及运行速度。

（2）系统参数及技术指标测试。

（3）系统的容错性测试。

（4）系统的可靠性测试。

（5）系统的电气安全性测试。

（6）系统的 EMC 测试。

（7）系统的机械特性测试。

在完成以上电子系统测试项目并达到各项性能指标后，方可将系统交付用户，完成整个设计过程。

6.2　电子系统制作要求

电子系统制作时应综合考虑以下几方面问题。

1. 安全可靠性

实际的电子系统要考虑工作环境因素，如温度、湿度、噪声干扰等，充分预计因实时控制系统事故带来的后果所产生的影响并设计排除措施，采取严密措施设计可靠的控制方案。

2. 安全保护措施

电子系统制作时应该考虑采取必要的抗干扰措施，具有故障预测、故障报警功能。对于一些关键的电子系统，需要考虑采用不间断电源，甚至采用后备系统、热备系统来保障电子系统的应急故障处理能力，提高系统的安全可靠性。

3. 维护方便性

电子系统设计制作力求操作简单直观，维护方便。这包括尽量采用常规、通用、已成惯例的操作方式，尽量多地展示系统信息，采用易维护的模板结构，能够提供系统自检程序或硬件诊断程序，设置状态测试点和状态指示灯，以方便产品的检测维修等。

4. 通用性

电子系统应尽量满足通用性要求，包括输入/输出信号的标准性，功能模块的互换性、标准性，硬件系统的通用性，控制方法的多样性和用户二次开发的可能性，这样才能提供用户更多的方便性和适应性，以方便该电子系统和其他系统的接口对接，便于扩展。

5. 系统的冗余

系统的冗余是指系统技术、功能和指标升级的可能性及技术移植、产品系列化的可能性。系统的冗余设计并非对每个电子系统都是必要的。对于一些可能需要持续升级的电子系统，才需要系统的冗余设计。

6. 性能价格比

成功的产品除了具有优越的性能外，价格因素也是一个重要的指标。人们希望一个成功的电子系统有一个较高的性能价格比。产品的成本包括以下几种。

（1）开发成本：硬件成本、软件成本、人工成本、开发设备成本。

（2）生产设备投入成本：测试设备成本、批量生产材料成本、人力成本。

（3）市场开发成本：销售成本、售后服务成本。

6.3 系统调试步骤

1. 调试的目的

（1）发现设计的缺陷和安装焊接的错误，并改进与纠正，或提出改进建议。

（2）通过调整电路参数，确保产品的各项功能和性能指标均达到设计要求。

2. 系统调试的一般流程

第1步：外观检查。检查电子系统的外观是否完整、光滑、无残损、无划痕、印字是否清晰等。

第2步：结构调试。检查电路板安装位置是否平整、准确，连接器连接是否紧凑、可靠，螺钉安装是否紧凑。

第3步：通电前检查。检查电路板的焊接、装配是否正确，焊点是否光滑，有无虚焊、短路等现象，发现和纠正比较明显的安装和焊接错误。并可以用数字万用表检查电源对地电阻器是否异常，特别是电源输入端不能对地短路。

第4步：通电后检查。加电后应密切观察电路板的状态，如电源指示灯是否正常，电源的电流指示是否正常，电路板上的电子元器件是否异常发热，有无冒烟现象，系统运转指示是否正常。

第5步：电源调试。利用万用表检查电源电压是否符合要求，纹波系数、负载能力是否满足系统指标要求。若不满足指标要求，应该进行相应调整。同时还要进行电源范围适应试验。

第6步：整机统调。测试系统整机的性能指标，按照调试说明逐级检测各级的指标是否达到要求，未达到指标的部分需要进行反复调整修改，直到全部满足要求。

第7步：整机技术指标测试。详细测试系统整机技术指标，并做详细记录，作为电子系统产品的出厂技术参数。

第8步：例行试验。根据具体产品的应用需求对产品进行必要的例行试验，如高低温试验、湿度试验、防潮试验、高低压试验、抗冲击振动试验、耐压试验、电源适应范围试验等。这些试验作为电子系统在进入市场前进行的必要试验，是保证产品质量的重要手段。

6.4 电子系统设计中的工程问题

6.4.1 电子系统的抗干扰设计

【电磁干扰源及分析】

在电子系统设计中，应充分考虑并满足抗干扰性的要求，以增强电子系统的抗干扰能力。

1. 形成干扰的 3 个基本要素

（1）干扰源。产生干扰的元件、设备或信号，如雷电、继电器、晶闸管、电机、汽车、日光灯、高频信号等都可能成为干扰源。

（2）传播路径。传播路径指干扰从干扰源传播到敏感器件的通路或媒介。典型的干扰传播路径是通过导线的传导和空间的辐射。

（3）敏感器件。敏感器件指容易被干扰的对象。如 A/D 转换器、D/A 转换器、单片机、数字 IC、弱信号放大器等。

2. 抗干扰设计的基本原则

抗干扰设计的基本原则：抑制干扰源、切断干扰传播路径、提高敏感器件的抗干扰性能。

1）抑制干扰源

抑制干扰源就是尽可能地减小干扰源。这是抗干扰设计中最优先考虑和最重要的原则，也是最有效的一种抗干扰方法。减小干扰源主要是通过在干扰源两端并联电容器来实现，或者在干扰源回路串联电感器或电阻器以及增加续流二极管来实现。

抑制干扰源的常用措施如下。

（1）继电器线圈增加续流二极管，消除断开线圈时产生的反电动势干扰。

（2）在继电器接点两端并接火花抑制电路，减小电火花影响。

（3）给电机加滤波电路，注意电容器、电感器引线要尽量短。

（4）每个 IC 电源端要并接一个 $0.01\sim0.1\mu F$ 的高频电容器，以减小 IC 对电源的影响。

（5）注意高频电容的布线，连线应靠近电源端并尽量粗短。

（6）PCB 布线时避免 90°折线，减少高频噪声发射。

（7）晶闸管两端并接 RC 抑制电路，以减小晶闸管产生的噪声。

2）切断干扰传播路径

干扰按传播路径可分为传导干扰和辐射干扰两类。

传导干扰是指通过导线传播到敏感器件的干扰。高频干扰噪声和有用信号的频带不同，可以通过在导线上增加滤波器的方法切断高频干扰噪声的传播，有时也可加隔离光耦合器来解决。传导干扰中电源噪声的危害最大，要特别注意处理。

辐射干扰是指通过空间辐射传播到敏感器件的干扰。一般的解决方法是增加干扰源与敏感器件的距离，用地线把它们隔离，或者在敏感器件上加屏蔽罩隔离。

切断干扰传播路径的常用措施如下。

（1）充分考虑电源对电子系统的影响。可以利用磁珠和电容器组成 π 形滤波电路，当条件要求不高时也可用 100Ω 电阻器代替磁珠。

（2）注意晶振布线。晶振与主控芯片引脚尽量靠近，用地线把时钟区隔离起来，晶振外壳接地并固定。

（3）电路板合理分区，如强、弱信号分区，数字、模拟信号分区。尽可能使干扰源（如电机、继电器等）远离敏感元件（如单片机）。

（4）用地线把数字区与模拟区隔离，数字地与模拟地要分离，最后在同一点接至电源地。

（5）主控芯片和大功率器件的地线要单独接地，以减小相互干扰。大功率器件尽可能放在电路板边缘。

（6）在 I/O 口、电源线、电路板连接线等关键地方使用抗干扰元器件，如磁珠、磁环、电源滤波器、屏蔽罩等，可显著提高电路的抗干扰性能。

3）提高敏感器件的抗干扰性能

提高敏感器件的抗干扰性能是指从敏感器件方面考虑尽量减少对干扰噪声的拾取和接收，以及从不正常状态尽快恢复的方法。

提高敏感器件抗干扰性能的常用措施如下。

（1）布线时尽量减少回路环的面积，以降低感应噪声。

（2）布线时，电源线和地线要尽量粗。这样除减小压降外，更重要的是降低耦合噪声。

（3）对于 IC 闲置的 I/O 口，不要悬空，在不改变系统逻辑的情况下接地或接电源。

（4）对主控芯片使用电源监控及把关定时器电路，可大幅度提高整个电路的抗干扰性能。

（5）在速度能满足要求的前提下，尽量降低主控芯片的晶振频率和选用低速数字电路。

（6）IC 器件尽量直接焊在电路板上，少用 IC 座。

（7）PCB 上数字电路地线和模拟电路地线进行分割布线，以降低噪声的干扰。

3．数字电路的硬件抗干扰措施

1）器件使用时的抗干扰措施

（1）器件的选择：对于数字集成电路，通常噪声容限越高，传输延时越大，其抗干扰性能越好，因此，CMOS 要比 TTL 集成电路的抗干扰性能好。

（2）负载的控制：当某种集成电路输出所带的负载电路超过规定的扇出时，会使电路输出的高电平值降低，低电平值升高，从而导致电路的噪声容限降低，容易受干扰影响。所以在器件使用时应注意控制电路的输出负载不要超过所规定的扇出，并应尽量留有余地。

（3）空端的处理：对于不用的集成电路输入端和控制端，容易通过分布电容进入端子对电路产生干扰。因此，不用的输入端和控制端应接上合适的逻辑电平。

2）印制电路板设计时的抗干扰措施

【PCB抗干扰设计】

在印制电路板上，由于用作电路电源线、地线和信号线的印制线条具有一定的阻抗，电源线上会因电路状态改变而产生脉动干扰；地线上会造成电路间的公共阻抗耦合；信号线之间因电容耦合（静电感应）和电感耦合（电磁感应）造成串扰；稍长一些的印制线还会对高速电路产生反射干扰等。

（1）电源线路的脉动干扰与去耦措施。要有效地抑制脉动干扰及其耦合，可加去耦电容器。去耦电容器分两种，即印制板去耦电容器和芯片去耦电容器。印制板的去耦电容器加在每块印制电路板的电源输入端与地之间，作用是抑制印制电路板之间的脉动干扰传导。一般采用 $10\sim100\mu F$ 的电解电容器，在高频或高速电路中，还应在电解电容器上并联一个 $0.1\mu F$ 的小电容器，这是因为电解电容器有内部电感器难以滤除高频。芯片去耦电容器加在每块或每隔几块集成电路的电源与地之间，其作用是向芯片提供瞬时突变电流。一般用 $0.001\sim0.1\mu F$ 的云母或陶瓷电容器。需要指出，芯片去耦电容器的接法十分重要，应使去耦电容器和芯片所包围的面积保持最小，否则起不到去耦作用。

（2）PCB设计抗干扰措施。PCB设计中应注意下列几点：从焊接面看，组件的排列方位尽可能保持与原理图一致，布线方向最好与电路图走线方向相一致，便于生产中的检查、调试及检修；各组件排列、分布要合理和均匀，力求达到整齐、结构严谨的工艺要求。

3）过程通道的干扰及抗干扰措施

数字电子系统过程通道干扰通过与主机相连的前向通道、后向通道及与其他主机的相互信息传输通道进入。数字电子系统中，传输线上的信息多为脉冲波，它在传输线上传输时会出现延时、畸变、衰减与通道干扰。为了保证长线传输的可靠性，主要措施有光电耦合隔离、双绞线传输等。

（1）光耦合器的主要优点是能有效地抑制尖峰脉冲及各种噪声干扰，具有很强的抗干扰能力，从而使过程通道上的信噪比大大提高。

（2）双绞线能使各个小环路的电磁感应干扰相互抵消，其分布电容器为几十皮法，对电磁场具有一定的抑制效果，但对接地与节距有一定要求。

4. 数字电路的软件抗干扰措施

（1）采取软件的方法对叠加在模拟输入信号上的噪声进行抑制，以读取真正有用的信息。在采集模拟信号时，除了使用硬件抗干扰措施外，还可以采用数字滤波技术进一步将瞬变干扰的影响降低。数字滤波是采用某种算法，滤去采集到的数据中受干扰影响的数据。数字滤波的算法有很多，其中采用 n 次排队取中值的算法来抑制干扰，瞬变干扰的维持时间一般在 $3\sim5ms$，所以模拟数据的采样周期 T 可以设置为大于 $3\sim5ms$，连续采样多次，从所得的一组数据中去掉被认为是由于瞬变干扰所形成的数据，取剩余数据的平均值得到与实际结果相近的数据。当然这种措施可以提高系统的抗干扰能力，但会以系统的工作效率有所下降为代价。

（2）在程序受到干扰"跑飞"的情况下，采取措施使程序回到正常的轨道上来，常见的抗干扰技术有软件拦截技术（软件陷阱等）、输入口信号重复检测方法、输出口数据刷新、数字滤波等。

对于重要开关量输入信号的检测，实际应用中一般采用 3 次或 5 次重复检测的方法，即对接口中的输入数据信息重复进行 3 次或 5 次检测，若结果完全一致则认为是"真"的输入信号；若多次测试结果不一致，即可以停止检测，显示故障信息，又可以重复进行再检测。

（3）程序具有自检功能。程序自检是提高测控软件可靠性的有效方法之一。在实际应用中，自检程序主要是对控制系统的 I/O 口、外部扩展接口芯片、A/D 器件、ROM 器件等进行检测，如出现故障能够给出故障部位。因此自检程序不但可以了解与测试相关外设的工作情况，而且可避免因外设而使电子系统不能正常工作的干扰。

6.4.2　电子系统的可靠性设计

可靠性是指产品在规定的条件下、在规定的时间内完成规定的功能的能力。产品的可靠性与实验、设计和产品的维护有极大的关系。

在电子产品中，常采用的可靠性设计技术包括元器件的降额设计、冗余化设计、热设计、电磁兼容设计、维修性设计、漂移设计、容错设计与故障弱化设计等，有些还包括软件的可靠性设计。

【电子产品可靠性
设计分析方法】

下面介绍可靠性设计技术中的冗余设计和电磁兼容性设计。

1. 冗余设计

冗余设计是用一台或多台相同单元（系统）构成并联形式，当其中一台发生故障时，其他单元仍能使系统正常工作的设计技术。按冗余范围分，有元器件冗余、部件冗余、子系统冗余和系统冗余。这种设计技术通常应用在比较重要而且对安全性及经济性要求较高的场合，如汽车的控制系统、程控交换系统、飞行器的控制系统等。

2. 电磁兼容性设计

电磁兼容性设计也就是耐环境设计。系统的电磁兼容性问题可以分为两类：一类是电子设备在电磁干扰环境下是否能够稳定地工作；另一类是电子设备是否对周围环境产生干扰。提高系统电磁兼容性的着眼点：电源、屏蔽、接地、布线、信号去耦、软件抗干扰措施等。为了使设备或系统达到电磁兼容状态，通常采用 PCB 设计、屏蔽机箱、电源线滤波、信号线滤波、接地、电缆设计等技术。

PCB 在设计布置时，应注意以下几点。

（1）各级电路连接应尽量缩短，尽可能减少寄生耦合，高频电路尤其要注意。

（2）高频线路应尽量避免平行排列导线以减少寄生耦合。

（3）设计各级电路应尽量按原理图顺序排列布置，避免各级电路交叉排列。

（4）每级电路的元器件应尽量靠近，不应分布得太远，应尽量使各级电路自成回路。

（5）各级均应采用一点接地或就近接地，以防止地电流回路造成干扰，应将大电流地线和小电流回路的地线分开设置，以防止大电流流进公共地线产生较强的耦合干扰。

（6）对于会产生较强电磁场的元件和对电磁场感应较灵敏的元件，应垂直布置、远离或加以屏蔽，以防止和减小互感耦合。

（7）处于强磁场中的地线不应构成闭合回路，以避免出现地环路电流而产生干扰。

（8）电源供电线应靠近（电源的）地线并平行排列，以增加电源滤波效果。

小　结

　　本章系统地介绍了电子系统设计过程中的相关概念、电子系统设计的步骤、电子系统设计的设计内容及设计过程的注意事项，以及电子系统设计的工程化问题。在学习的过程中应该注重系统设计方法、扩大应用知识面；注重系统实现、调试测试、稳定可靠性、项目管理等工程实践内容；强调创新思维、工程实践和综合素质的训练和培养；通过课程的学习和实践，提高综合素质和能力，为参与科学研究、学科竞赛、课外创新奠定坚实的基础。

小知识：

是"电磁骚扰"还是"电磁干扰"

　　在学习EMC内容时，经常会将"电磁骚扰"和"电磁干扰"两个术语混为一谈，其实它们的概念有很大的区别。

　　电磁骚扰：任何可能引起装置、设备或系统性能降低或对有生命或无生命物质产生损害作用的电磁现象。电磁骚扰可能是电磁噪声、无用信号或传播媒介自身的变化。

　　电磁干扰：电磁骚扰引起的设备、传输通道或系统性能的下降。

　　从上面的定义可知，电磁骚扰仅仅是电磁现象，即客观存在的一种物理现象，它可能引起降级或损害，但不一定已经形成后果。电磁骚扰只有在影响敏感设备正常工作时，才构成电磁干扰；而电磁干扰则是电磁骚扰引起的后果。用一种可以测量的量来描述影响时应该是"骚扰电压"而不是"干扰电压"。

　　电磁骚扰最多的场合如下：高速数字信号线路、开关电路、脉冲发生电路和大功率控制电路等在极短的时间内电压、电流急速变化的场合，含有电感和电容的电路通断的场合。另外，磁场、电场、电荷等电量急速变化时，同样产生电磁骚扰。

　　哪些方法能够减小电磁骚扰？一般来说，减小电磁骚扰的方法有屏蔽、滤波、电路设计、线路板布线等。

习　题

1. 电子系统工程实现的意义是什么？需要具备哪些方面的知识？
2. 电子系统实现的一般流程是什么？

3. 电子系统制作需要了解和掌握哪些方面的指标？

4. 电子系统调试过程及注意事项有哪些？

5. 什么是电磁兼容性设计？电磁兼容性设计的意义是什么？

6. 电子系统的可靠性设计的主要措施有哪些？

7. 请结合第5章中的STM32F103 ARM最小系统设计，试分析哪些方面采取了可靠性设计措施，还有哪些方面需要采取更多的可靠性设计措施。

8. 请利用STM32F103设计一个8路温度采集系统（6V电池供电），要求可以采用按键切换采集通道，并使用LCD显示各通道温度数据，并注意可靠性设计和抗干扰设计。

参 考 文 献

［1］张常友，刘蜀阳．电子元器件检测与应用［M］．北京：电子工业出版社，2009．

［2］蔡杏山．电子元器件知识与实践课堂［M］．北京：电子工业出版社，2009．

［3］黄根春，等．电子设计教程［M］．北京：电子工业出版社，2007．

［4］北京三恒星科技公司．Altium Designer6 设计教程［M］．北京：电子工业出版社，2007．

［5］李华嵩，等．Protel 电路原理图与 PCB 设计 108 例［M］．北京：中国青年出版社，2006．

［6］康兵．ProtelDXP 2004 应用与实例［M］．北京：国防工业出版社，2005．

［7］汪汉新，朱翠涛，陈亚光．PSpice 在电子电路优化设计中的应用［J］．微计算机信息，2006．

［8］高鹏，安涛，寇怀成．电路设计与制版——Protel 99 入门与提高［M］．北京：人民邮电出版社，2000．

［9］朱清慧，等．Proteus 教程——电子线路设计、制版与仿真［M］．北京：清华大学出版社，2008．

［10］张弘．USB 接口设计［M］．西安：西安电子科技大学出版社，2002．

［11］向俊，李广军．基于 CPLD 的 USB 下载电缆设计［J］．单片机与嵌入式系统应用，2007（5）：21－23．

［12］李英伟，等．USB 2.0 原理及工程开发［M］．2 版．北京：国防工业出版社，2007．

［13］王建校，危建国．SOPC 设计基础与实践［M］．西安：西安电子科技大学出版社，2006．

［14］周立功．USB 2.0 与 OTG 规范及开发指南［M］．北京：北京航空航天大学出版社，2004．

［15］张景悦，王明磊．USB 接口芯片 FT245BM 的功能及其应用［J］．世界电子元器件，2004（4）．

［16］周博，等．挑战 SOC——基于 NIOS 的 SOPC 设计与实践［M］．北京：清华大学出版社，2004．

［17］王红，彭亮，于宗光．FPGA 现状与发展趋势［J］．电子与封装，2007，7（7）．

［18］林水明，章坚武，骆懿．基于 FT245BM 的简易 USB 接口开发［J］．单片机与嵌入式系统应用，2003（6）：38－39．

［19］徐锋．基于 FT245BM 的快速 USB 接口设计［J］．电子工程师，2007（3）：59－61．

［20］邹彦，等．DSP 原理及应用［M］．北京：电子工业出版社，2005．

［21］TMS320VC5416 Fixed－Point Digital Signal Processor Data Manual，Texas Instruments，2008．

［22］朱磊．CCS 环境两次编程实现 DSP 串行 EEPROM 自举的方法［J］．微计算机应用，2010，31（2）．

［23］彭启宗．TMS320C54x 实用教程［M］．成都：电子科技大学出版社，2004．

［24］尹勇，欧光军，关荣峰．DSP 集成开发环境 CCS 开发指南［M］．北京：北京航空航天大学出版社，2003．

［25］周霖．DSP 系统设计与实现［M］．北京：国防工业出版社，2003．

［26］刘益成．TMS320C54x DSP 应用程序设计与开发［M］．北京：北京航空航天大学出版社，2003．

［27］杨刚．嵌入式基础实践教程［M］．北京：北京大学出版社，2007．

［28］周立功．ARM 嵌入式系统实验教程（二）［M］．北京：北京航空航天大学出版社，2005．

［29］IAR EWARM 快速入门．www．manley．com．cn。

［30］李宁．ARM 开发工具 RealView MDK 使用入门［M］．北京：北京航空航天大学出版社，2008．

［31］STM32F103xC，STM32F103xD，STM32F103xE Datasheet production data．https：//www．stmcu．com．cn/Designresource/design＿resource＿detail？file＿name＝DS5792，2015．10．

［32］王建校．电子系统设计与实践［M］．北京：高等教育出版社，2008．

［33］何小艇．电子系统设计［M］．3 版．杭州：浙江大学出版社，2004．

［34］马建国，等．电子系统设计［M］．北京：高等教育出版社，2004．

［35］马建国，孟宪元．电子设计自动化技术基础［M］．北京：清华大学出版社，2004．

［36］何立民．MCS-51 系统单片机应用系统设计系统配置与接口技术［M］．北京：北京航空航天大学出版社，2001．

［37］STM32F101xx，STM32F102xx，STM32F103xx，STM32F105xx and STM32F107xx advanced Arm® - based 32 - bit MCUs Reference manual. https：//www. stmcu. com. cn/Designresource/design ＿ resource ＿ detail？ file ＿ name＝RM0008，2016. 04.

北京大学出版社本科电气信息系列实用规划教材

序号	书名	书号	编著者	定价	出版年份	教辅及获奖情况
			物联网工程			
1	物联网概论	7-301-23473-0	王 平	38	2014	电子课件/答案，有"多媒体移动交互式教材"
2	物联网概论	7-301-21439-8	王金甫	42	2012	电子课件/答案
3	现代通信网络(第2版)	7-301-27831-4	赵瑞玉　胡珺珺	45	2017	电子课件/答案
4	物联网安全	7-301-24153-0	王金甫	43	2014	电子课件/答案
5	通信网络基础	7-301-23983-4	王昊	32	2014	
6	无线通信原理	7-301-23705-2	许晓丽	42		电子课件/答案
7	家居物联网技术开发与实践	7-301-22385-7	付 蔚	39	2013	电子课件/答案
8	物联网技术案例教程	7-301-22436-6	崔逊学	40	2013	电子课件
9	传感器技术及应用电路项目化教程	7-301-22110-5	钱裕禄	30	2013	电子课件/视频素材，宁波市教学成果奖
10	网络工程与管理	7-301-20763-5	谢 慧	39	2012	电子课件/答案
11	电磁场与电磁波(第2版)	7-301-20508-2	邬春明	32	2014	电子课件/答案
12	现代交换技术(第2版)	7-301-18889-7	姚 军	36	2013	电子课件/习题答案
13	传感器基础(第2版)	7-301-19174-3	赵玉刚	32	2013	视频
14	物联网基础与应用	7-301-16598-0	李蔚田	44	2012	电子课件
15	通信技术实用教程	7-301-25386-1	谢 慧	36	2015	电子课件/习题答案
16	物联网工程应用与实践	7-301-19853-7	于继明	39	2015	电子课件
17	传感与检测技术及应用	7-301-27543-6	沈亚强　蒋敏兰	43	2016	电子课件/数字资源
			单片机与嵌入式			
1	嵌入式系统开发基础——基于八位单片机的C语言程序设计	7-301-17468-5	侯殿有	49	2012	电子课件/答案/素材
2	嵌入式系统基础实践教程	7-301-22447-2	韩 磊	35	2013	电子课件
3	单片机原理与接口技术	7-301-19175-0	李 升	46	2011	电子课件/习题答案
4	单片机系统设计与实例开发(MSP430)	7-301-21672-9	顾 涛	44	2013	电子课件/答案
5	单片机原理与应用技术(第2版)	7-301-27392-0	魏立峰　王宝兴	42	2016	电子课件/数字资源
6	单片机原理及应用教程(第2版)	7-301-22437-3	范立南	43	2013	电子课件/习题答案，辽宁"十二五"教材
7	单片机原理与应用及C51程序设计	7-301-13676-8	唐 颖	30	2011	电子课件
8	单片机原理与应用及其实验指导书	7-301-21058-1	邵发森	44	2012	电子课件/答案/素材
9	MCS-51单片机原理及应用	7-301-22882-1	黄翠翠	34	2013	电子课件/程序代码
			物理、能源、微电子			
1	物理光学理论与应用(第2版)	7-301-26024-1	宋贵才	46	2015	电子课件/习题答案，"十二五"普通高等教育本科国家级规划教材
2	现代光学	7-301-23639-0	宋贵才	36	2014	电子课件/答案
3	平板显示技术基础	7-301-22111-2	王丽娟	52	2013	电子课件/答案
4	集成电路版图设计	7-301-21235-6	陆学斌	32	2012	电子课件/习题答案
5	新能源与分布式发电技术(第2版)	7-301-27495-8	朱永强	45	2016	电子课件/习题答案，北京市精品教材，北京市"十二五"教材
6	太阳能电池原理与应用	7-301-18672-5	靳瑞敏	25	2011	电子课件
7	新能源照明技术	7-301-23123-4	李姿景	33	2013	电子课件/答案
8	集成电路EDA设计——仿真与版图实例	7-301-28721-7	陆学斌	36	2018	数字资源

序号	书名	书号	编著者	定价	出版年份	教辅及获奖情况
	基 础 课					
1	电工与电子技术(上册)(第2版)	7-301-19183-5	吴舒辞	30	2011	电子课件/习题答案,湖南省"十二五"教材
2	电工与电子技术(下册)(第2版)	7-301-19229-0	徐卓农 李士军	32	2011	电子课件/习题答案,湖南省"十二五"教材
3	电路分析	7-301-12179-5	王艳红 蒋学华	38	2010	电子课件,山东省第二届优秀教材奖
4	运筹学(第2版)	7-301-18860-6	吴亚丽 张俊敏	28	2011	电子课件/习题答案
5	电路与模拟电子技术	7-301-04595-4	张绪光 刘在娥	35	2009	电子课件/习题答案
6	微机原理及接口技术	7-301-16931-5	肖洪兵	32	2010	电子课件/习题答案
7	数字电子技术	7-301-16932-2	刘金华	30	2010	电子课件/习题答案
8	微机原理及接口技术实验指导书	7-301-17614-6	李干林 李 升	22	2010	课件(实验报告)
9	模拟电子技术	7-301-17700-6	张绪光 刘在娥	36	2010	电子课件/习题答案
10	电工技术	7-301-18493-6	张 莉 张绪光	26	2011	电子课件/习题答案,山东省"十二五"教材
11	电路分析基础	7-301-20505-1	吴舒辞	38	2012	电子课件/习题答案
12	数字电子技术	7-301-21304-9	秦长海 张天鹏	49	2013	电子课件/答案,河南省"十二五"教材
13	模拟电子与数字逻辑	7-301-21450-3	邬春明	39	2012	电子课件
14	电路与模拟电子技术实验指导书	7-301-20351-4	唐 颖	26	2012	部分课件
15	电子电路基础实验与课程设计	7-301-22474-8	武 林	36	2013	部分课件
16	电文化——电气信息学科概论	7-301-22484-7	高 心	30	2013	
17	实用数字电子技术	7-301-22598-1	钱裕禄	30	2013	电子课件/答案/其他素材
18	模拟电子技术学习指导及习题精选	7-301-23124-1	姚娅川	30	2013	电子课件
19	电工电子基础实验及综合设计指导	7-301-23221-7	盛桂珍	32	2013	
20	电子技术实验教程	7-301-23736-6	司朝良	33	2014	
21	电工技术	7-301-24181-3	赵莹	46	2014	电子课件/习题答案
22	电子技术实验教程	7-301-24449-4	马秋明	26	2014	
23	微控制器原理及应用	7-301-24812-6	丁筱玲	42	2014	
24	模拟电子技术基础学习指导与习题分析	7-301-25507-0	李大军 唐 颖	32	2015	电子课件/习题答案
25	电工学实验教程(第2版)	7-301-25343-4	王士军 张绪光	27	2015	
26	微机原理及接口技术	7-301-26063-0	李干林	42	2015	电子课件/习题答案
27	简明电路分析	7-301-26062-3	姜 涛	48	2015	电子课件/习题答案
28	微机原理及接口技术(第2版)	7-301-26512-3	越志诚 段中兴	49	2016	二维码数字资源
29	电子技术综合应用	7-301-27900-7	沈亚强 林祝亮	37	2017	二维码数字资源
30	电子技术专业教学法	7-301-28329-5	沈亚强 朱伟玲	36	2017	二维码数字资源
31	电子科学与技术专业课程开发与教学项目设计	7-301-28544-2	沈亚强 万 旭	38	2017	二维码数字资源
	电子、通信					
1	DSP技术及应用	7-301-10759-1	吴冬梅 张玉杰	26	2011	电子课件,中国大学出版社图书奖首届优秀教材奖一等奖
2	电子工艺实习	7-301-10699-0	周春阳	19	2010	电子课件
3	电子工艺学教程	7-301-10744-7	张立毅 王华奎	32	2010	电子课件,中国大学出版社图书奖首届优秀教材奖一等奖
4	信号与系统	7-301-10761-4	华 容 隋晓红	33	2011	电子课件
5	信息与通信工程专业英语(第2版)	7-301-19318-1	韩定定 李明明	32	2012	电子课件/参考译文,中国电子教育学会2012年全国电子信息类优秀教材
6	高频电子线路(第2版)	7-301-16520-1	宋树祥 周冬梅	35	2009	电子课件/习题答案

序号	书名	书号	编著者	定价	出版年份	教辅及获奖情况
7	MATLAB 基础及其应用教程	7-301-11442-1	周开利 邓春晖	24	2011	电子课件
8	通信原理	7-301-12178-8	隋晓红 钟晓玲	32	2007	电子课件
9	数字图像处理	7-301-12176-4	曹茂永	23	2007	电子课件, "十二五"普通高等教育本科国家级规划教材
10	移动通信	7-301-11502-2	郭俊强 李 成	22	2010	电子课件
11	生物医学数据分析及其 MATLAB 实现	7-301-14472-5	尚志刚 张建华	25	2009	电子课件/习题答案/素材
12	信号处理 MATLAB 实验教程	7-301-15168-6	李 杰 张 猛	20	2009	实验素材
13	通信网的信令系统	7-301-15786-2	张云麟	24	2009	电子课件
14	数字信号处理	7-301-16076-3	王震宇 张培珍	32	2010	电子课件/答案/素材
15	光纤通信(第 2 版)	7-301-29106-1	冯进玫 郭忠义	39	2018	电子课件/习题答案
16	离散信息论基础	7-301-17382-4	范九伦 谢 勰	25	2010	电子课件/习题答案
17	光纤通信	7-301-17683-2	李丽君 徐文云	26	2010	电子课件/习题答案
18	数字信号处理	7-301-17986-4	王玉德	32	2010	电子课件/答案/素材
19	电子线路 CAD	7-301-18285-7	周荣富 曾 技	41	2011	电子课件
20	MATLAB 基础及应用	7-301-16739-7	李国朝	39	2011	电子课件/答案/素材
21	信息论与编码	7-301-18352-6	隋晓红 王艳营	24	2011	电子课件/习题答案
22	现代电子系统设计教程(第 2 版)	7-301-29405-5	宋晓梅	45	2018	电子课件/习题答案
23	移动通信	7-301-19320-4	刘维超 时 颖	39	2011	电子课件/习题答案
24	电子信息类专业 MATLAB 实验教程	7-301-19452-2	李明明	42	2011	电子课件/习题答案
25	信号与系统	7-301-20340-8	李云红	29	2012	电子课件
26	数字图像处理	7-301-20339-2	李云红	36	2012	电子课件
27	编码调制技术	7-301-20506-8	黄 平	26	2012	电子课件
28	Mathcad 在信号与系统中的应用	7-301-20918-9	郭仁春	30	2012	
29	MATLAB 基础与应用教程	7-301-21247-9	王月明	32	2013	电子课件/答案
30	电子信息与通信工程专业英语	7-301-21688-0	孙桂芝	36	2012	电子课件
31	微波技术基础及其应用	7-301-21849-5	李泽民	49	2013	电子课件/习题答案/补充材料等
32	图像处理算法及应用	7-301-21607-1	李文书	48	2012	电子课件
33	网络系统分析与设计	7-301-20644-7	严承华	39	2012	电子课件
34	DSP 技术及应用	7-301-22109-9	董 胜	39	2013	电子课件/答案
35	通信原理实验与课程设计	7-301-22528-8	邬春明	34	2015	电子课件
36	信号与系统	7-301-22582-0	许丽佳	38	2013	电子课件/答案
37	信号与线性系统	7-301-22776-3	朱明旱	33	2013	电子课件/答案
38	信号分析与处理	7-301-22919-4	李会容	39	2013	电子课件/答案
39	MATLAB 基础及实验教程	7-301-23022-0	杨成慧	36	2013	电子课件/答案
40	DSP 技术与应用基础(第 2 版)	7-301-24777-8	俞一彪	45	2015	实验素材/答案
41	EDA 技术及数字系统的应用	7-301-23877-6	包 明	55	2015	
42	算法设计、分析与应用教程	7-301-24352-7	李文书	49	2014	
43	Android 开发工程师案例教程	7-301-24469-2	倪红军	48	2014	
44	ERP 原理及应用(第 2 版)	7-301-29186-3	朱宝慧	49	2018	电子课件/答案
45	综合电子系统设计与实践	7-301-25509-4	武 林 陈 希	32	2015	
46	高频电子技术	7-301-25508-7	赵玉刚	29	2015	电子课件
47	信息与通信专业英语	7-301-25506-3	刘小佳	29	2015	电子课件
48	信号与系统	7-301-25984-9	张建奇	45	2015	电子课件
49	数字图像处理及应用	7-301-26112-5	张培珍	36	2015	电子课件/习题答案
50	Photoshop CC 案例教程(第 3 版)	7-301-27421-7	李建芳	49	2016	电子课件/素材

序号	书名	书号	编著者	定价	出版年份	教辅及获奖情况
51	激光技术与光纤通信实验	7-301-26609-0	周建华 兰 岚	28	2015	数字资源
52	Java高级开发技术大学教程	7-301-27353-1	陈沛强	48	2016	电子课件/数字资源
53	VHDL数字系统设计与应用	7-301-27267-1	黄 卉 李 冰	42	2016	数字资源
54	光电技术应用	7-301-28597-8	沈亚强 沈建国	30	2017	数字资源
自动化、电气						
1	自动控制原理	7-301-22386-4	佟 威	30	2013	电子课件/答案
2	自动控制原理	7-301-22936-1	邢春芳	39	2013	
3	自动控制原理	7-301-22448-9	谭功全	44	2013	
4	自动控制原理	7-301-22112-9	许丽佳	30	2015	
5	自动控制原理(第2版)	7-301-28728-6	丁 红	45	2017	电子课件/数字资源
6	现代控制理论基础	7-301-10512-2	侯媛彬等	20	2010	电子课件/素材，国家级"十一五"规划教材
7	计算机控制系统(第2版)	7-301-23271-2	徐文尚	48	2013	电子课件/答案
8	电力系统继电保护(第2版)	7-301-21366-7	马永翔	42	2013	电子课件/习题答案
9	电气控制技术(第2版)	7-301-24933-8	韩顺杰 吕树清	28	2014	电子课件
10	自动化专业英语(第2版)	7-301-25091-4	李国厚 王春阳	46	2014	电子课件/参考译文
11	电力电子技术及应用	7-301-13577-8	张润和	38	2008	电子课件
12	高电压技术(第2版)	7-301-27206-0	马永翔	43	2016	电子课件/习题答案
13	电力系统分析	7-301-14460-2	曹 娜	35	2009	
14	综合布线系统基础教程	7-301-14994-2	吴达金	24	2009	电子课件
15	PLC原理及应用	7-301-17797-6	缪志农 郭新年	26	2010	电子课件
16	集散控制系统	7-301-18131-7	周荣富 陶文英	36	2011	电子课件/习题答案
17	控制电机与特种电机及其控制系统	7-301-18260-4	孙冠群 于少娟	42	2011	电子课件/习题答案
18	电气信息类专业英语	7-301-19447-8	缪志农	40	2011	电子课件/习题答案
19	综合布线系统管理教程	7-301-16598-0	吴达金	39	2012	电子课件
20	供配电技术	7-301-16367-2	王玉华	49	2012	电子课件/习题答案
21	PLC技术与应用(西门子版)	7-301-22529-5	丁金婷	32	2013	电子课件
22	电机、拖动与控制	7-301-22872-2	万芳瑛	34	2013	电子课件/答案
23	电气信息工程专业英语	7-301-22920-0	余兴波	26	2013	电子课件/译文
24	集散控制系统(第2版)	7-301-23081-7	刘翠玲	36	2013	电子课件，2014年中国电子教育学会"全国电子信息类优秀教材"一等奖
25	工控组态软件及应用	7-301-23754-0	何坚强	49	2014	电子课件/答案
26	发电厂变电所电气部分(第2版)	7-301-23674-1	马永翔	48	2014	电子课件/答案
27	自动控制原理实验教程	7-301-25471-4	丁 红 贾玉瑛	29	2015	
28	自动控制原理(第2版)	7-301-25510-0	袁德成	35	2015	电子课件/辽宁省"十二五"教材
29	电机与电力电子技术	7-301-25736-4	孙冠群	45	2015	电子课件/答案
30	虚拟仪器技术及其应用	7-301-27133-9	廖远江	45	2016	
31	智能仪表技术	7-301-28790-3	杨成慧	45	2017	二维码资源

如您需要更多教学资源如电子课件、电子样章、习题答案等，请登录北京大学出版社第六事业部官网 www.pup6.cn 搜索下载。

如您需要浏览更多专业教材，请扫下面的二维码，关注北京大学出版社第六事业部官方微信(微信号：pup6book)，随时查询专业教材、浏览教材目录、内容简介等信息，并可在线申请纸质样书用于教学。

感谢您使用我们的教材，欢迎您随时与我们联系，我们将及时做好全方位的服务。联系方式：010-62750667，pup6_czq@163.com，pup_6@163.com，欢迎来电来信。客户服务 QQ 号：1292552107，欢迎随时咨询。